"十三五"职业教育系列教材

电工基础

（第三版）

周南星　编
王　浩　主审

中国电力出版社
CHINA ELECTRIC POWER PRESS

内 容 提 要

本书为“十三五”职业教育系列教材。本书共分9章，包括电路基本知识和基本定律、直流电路、电磁和电磁感应、电容器、单相正弦交流电路、三相正弦交流电路、非正弦周期电流电路、电路的过渡过程及磁路和铁芯线圈。本书具有简明扼要、说理清楚、通俗易懂、紧密联系实际的特点。每章均附有练习与思考、自检题和习题，部分章节附有知识窗口，书后附有部分习题答案。

本书可作为高职高专和成人大专电气专业的教学用书，也可作为有关电气工程技术人员的参考用书。

图书在版编目（CIP）数据

电工基础/周南星编. —3版. —北京：中国电力出版社，2016.9（2024.10重印）

“十三五”职业教育规划教材

ISBN 978-7-5123-9712-5

Ⅰ. ①电… Ⅱ. ①周… Ⅲ. ①电工-职业教育-教材 Ⅳ. ①TM1

中国版本图书馆CIP数据核字（2016）第205191号

中国电力出版社出版、发行

（北京市东城区北京站西街19号 100005 http：//www.cepp.sgcc.com.cn）

三河市百盛印装有限公司印刷

各地新华书店经售

*

2006年9月第一版

2016年9月第三版 2024年10月北京第二十五次印刷

787毫米×1092毫米 16开本 11.25印张 268千字

定价**32.00**元

《电工基础》是电力专业的一门重要专业基础课。它的任务是为学生学习专业课程和将来从事工程技术工作打好电工技术的基础，并使他们受到必要的基本技能训练，从而为培养高素质的应用型人才特别是高技能人才作出贡献。

教材是保障和提高教学质量的支柱和基础。本着基础理论以应用为目的，以必需够用为度的原则，本书力求做到简明、清楚和易懂，能启发思考，使之成为一本好教好学的教材。

本书第一版是在电力工业学校重点教材《电工基础》（周南星主编，电力版，1999）的基础上改编的，第三版在第二版的基础上，在篇幅上做了进一步的削减以期减轻学生的负担。希望以练习与思考、讨论课为引导及时巩固和掌握基本概念和基本运算技能，以克服学生中存在的“电工难学”的感觉。

教材中某些内容是为了夯实当前职业院校学生的基础而编入的，以弥补某些基础知识的不足。教师可根据学生实际情况选用教材或由学生自学教材。

本书承蒙保定电力职业技术学院王浩老师主审，提出了宝贵的修改意见，在此一并表示衷心感谢。

由于编者水平所限，错误与不妥之处望请读者不吝指正。

编　者

2016 年 8 月

目 录

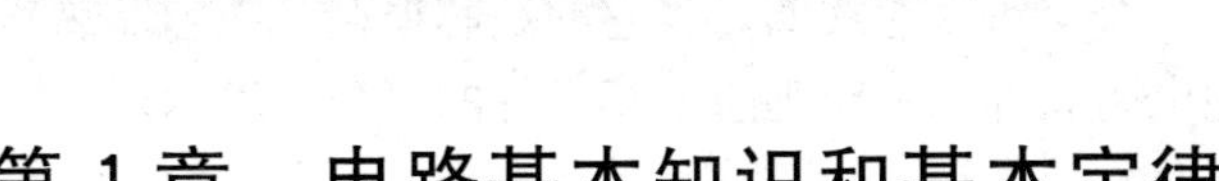

第 1 章　电路基本知识和基本定律

1-1　电路及电路模型

一、电路和电路元件

电路就是电流通过的路径。手电筒是最简单的电路，它由干电池、小电珠、连接导体（金属筒体）和开关组成，如图 1-1（a）所示。电路复杂时如网状，称为电网络，大的如电力网，纵横数千里，跨省乃至跨国。小的网络如集成块，像指甲大小，其结构要用显微镜才能看清。

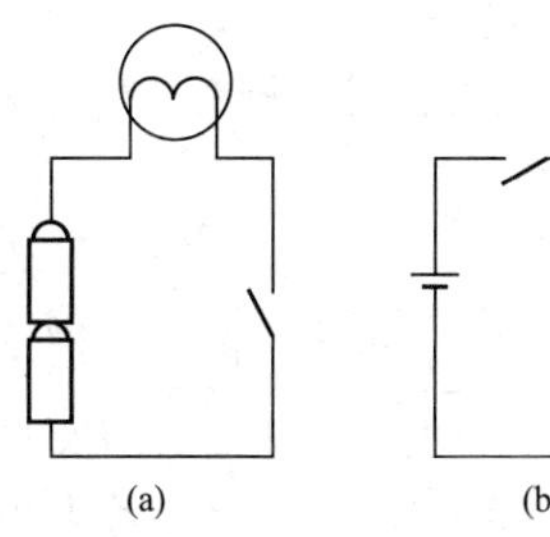

图 1-1　手电筒电路

（a）实际电路；（b）电路模型

电路主要由三个基本部分组成：

（1）电源。其是提供电能和电信号的装置，如电池，发电机和各种信号源。

（2）负荷，即用电器。其将电能或电信号转变为其他形式能量或信号，如灯泡、电动机、扬声器（喇叭）、电解槽等。

（3）连接导体。其用来传输电能和传递电信号。

此外，电路中还有开关、仪表、变换器和保护装置等设备。

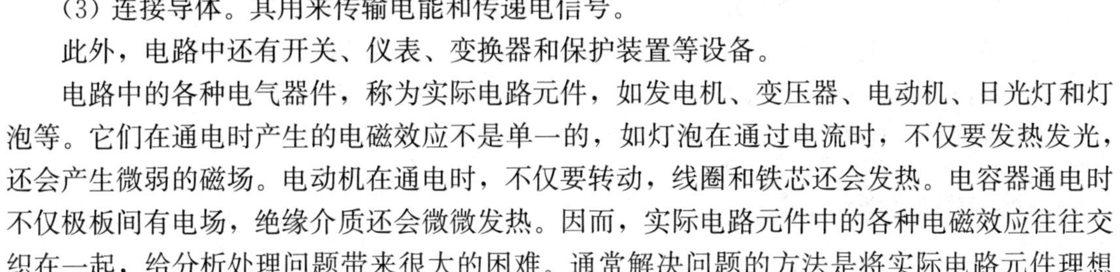

电路中的各种电气器件，称为实际电路元件，如发电机、变压器、电动机、日光灯和灯泡等。它们在通电时产生的电磁效应不是单一的，如灯泡在通过电流时，不仅要发热发光，还会产生微弱的磁场。电动机在通电时，不仅要转动，线圈和铁芯还会发热。电容器通电时不仅极板间有电场，绝缘介质还会微微发热。因而，实际电路元件中的各种电磁效应往往交织在一起，给分析处理问题带来很大的困难。通常解决问题的方法是将实际电路元件理想化，即将次要的电磁效应忽略不计，而只考虑主要的电磁效应，用表征单一电磁效应的理想电路元件来代替实际电路元件。

据此，引入三个理想电路元件。

（1）理想电阻元件。它只反映电能转换为其他能量（热能、机械能、化学能等）而消耗掉的性质，是个耗能元件。它的文字符号是 R，图形符号如图 1-2（a）所示。

（2）理想电感元件。它只反映将电能转换为磁场能量并储存起来的性质，是个储能元件。它的文字符号为 L，图形符号如图 1-2（b）所示。

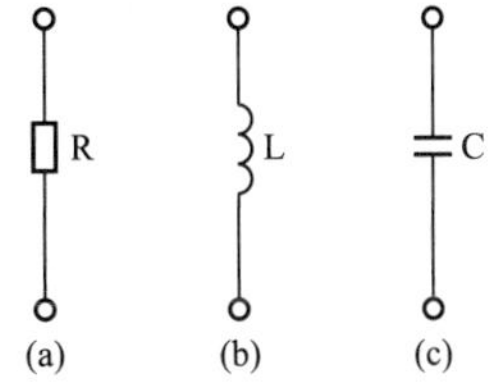

图 1-2　理想电路元件

（a）理想电阻元件的图形符号；

（b）理想电感元件的图形符号；

（c）理想电容元件的图形符号

（3）理想电容元件。它只反映将电能转换为电场能量并储存起来的性质，也是个储能元件。它的文字符号为 C，图形符号如图 1-2（c）所示。

这样，一个灯泡，如果忽略通电时产生的微弱磁场，便可以用一个理想电阻元件来表示。一个电感线圈，如果忽略其导线电阻，便可以用一个理想电感元件来表示。一个电容器，如果忽略其介质损耗和泄漏电流，便可以用一个理想电容元件来表示。有时，一个实际电路元件需要用若干个理想电路元件的组合来表示。例如，一个交流铁芯线圈，当它的铁芯损耗（铁芯发热）和导线损耗需要计及时，就要用一个理想电阻元件和一个理想电感元件的组合来表示。

二、电路模型

实际电路元件用理想电路元件代替或表示后，一个实际电路便由一些理想电路元件连接而成，这种由理想电路元件组成的电路，称为实际电路的电路模型。手电筒的电路模型如图 1－1（b）所示。电路模型以图形符号表示时，也称为电路图。电路模型也可以用数学公式表示，称为数学模型。

电路模型不是电路原物，也不是原物的缩小（不是水电站模型的概念），而是实际电路理想化（或模型化）后的一种科学抽象，便于用数学手段来分析电路。今后分析的也是电路模型。电路模型在电路分析中采用得如此广泛，因而习惯上将电路模型简称为电路。

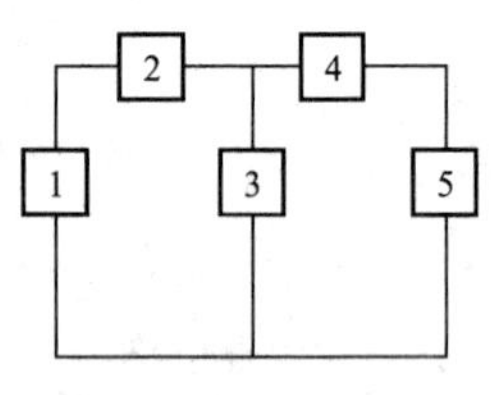

图 1－3　用方框表示电路元件

理想电路元件常简称电路元件，如理想电阻元件简称电阻元件，理想电感元件简称电感元件，理想电容元件简称电容元件。对于未指明性质的电路元件，在电路图上可以用小方框表示。图 1－3 中的各方框可能是电源元件，也可能是负荷元件。

下面介绍几个电路名词：

（1）支路。指电路中通过同一电流的分支。图 1－3 的电路共有 3 条支路。

（2）节点。三条或三条以上支路的连接点称为节点。图 1－3 的电路共有 2 个节点。

（3）回路。电路中的一个闭合路径称为回路。图 1－3 的电路共有 3 个回路。

（4）网孔。没有被支路穿过的回路称为网孔。图 1－3 的电路共有 2 个网孔。

练习与思考题

1. 下列三者，属理想电路元件的是（　　）。
（1）电阻元件；（2）电感线圈；（3）电容器。

2. 理想电路元件是指（　　）。
（1）优质电路器件；
（2）反映单一电磁性质的抽象的电路元件；
（3）价廉电路器件。

3. 电路模型是指（　　）。
（1）将实际电路按比例缩小的实物；
（2）木质或塑料制成的展览模型；
（3）表征实际电路的由理想电路元件组成的电路。

1－2　电流、电压及其参考方向

一、电流

1. 电流的形成

电流是电荷的定向运动形成的。

设有一电流流过导体，若在时间 t 内穿过导体截面 S 的电荷为 q，则通过导体的电流定义为

$$I=\frac{q}{t} \tag{1-1}$$

其数值等于单位时间内通过横截面的电荷量。

如果电流随时间而变化，式（1－1）可改写为

$$i=\frac{\mathrm{d}q}{\mathrm{d}t} \tag{1-2}$$

式中：$\mathrm{d}q$ 为在极短的时间 $\mathrm{d}t$ 内通过导体横截面的微小电荷量。

电流的单位是 A（安）。1A（安）就是每秒通过导体横截面的电荷量为 1C（库）。此外，电流单位还常用 kA（千安）、mA（毫安）和 μA（微安）等表示。它们与 A（安）的关系是

$$1\mathrm{kA}=10^{3}\mathrm{A},\ 1\mathrm{mA}=10^{-3}\mathrm{A},\ 1\mu\mathrm{A}=10^{-6}\mathrm{A}$$

2. 电流的方向

电流是有方向的，习惯上规定正电荷运动的方向为电流的方向，这个方向也称为电流的实际方向。

在金属导体中，电流是由自由电子的运动形成的，所以电流的方向是电子流的反方向，如图 1－4（a）所示。

在电解液中，正离子朝一个方向移动，而负离子朝另一个方向移动，电流的方向是正离子移动的方向，或负离子移动的反方向，如图 1－4（b）所示。

在电子管中，电子从阴极发射到阳极，电流的方向则从阳极到阴极，如图 1－4（c）所示。

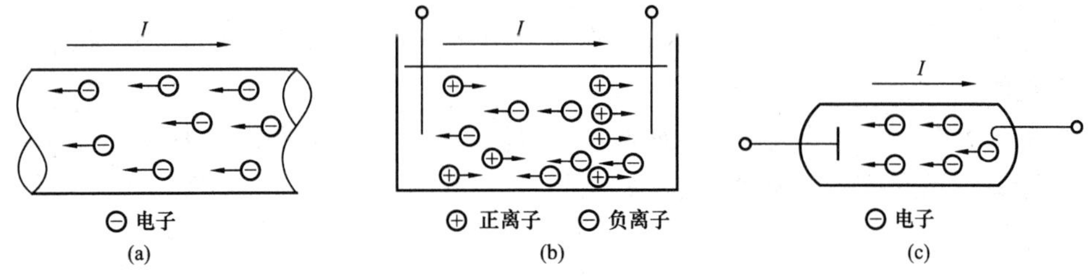

图 1－4　电流的方向
（a）金属导体中；（b）电解液中；（c）电子管中

【例 1－1】 在电解液中，在 2s（秒）内有 8C（库）正电荷从 b 电极流向 a 电极，同时有 8C（库）负电荷从 a 电极流向 b 电极，求电解液中的电流及其方向。

解　负电荷从 a 电极流向 b 电极的效果，与正电荷从 b 电极流向 a 电极的效果是一样的，所以根据式（1－1）得

$$I=\frac{q}{t}=\frac{8+8}{2}=8\ (\mathrm{A})$$

在电解液中，电流的方向是从 b 电极流向 a 电极。

3. 电流的参考方向

在电路分析中，某支路中的电流方向有时经常改变，有时难以判断。为了解决这个问题，引入参考方向（正方向）的概念。

若在一支路中，有 1A 电流从 a 流向 b，可以在该支路上标上一个箭头，箭头方向由 a 指向 b，并注上 $I=1A$，如图 1－5（a）所示。假若这个电流的方向改变，从 b 流向 a，当然可以把箭头的方向也改过来，由 b 指向 a。但是，也可以不改变箭头的方向，而将电流的数量记为负值，即 $I=-1A$，如图 1－5（b）所示。

可见，图 1－5 中的箭头方向并不一定就是电流的实际方向，通常称其为参考方向或正方向。电流的实际方向常可采用虚线箭头表示。当电流的参考方向与实际方向一致时，电流为正值；相反时，电流为负值。

电流的参考方向可以任意选取，对同一支路，如果选取两个不同的参考方向，如图 1－6 所示，则两种情况下的电流数值相差一个负号。

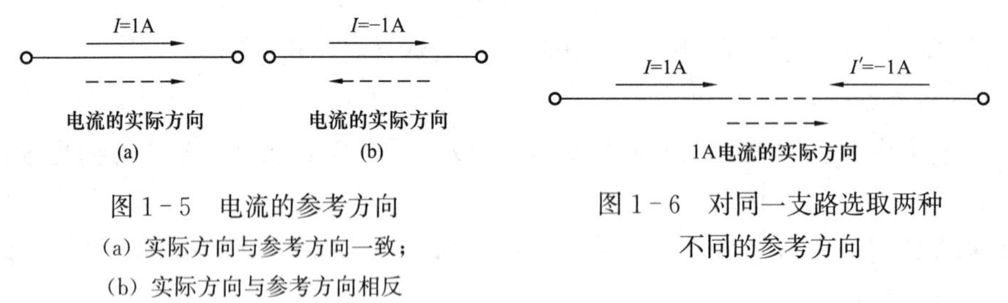

图 1－5 电流的参考方向
（a）实际方向与参考方向一致；
（b）实际方向与参考方向相反

图 1－6 对同一支路选取两种不同的参考方向

电流的参考方向也可以用双下角标表示，如 I_{ab} 表示电流的参考方向由 a 指向 b，而 I_{ba} 表示电流的参考方向由 b 指向 a。如果电流的实际方向由 a 流向 b，则 I_{ab} 为正值，而 I_{ba} 为负值。显然

$$I_{ab}=-I_{ba} \tag{1-3}$$

引入参考方向后，电流便是代数量（有正、负之分）。没有参考方向、电流的正、负号是没有意义的。

在分析计算电路时，要先选定（或假定）电流的参考方向，并以此为准来列写电量的关系式，由计算结果的正、负来确定电流的实际方向。

二、电压

1. 电压的定义

大家知道，物体从高处落下会做功。水力发电就是利用水坝高处的水流经水轮机时放出势能而做功发电的。

水的流量越大，放出的势能就越大；一定流量的水从越高的水位流至低水位时放出的势能也越大。上下游水位的差称为水头或落差，如图 1－7 所示，流量和水头是决定水力发电功率的关键因素。

水在管道中流动是因为管道两端存在水位差，只要有水位差便会在管道内形成水压（关闭管道阀门时会感受到这种压力），水压是推动水流动的原动力。

与水的流动相似，电荷在电路中流动也会做功。图 1－8 所示为一个灯泡接在干电池的两极的电路，灯亮说明有电流流过灯泡，有电流是因为在灯泡两端存在一个与水位差相似的

电位差，电位差也称电压，只要有电压就能使电流在负荷的两点间流动。电池的“＋”极为高电位端（即高能位端），“－”极为低电位端（即低能位端），正电荷在高电位端的能量高于低电位端，当正电荷从“＋”极流至“－”极时要放出能量（电能），灯泡将电能转变为热能和光能并消耗掉。

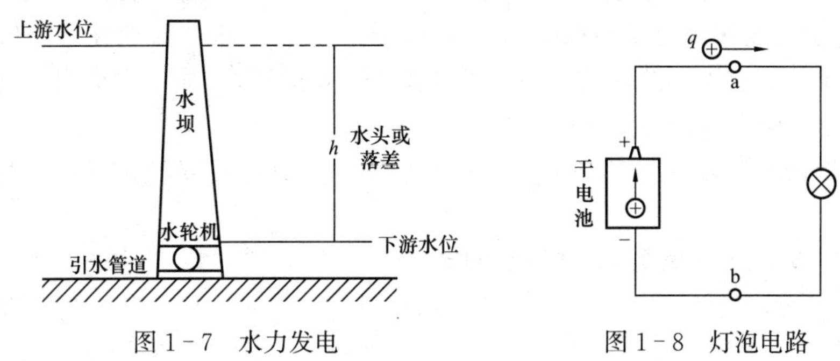

图 1－7　水力发电　　图 1－8　灯泡电路

设正电荷 q 在电路中由 a 点移至 b 点时放出的能量为 W_{ab}，则比值 W_{ab}/q 称为 a、b 之间的电压 U_{ab}，即

$$U_{ab}=\frac{W_{ab}}{q} \tag{1-4}$$

式（1－4）表明：

电压 U_{ab} 在数值上等于单位正电荷（1C 正电荷）由 a 点移至 b 点时所放出的能量。

电压的单位是 V（伏）。工程上常用 kV（千伏）、mV（毫伏）和 μV（微伏）表示电压单位。

在应用式（1－4）时，正电荷的电荷量用正值，负电荷的电荷量用负值；电荷放出的能量用正值，电荷获得的能量用负值。

【例 1－2】 有 2C 正电荷从电路中的 a 点移到 b 点时，放出了 10J 的能量，求 a、b 间的电压。

解　根据式（1－4）得

$$U_{ab}=\frac{W_{ab}}{q}=\frac{10}{2}=5\ (\text{V})$$

2. 电压的方向

电压不具电流流动的那种方向性，但它具有高、低电位的指向性。通常规定，由高电位点到低电位点的指向为电压的方向（实际方向）。

所以，电压也称为电位降或电压降。

3. 电压的参考方向

与电流一样，电压也要选取参考方向（即正方向）。当电压的参考方向与实际方向一致时，电压为正值；反之，电压为负值。

电压的参考方向可以用实线箭头表示，也可以用正（＋）、负（－）极性表示，如图 1－9 所示。

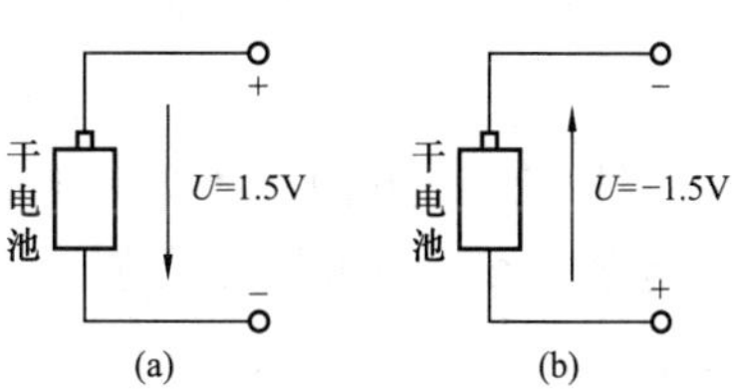

图 1－9　电压的参考方向
（a）参考方向与实际方向一致；
（b）参考方向与实际方向相反

电流的参考方向可以任意选取，电压的参考方向也可以任意选取。如果一个元件上的电流和电压的参考方向取向一致，称为关联参考方向；取向相反，称为非关联参考方向。对于负荷，常选取关联参考方向（后文若无特殊说明，均按关联参考方向选择）。

三、电位

水的问题比较好理解。如三峡大坝的上游水位为175m，下游水位为66m（也是葛洲坝的上游水位），分别是两处对基准水位（零水位）的高度。基准水位取在吴淞口外的海平面上，是国家规定的三峡水库的基准水位。其他水库的基准水位均取在黄海海面上，也是国家规定的。基准水位是不准随意改动的。

电路则可以任意选择一点作为参考点（即基准点），其他各点对参考点的电压就是各点的电位。

若在电路中取o点为参考点，则a点的电位

$$V_a = U_{ao}$$

b点的电位

$$V_b = U_{bo}$$

而参考点o的电位

$$V_o = U_{oo} = 0$$

即参考点的电位为零。

某点的电位为正值，表示该点的电位高于参考点；某点的电位为负值，表示该点的电位低于参考点。正数值愈大，则电位愈高；负数值愈大，则电位愈低。

参考点在电路中以接地符号“⊥”表示，但并非真正与大地连接。

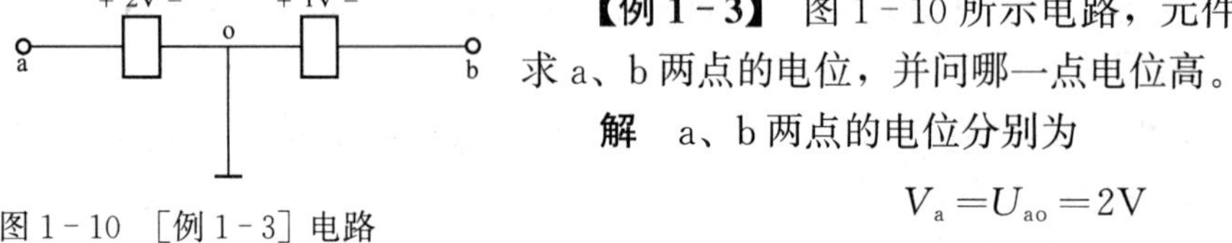

图1-10　[例1-3] 电路

【例1-3】 图1-10所示电路，元件两端电压已标出，求a、b两点的电位，并问哪一点电位高。

解　a、b两点的电位分别为

$$V_a = U_{ao} = 2\text{V}$$

$$V_b = U_{bo} = -1\text{V}$$

因$V_a > V_b$，故a点电位比b点高。

实际电路中常以大地为参考点，电机的机壳、机座，设备的金属外壳通过接地线与埋在地下的接地体相连接，称为接地，以符号“⏚”表示。接地后，可使设备外壳的电位固定为零，避免因带电体的绝缘损坏时影响人身安全。在电子电路中，电位的测定很重要，常应用于分析元件的工作状态和寻找故障点（如虚焊）。

电位是表明电路中一点的物理量，它与两点间电压的关系是

$$U_{ab} = V_a - V_b \tag{1-5}$$

式中：U_{ab}是a、b两点间的电压；V_a是a点的电位；V_b是b点的电位。

电路的参考点可以任意选择，参考点改变了，电位值也跟着改变，但两点间的电压值是不变的。

【例1-4】 电路如图1-11（a）所示，试分别以c、b、a为参考点时，求其他各点的电位。

解　以c点为参考点，即$V_c=0$，如图1-11（b）所示，则a、b两点的电位为

$$V_a = U_{ac} = 3\text{V}$$

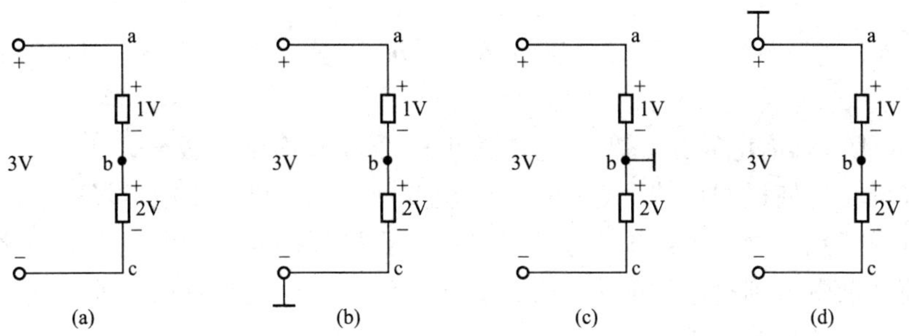

图 1-11 ［例 1-4］电路

(a) 原电路；(b) 以 c 点为参考；(c) 以 b 点为参考；(d) 以 a 点为参考

$$V_b = U_{bc} = 2V$$

以 b 点为参考点，即 $V_c=0$，如图 1-11（c）所示，则

$$V_a = U_{ab} = 1V$$

$$V_c = U_{cb} = -2V$$

以 a 点为参考，即 $V_a=0$，如图 1-11（d）所示，则 b、c 两点的电位

$$V_b = U_{ba} = -1V$$

$$V_c = U_{ca} = -3V$$

不论哪一点为参考点，U_{ac} 始终等于 3V。

练习与思考题

1. 电流的实际方向是（　　）。

(1) 电子流的方向；

(2) 正电荷运动的方向；

(3) 负电荷运动的方向。

2. 电压的实际方向是（　　）。

(1) 电流的实际方向；

(2) 电位实际升高的方向；

(3) 电位实际降低的方向。

3. 若正电荷由电路中 a 点移至 b 点时放出了能量，则 a 点的电位（　　）b 点的电位。

(1) 高于；(2) 低于；(3) 等于。

4. 若负电荷由电路中 a 点移至 b 点时放出了能量，则 a 点的电位（　　）b 点的电位。

(1) 高于；(2) 低于；(3) 等于。

5. 若 $U_{ab}>0$，则电压的实际方向由________到________。若 $U_{ab}<0$，则电压的实际方向由________到________。

6. 若 $U_{ab}=0$，则 V_a ________ V_b，表示 a、b 两点的电位________。

7. 怎样用万用表来测定电位？如何确定电位的“+”和“−”？

8. 只有选定了参考点后，才能确定电路中各点的电位的值，对不对？

1-3 电 动 势

在图1-8所示灯泡电路中，当正电荷从正极经灯泡移至负极时，正、负电荷要中和，极间电压会降低。要使极间保持一定的电压，就要使流到负极的正电荷经由电池内部重又回到正极，就好像流到低处的水需由水泵再重新打回到高处那样。干电池内部的化学反应能产生推动正电荷由低电位到高电位的力，此外，蓄电池、发电机也具有这种本领，这种力称为电源力，这些装置统称为电源。

电源力将正电荷由负极推到正极需要的能量由电池的化学能及发电机的机械能转换而来。为了衡量电源将其他形式的能量转换为电能的能力，引入电动势这一物理量。假设正电荷 q 从电源的负极送回到正极的能量为 W_{ba}，则比值 W_{ba}/q 称为电动势 E，即

$$E=\frac{W_{ba}}{q} \tag{1-6}$$

式（1-6）表明：

电动势 E 在数值上等于电源力将单位正电荷（1C正电荷）从电源的负极推到正极所需的能量。电动势越大，表明电源把其他形式的能转换为电能的本领越大。

电动势的单位与电压的单位相同，也是V（伏）。

与电压不同的是，电动势的方向规定在电源内部由负极指向正极，也就是电位升高的方向。

电动势也可以引入参考方向，由数值的正、负来确定实际方向。

电源的电动势可用电压表测得，电源不接外电路时两极间的电压（即开路电压）就是电源的电动势。一般来说，不同种类的电源，电动势的数值都不相同，如干电池的两端电压都是1.5V，铅蓄电池的两端电压都是2V，汽车电池（电并）的两端电压都是12V。

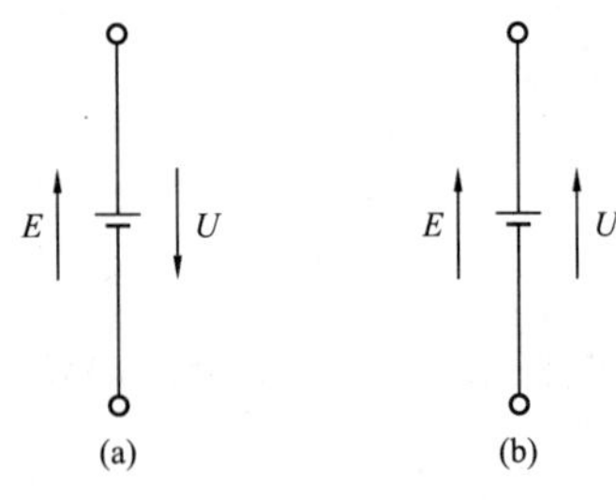

图1-12 ［例1-5］图
（a）E、U 的参考方向与实际方向一致；
（b）U 的参考方向与实际方向相反

【例1-5】 图1-12所示为电池的图形符号（长线代表正极，短线代表负极），用电压表测得电池端电压为6V，求图1-12（a）、（b）所示的两种参考方向下 U 和 E 的数值。

解 在图1-12（a）中，U 和 E 的参考方向与实际方向都是一致的，故 U 和 E 都为正值。若不考虑电池内部还有其他能量损耗时，有

$$U=E=6\text{V}$$

在图1-12（b）中，U 的参考方向与实际方向相反，若不考虑电池内部的能量损耗时，有

$$U=-E=-6\text{V}$$

练习与思考题

1. 在图1-12中，若 $E=1.5$V，求图1-12（a）、（b）两种情况下的 U 值。
2. 试从能量角度来分析，为什么电源接上负荷后，其端电压总小于电动势？

1-4　电功率和电能

一、电功率的计算公式

电路中只要有电流，就会有能量的转换。发电厂时时刻刻都在将机械能转换为电能，而电力用户时时刻刻都在将电能转换为人们所需的其他能量（热能、光能、机械能和化学能等）。能量转换的速率，即单位时间内转换的能量称为功率。

由物理学可知，功率 P 的计算公式是

$$P = UI \tag{1-7}$$

式中：U 为电路元件两端的电压，V；I 为通过的电流，A；P 为功率，W（瓦），1W 是每秒转换了 1J（焦）的能量。

可见，功率等于电压和电流的乘积。

当 $U=1\text{V}$，$I=1\text{A}$ 时，$P=1\text{W}$。常用的较大的功率单位是 kW（千瓦）和 MW（兆瓦），$1\text{kW}=10^3\text{W}$，$1\text{MW}=10^6\text{W}$。

【例 1-6】 一只 2.5V、0.3A 的小电珠的功率是多少？

解　根据式（1-7），小电珠的功率

$$P = UI = 2.5\times 0.3 = 0.75\ (\text{W})$$

【例 1-7】 一只 220V、25W 的灯泡，正常使用时的电流是多少？

解　根据式（1-7），正常使用时的电流

$$I = \frac{P}{U} = \frac{25}{220} = 0.11\ (\text{A})$$

二、功率的发出和取用的判别

1. 按电压和电流的实际方向判别

图 1-13 所示为一元件电压和电流的实际方向（设 U 和 I 均为正值），图 1-13（a）为 U 和 I 的实际方向相反，电流从“+”端流出（必然从“－”端流进），正电荷通过元件时获得能量，元件为电源，发出功率。

图 1-13（b）为 U 和 I 的实际方向相同，电流从“+”端流进（必然从“－”端流出），正电荷通过元件时放出能量，元件为负荷，吸取功率。

图 1-14 电路中，试考虑元件 A 和元件 B 的功率，并标明它们是电源还是负荷。

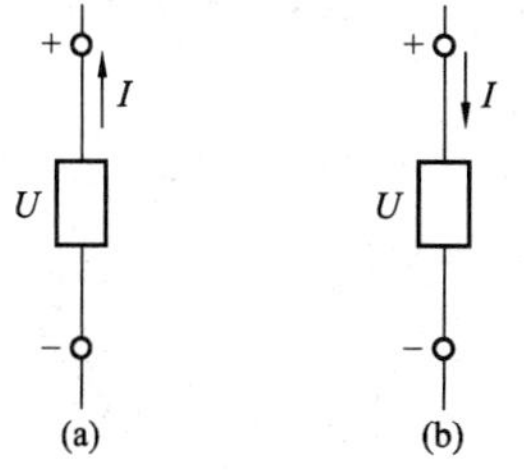

图 1-13　按电压和电源的实际方向判别

（a）U 和 I 的实际方向相反；（b）U 和 I 的实际方向相同

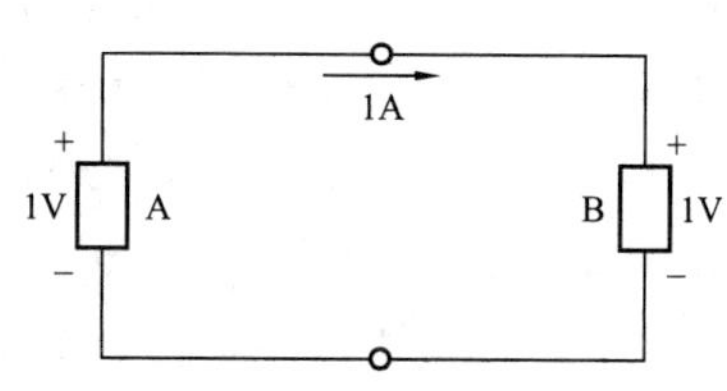

图 1-14　电源和负荷的判别

2. 根据电压和电流的参考方向计算出功率的正负来判别

电压和电流引入参考方向后，有正值和负值。这样，功率也有正值和负值。在关联参考

方向下，按式（1－7）计算，如果功率为正值，表明元件实际吸收功率，处于负荷状态；如果功率为负值，表明元件实际发出功率，即元件处在电源状态。在非关联参考方向下，则应在式（1－7）等号后加一负号，然后根据计算值的正负来判别，正值为吸收功率，负荷；负值为发出功率，电源。

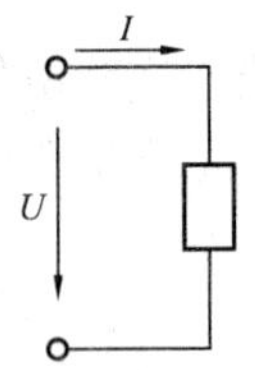

图 1－15　元件的功率

【例 1－8】 在图 1－15 中，U 和 I 为下列数值时，试求方框的功率，并指明哪些情况是负荷，哪些情况是电源。

（1）$U=6V$，$I=2A$；

（2）$U=6V$，$I=-2A$；

（3）$U=-6V$，$I=2A$；

（4）$U=-6V$，$I=-2A$。

解　图中 U 和 I 为关联参考方向，按式（1－7）计算功率，正值表示吸收功率，负值表示发出功率。各种 U 和 I 时的功率为

（1）$P=UI=6\times2=12$（W）（负荷）；

（2）$P=UI=6\times(-2)=-12$（W）（电源）；

（3）$P=UI=-6\times2=-12$（W）（电源）；

（4）$P=UI=-6\times(-2)=12$（W）（负荷）。

由［例 1－8］可见，在（2）、（3）两种情况下，U 和 I 的实际方向是相反的，正电荷从元件的实际"－"极流进，"＋"极流出，正电荷获得能量，也就是元件产生（或发出）能量，所以元件处在电源状态。

根据能量转换和守恒定律，在一个电路中，所有电源产生功率的总和，必定等于所有负荷吸收功率的总和，这称为电路的功率平衡。

三、电能

如果一个电路元件吸收的功率为 P，则在时间 t 内，该元件吸收的电能为

$$W=Pt \tag{1-8}$$

以 $P=UI$ 代入，得

$$W=UIt \tag{1-9}$$

电能的单位是 J（焦）。1J 就是功率为 1W 的用电设备使用 1s 所吸收（或消耗）的电能。在电力电路中，常采用 kW·h（千瓦时）为电能单位，1kW·h 等于 1kW 的用电设备使用 1h（3600s）所吸收（或消耗）的电能，1 千瓦时俗称度，$1kW\cdot h=10^3W\cdot h=10^3\times3600W\cdot s=3.6\times10^6J$。电能表俗称电度表。

【例 1－9】 一会议室有 100W 电灯 10 只，2kW 电热器 2 台，均在 220V 电压下使用。试求：（1）总电流；（2）每天使用 3h，20 天用了多少电能。

解　（1）先求总功率

$$P=100\times10+2\times10^3\times2=5\times10^3(W)=5\ (kW)$$

总电流

$$I=\frac{P}{U}=\frac{5000}{220}=22.7\ (A)$$

（2）20 天所用电能

$$W=Pt=5\times3\times20=300\ (kW\cdot h)$$

练习与思考题

在图 1-16 中，已知 $U=3\text{V}$，$I=-2\text{A}$，试问哪些方框是电源，哪些方框是负荷？发出或吸收的功率各是多少？

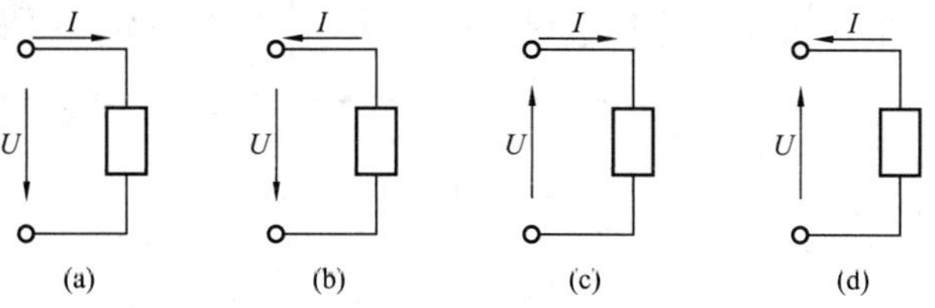

图 1-16　练习与思考题图

1-5　欧　姆　定　律

一个电阻器，如果忽略其磁效应，就是一个电阻元件。电阻元件是一种最常见的元件，它的特性可以用端电压和电流之间的关系来表示，这种关系又称为伏安关系，简写为 VAR。电阻元件的伏安关系是德国科学家欧姆在 1826 年提出的，他指出：

电阻元件中的电流与电压成正比，这就是欧姆定律，用数学式子表示为

$$U=RI \tag{1-10}$$

式中：U 为电阻元件两端的电压，V；I 为通过电阻元件的电流，A；R 为电阻元件的电阻，Ω。

由于电阻元件中的电流与电压的实际方向总是一致的，所以式（1-10）只有在关联参考方向下才适用。

如果以电压为纵坐标（或横坐标），电流为横坐标（或纵坐标），可以画出电阻元件的电压、电流关系曲线，它是一条通过原点的直线，如图 1-17 所示，这条曲线也称为电阻元件的伏安特性曲线。电阻值可由直线的斜率来确定。

这种电阻元件的伏安特性曲线是一条直线，所以也称为线性电阻元件。满足欧姆定律的电阻元件均为线性电阻元件。如果伏安特性曲线不是直线，则称为非线性电阻元件。通常所指的电阻元件，都是线性电阻元件。

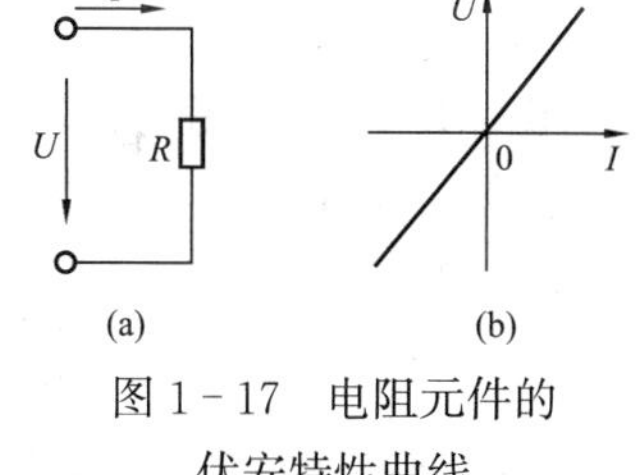

图 1-17　电阻元件的伏安特性曲线

【例 1-10】　一个阻值 2Ω 的电阻元件，两端加 6V 电压，求电流。

解　根据式（1-10）得

$$I=\frac{U}{R}=\frac{6}{2}=3\ (\text{A})$$

如果电阻元件的电压和电流参考方向不一致，则 U 和 I 的值总是异号，此时欧姆定律应写成

$$U=-RI \tag{1-11}$$

即在非关联参考方向下，欧姆定律的表达式应带负号。

【例 1-11】 应用欧姆定律，对图 1-18 所示各电路列写欧姆定律式子，并求 R。

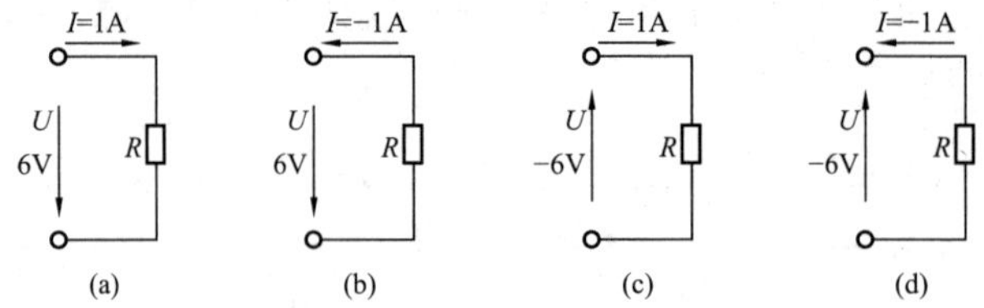

图 1-18 ［例 1-11］图

解 图 1-18（a）中，U 和 I 为关联参考方向，$R=\frac{U}{I}=\frac{6}{1}=6$（Ω）。

图 1-18（b）中，U 和 I 为非关联参考方向，$R=-\frac{U}{I}=-\frac{6}{-1}=6$（Ω）。

图 1-18（c）中，U 和 I 为非关联参考方向，$R=-\frac{U}{I}=-\frac{-6}{1}=6$（Ω）。

图 1-18（d）中，U 和 I 为关联参考方向，$R=\frac{U}{I}=\frac{-6}{-1}=6$（Ω）。

由欧姆定律可知，当 U 一定时，R 越大，则电流 I 越小，所以电阻 R 反映了电阻元件阻碍电流的特性，是电阻元件的参数。电阻元件也可以用另一个参数——电导 G 来表征。电导 G 的定义是

$$G=\frac{1}{R} \tag{1-12}$$

它的单位是 S（西［门子］）。

引入电导后，欧姆定律为

$$I=GU \tag{1-13}$$

当 U 和 I 取非关联方向时，欧姆定律为

$$I=-GU \tag{1-14}$$

电导 G 用来衡量导体的导电能力，G 大表明导电能力强，G 小表明导电能力弱。

【例 1-12】 一段导体的电阻 R 等于 0.5Ω，求其电导值。

解
$$G=\frac{1}{R}=\frac{1}{0.5}=2 \text{（S）}$$

以欧姆定律 $U=RI$ 或 $I=\frac{U}{R}$ 代入式（1-7），功率的计算式可以写为

$$P=UI=I^2R=\frac{U^2}{R} \tag{1-15}$$

式（1-15）是很实用的计算公式，由此式可见，当电流一定时，电阻消耗的功率与电阻成正比；当电压一定时，电阻消耗的功率与电阻成反比。

【例 1-13】 一只 220V、100W 的灯泡，正常使用时的电阻等于多少？

解 根据式（1-15）得

$$R=\frac{U^2}{P}=\frac{220^2}{100}=484 \text{（Ω）}$$

【例 1-14】 标有 100Ω、1W 的碳膜电阻，使用时的电流和电压的限值是多少？

解　电流的限值　$I=\sqrt{\dfrac{P}{R}}=\sqrt{\dfrac{1}{100}}=0.1\ (\mathrm{A})$

电压限值　$U=\sqrt{PR}=\sqrt{1\times 100}=10\ (\mathrm{V})$

练习与思考题

1. 欧姆定律明确表示出电阻元件的电压 U、电流 I 和电阻 R 三者之间的关系，除式（1-10）外，还可写成哪两种形式？

2. 一电阻元件的伏安关系为 $U=8I$，则其电阻为多少？试画出其伏安特性曲线。

1-6　基尔霍夫定律

基尔霍夫定律是电路的基本定律之一，是德国科学家基尔霍夫在 1845 年提出的。它包含两条内容，分别称为基尔霍夫电流定律和基尔霍夫电压定律。

一、基尔霍夫电流定律（简称 KCL）

基尔霍夫电流定律又称为基尔霍夫第一定律，它反映电路中任一节点的各支路电流的关系。

图 1-19 所示为电路的一个节点，支路电流 I_1 和 I_2 流入节点。I_3 和 I_4 从节点流出。KCL 指出：

在任何时刻，流入节点的电流的总和等于从节点流出的电流的总和。

用数学式表示为

$$I_1+I_2=I_3+I_4$$

或写成

$$\sum I_{入}=\sum I_{出} \tag{1-16}$$

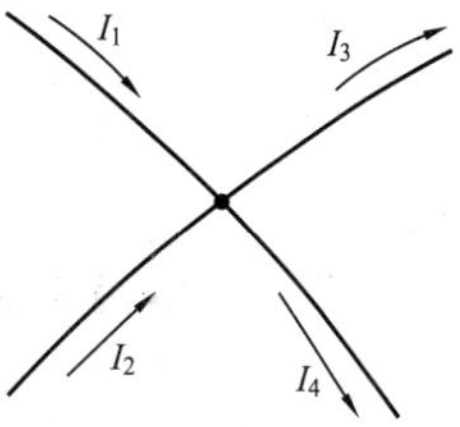

图 1-19　KCL

式中：$\sum$是“和”的意思。

式（1-16）是 KCL 的一种数学表达式，表明了连接于同一节点的各支路电流的约束关系。

【例 1-15】 图 1-19 所示电路，已知 $I_1=1\mathrm{A}$，$I_2=2\mathrm{A}$，$I_3=3\mathrm{A}$，求 I_4。

解　将已知数据代入式（1-16），得

$$1+2=3+I_4$$

解得　$I_4=1+2-3=0$

如果把式（1-16）所有电流项移至等号左边，则有

$$I_1+I_2-I_3-I_4=0$$

或写成

$$\sum I=0 \tag{1-17}$$

式（1-17）是 KCL 的又一种表达式，它表明：

在任何时刻，连接于同一节点的各支路电流的代数和等于零。

应该注意各电流前的符号，如果流入节点的电流取“+”号，则流出节点的电流取“-”号，反之亦可。

按照基尔霍夫电流定律列写的节点电流关系式，称为 KCL 方程。

应该指出，各支路电流的方向，本来是指实际方向，但在电路分析中，常采用电流的参考方向，因此应以选定的电流参考方向来列写 KCL 方程，方程中各电流前的“+”、“−”符号也由参考方向是流入还是流出节点来确定。

KCL 给出了电路任一节点处各支路电流的约束关系，如果某一节点的各支路电流，只有一个是未知的，便可以根据 KCL 来求解出这个未知电流。

【例 1-16】 在图 1-20 中，已知 $I_1=1A$，$I_2=2A$，$I_3=3A$，试求 I_4。

解　对节点列出 KCL 方程为

$$I_1+I_2+I_3+I_4=0$$

$$I_4=-I_1-I_2-I_3=-1-2-3=-6\ (A)$$

I_4 为负值，表明其实际方向与参考方向相反。

KCL 适用于电路的节点，也可推广应用于电路中的任一假设封闭面。如对图 1-21 所示的封闭面 S（也称为广义节点），可列写 KCL 方程为

$$I_A+I_B+I_C=0$$

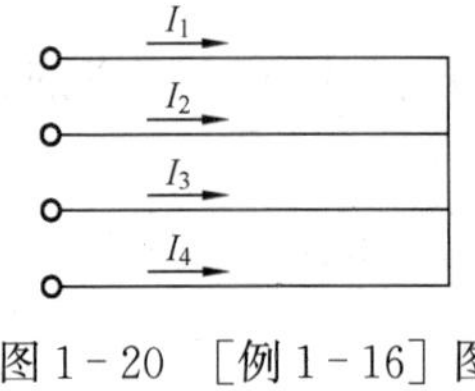

图 1-20　［例 1-16］图

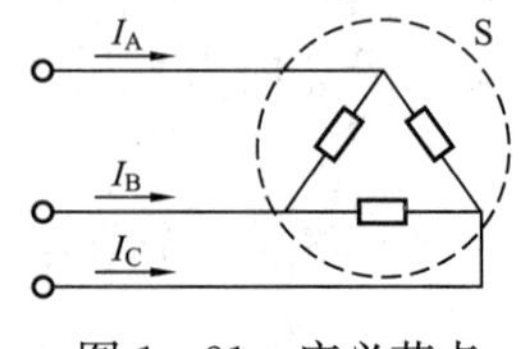

图 1-21　广义节点

二、基尔霍夫电压定律（简称 KVL）

基尔霍夫电压定律又称为基尔霍夫第二定律，它反映电路的任一回路中各段电压之间的关系。

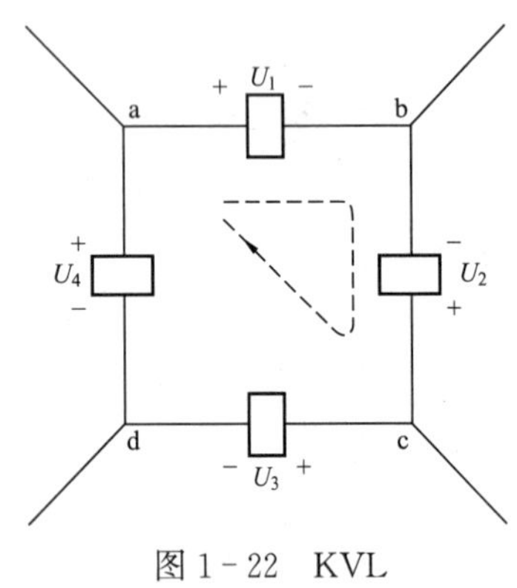

图 1-22　KVL

图 1-22 所示为电路中的一个回路，如果从 a 点出发，沿 a—b—c—d—a 绕行时，电位有时降低，有时升高，但绕行一周，回到出发点 a，电位的数值不会改变。也就是说，沿回路绕行一周，电压降的总和等于电压升的总和，即

$$U_1+U_3=U_2+U_4$$

若把所有的电压项都移至等号左边，则有

$$U_1-U_2+U_3-U_4=0$$

写成一般式为

$$\Sigma U=0 \tag{1-18}$$

式（1-18）就是 KVL 的第一种表达式，它表明：

在任何时刻，沿回路绕行一周（顺时针方向或逆时针方向），各段电压的代数和等于零。

列写式（1-18）时，先要选取回路的绕行方向，各段电压的方向与绕行方向一致的，该电压前取“+”号；相反的，取“−”号。

按照基尔霍夫电压定律列写的电压关系式，称为 KVL 方程。

应该指出，电路中各段电压的方向本来是指实际方向，但在采用了参考方向后，就应以

参考方向来列写 KVL 方程。方程中各电压前的“+”、“−”符号也由参考方向与绕行方向是否一致来判断。

KVL 给出了电路的任一回路中各段电压的约束关系。如果某一回路中只有一段未知的电压，便可以依据 KVL 来求出这个未知电压。

【例 1-17】 在图 1-23 中，已知 $U_1=1V$，$U_2=2V$，$U_3=3V$，试求 U_4。

解 将已知数据代入 KVL 方程得

$$U_1-U_2+U_3-U_4=1-2+3-U_4=0$$

则

$$U_4=2\ (V)$$

图 1-23 是由电阻元件和电动势构成的电路，在 KVL 方程中，代入电阻电压和电动势，得

$$R_1I+E_2+R_3I-E_1=0$$

将电阻电压和电动势分别写在等号两边，得

$$R_1I+R_2I=E_1-E_2$$

写成一般式，为

$$\sum RI=\sum E \qquad (1-19)$$

式（1-19）是 KVL 的第二种表达式，它表明：

在任何时刻，沿回路绕行一周，所有电阻压降的代数和等于所有电动势的代数和。

在列式时，凡是电流参考方向与绕行方向一致者，其电阻压降取正值，反之取负值。凡电动势的方向与绕行方向一致者，取正值，反之，取负值。

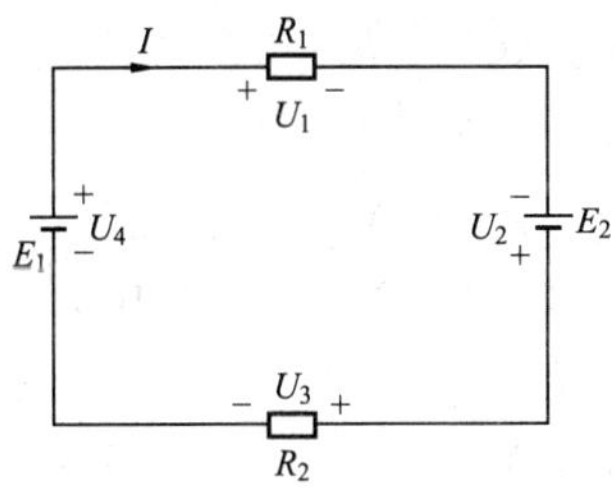

图 1-23 ［例 1-17］图

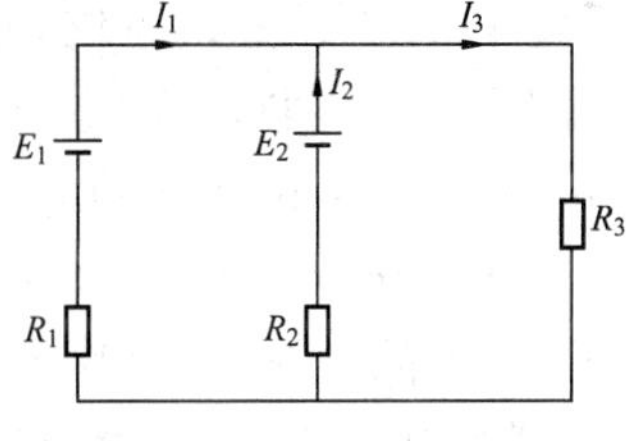

图 1-24 ［例 1-18］图

【例 1-18】 电路如图 1-24 所示，试列写左右两网孔的 KVL 方程。

解 两网孔均选取顺时针方向为绕行方向，各网孔的 KVL 方程分别为

左网孔　$R_1I_1-R_2I_2=E_1-E_2$

右网孔　$R_2I_2+R_3I_3=E_2$

练习与思考题

1. 电路如图 1-25 所示，试列写：(1) KCL 方程；(2) 以大回路为回路列写 KVL 方程，不同的绕向对方程的结果有否影响？

2. 电路如图 1-26 所示，在括弧中填写下列 KVL 方程中各项电压前的“+”、“−”符号。

顺时针绕向　(　　) U_1 (　　) U_2 (　　) $U_3=0$

逆时针绕向　(　　) U_1 (　　) U_2 (　　) $U_3=0$

3. 图 1－26 电路，填写下列 KVL 方程中各项电压前“＋”“－”符号。

顺时针绕向(　　) R_1I (　　) RI (　　) $R_2I=$(　　) E_1 (　　) E_2

逆时针绕向(　　) R_1I (　　) RI (　　) $R_2I=$(　　) E_1 (　　) E_2

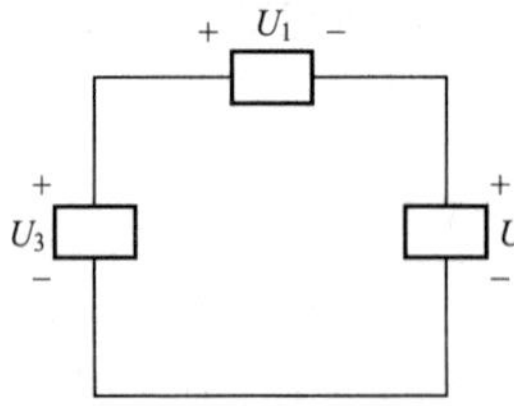

图 1－25　练习与思考题 1 图

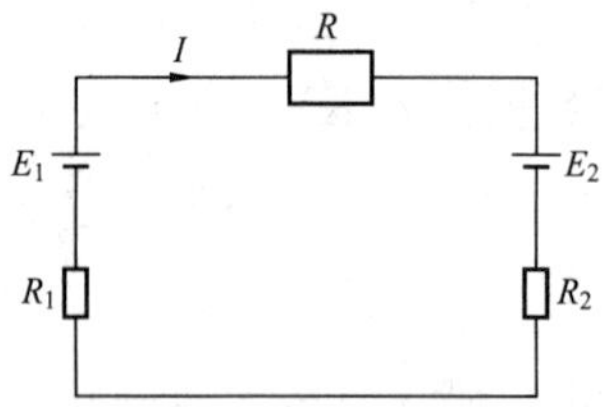

图 1－26　练习与思考题 2 图

自　检　题

1. 电荷以每秒 5C 的速率通过导体截面，则导体中的电流为__________ A。

2. 若导体中流过的电流为 5A，则 10s 内有__________ C 电荷通过导体截面。

3. 1mA=__________ A，1μA=__________ A。

4. $I_{ab}=-1$A，表示电流的实际方向由__________流向__________。

5. 1C 正电荷由 a 点移至 b 点时，放出 10J 能量，则 $U_{ab}=$__________ V。

6. U_{ab} 为负值，表示正电荷由 a 点移至 b 点时__________能量。

7. 正电荷由 a 至 b 时获得能量，则 U_{ab} 为__________值。

8. 已知电路中 a、b 两点的电位分别为 $V_a=5$V、$V_b=8$V，则 $U_{ab}=$__________。

9. 已知电路中 a、b 两点间的电压 $U_{ab}=6$V、$V_b=3$V，则 $V_a=$__________。

10. 已知电路中 a、b 两点间的电压 $U_{ab}=6$V，$V_a=-3$V，则 $V_b=$__________。

11. 直流电源两端的电压 U 与电动势 E 的参考方向一致时，U 和 E 的关系式为__________；U 和 E 的参考方向相反时，两者的关系式为__________。

12. 元件的端电压和电流取关联参考方向时，$P=UI$ 为__________功率的计算式。

13. 元件的端电压和电流取关联参考方向时，P 为负值，表示元件__________功率。

14. 为使电气设备长期安全、经济地运行，所规定的电压、电流或功率的允许值，称为__________。

15. 电阻率 ρ 的单位不是 Ω，而是__________。

16. 银、铜、铝、铁、铂按电阻率由大到小排列时，次序是__________、__________、__________、__________、__________。

17. 均匀导线电阻的计算公式是 $R=$__________。

18. 导体的温度每增高 1℃，其__________增加的百分数称为电阻温度系数。

19. 金属导体的电阻随温度上升而__________。碳的电阻则随温度上升而__________，其电阻温度系数为__________值。

20. 0℃时电阻为 1Ω 的铜导线，当温度变为 1℃时，其电阻增加__________ Ω。当温度变为 25℃时，其电阻增加到__________ Ω。

21. 锰铜和康铜的电阻温度系数很__________，适宜于制作标准电阻。

22. 在 25℃时测得一铝线的电阻为 10Ω，在 75℃时其电阻为__________ Ω。

23. 电流总是从电阻元件的__________电位端流向__________电位端，而电子是从__________电位端流向__________电位端。

24. 熔丝的电阻为 0.002Ω，通过 20A 的电流时，其端电压为__________。

25. 一电阻器通过 1A 电流时，端电压为 4V，则此电阻器的电阻为__________。

26. 一电阻器的伏安关系为 $U=10I$，则可取__________ Ω 的电阻元件作为该电阻器的模型。

27. 电阻元件的端电压和电流的参考方向一致时，欧姆定律的表达式为__________。

28. 电阻元件的端电压和电流的参考方向相反时，欧姆定律的表达式为__________。

29. 电阻的倒数称为__________，其单位为__________。

30. 10Ω 电阻的电导为__________。

31. 一电阻器的两端加上 1V 电压，测得电流为 10A，则此电阻器的电导为__________。

32. 一电阻元件两端的电位分别为 $V_a=-10V$，$V_b=10V$，电流 $I_{ab}=-5A$，则其电阻为__________。

33. 5Ω 电阻两端的电压 $U_{ab}=-10V$，则其中电流 $I_{ab}=$__________。

34. 已知电阻 R_1 大于 R_2，则电导 G_1 __________ G_2。

35. 在电路的任一节点处，流进电流的和等于__________电流的和，或者说，节点处各支路电流的__________等于零，这就是基尔霍夫电流定律。

36. 沿闭合回路绕行一周，回到原来出发点时，__________是不会改变的。

37. KCL 的表达式是__________，KVL 的表达式是__________。

38. 某一段电路的电压，等于该段两端间任一路径上各分段电压的__________。

39. 由电动势和电阻组成的回路，基尔霍夫电压定律的表达式为__________，即回路中所有电动势的代数和等于所有__________的代数和。

习　题

1-2 节

1-1　2C 电荷由电路的 a 点移至 b 点时，能量改变了 6J，试求下列四种情况下的 U_{ab}：

(1) 电荷为正且失去能量；

(2) 电荷为正且获得能量；

(3) 电荷为负且失去能量；

(4) 电荷为负且获得能量。

1-2　电路中的 a、b、c、d 四点，已知 $V_a=2V$，$V_b=-1V$，$U_{ac}=-2V$，$U_{dc}=-6V$。求 V_c 和 V_d。

1-4 节

1-3　一电阻器通过 1A 电流时，端电压为 5V，求此电阻器的电阻。

1-4　一熔丝的电阻为 0.002Ω，通过 10A 电流时的电压降为多少？

1-5　一根铜导线，截面积为 $1mm^2$，长度为 1km。试计算其在 20℃和 75℃时的电阻值。

1-6　已知一电阻元件的电导 $G=0.5\mathrm{S}$，外加电压 $U=1\mathrm{V}$，求电流。

1-5 节

1-7　灯泡参数分别为：①110V、15W；②220V、15W；③220V、150W。求它们在正常工作时的电流。

1-8　试求图 1-27 所示各元件发出或吸收的功率。

1-9　试求图 1-28 所示各元件发出或吸收的功率。

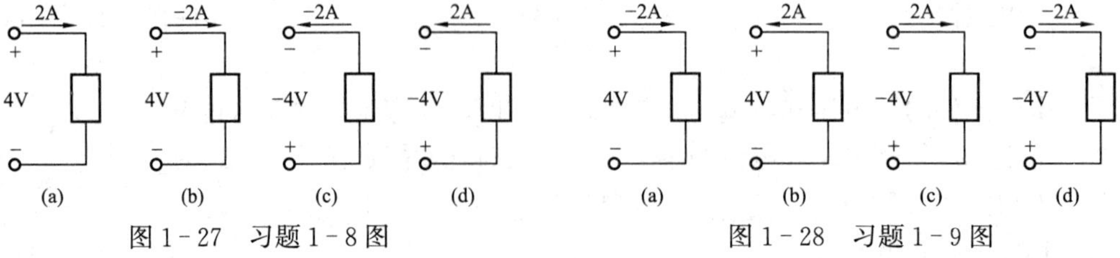

图 1-27　习题 1-8 图　　图 1-28　习题 1-9 图

1-10　试求 2kW、200V 的电炉正常工作时的电流。另外，如每天使用 3h，一个月（30 天）用去多少电能？

1-11　一电阻元件的铭牌上标有“500Ω、5W”，试求其允许通过的电流和两端的电压。

1-12　试求下列灯泡在正常工作时的电阻：

（1）15W、220V；（2）15W、110V；

（3）40W、220V；（4）40W、100V。

1-6 节

1-13　应用 KCL，求图 1-29 所示两电路中的未知电流 I。

1-14　应用 KVL，求图 1-30 所示电路中的 U_1 和 U_2。

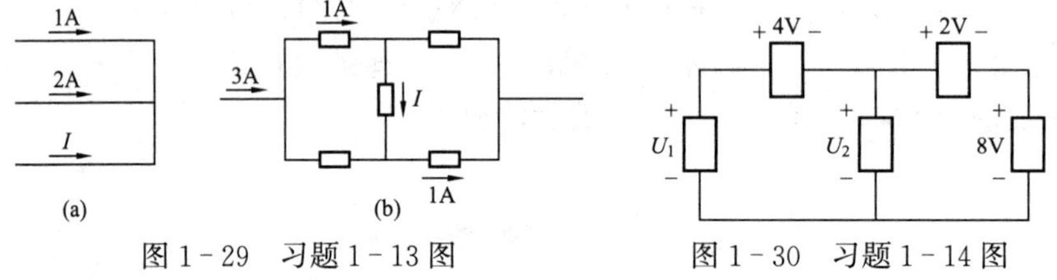

图 1-29　习题 1-13 图　　图 1-30　习题 1-14 图

1-15　应用 KVL，分别求图 1-31（a）、（b）所示电路中的电压 U_{ab}、U_{bc} 和 U_{ca}。

1-16　应用 KVL，求图 1-32 所示电路中的电压 U_{ac} 和 U_{dc}。

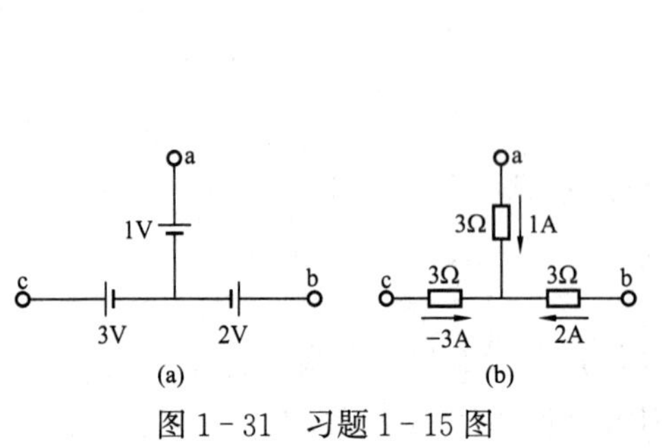

图 1-31　习题 1-15 图

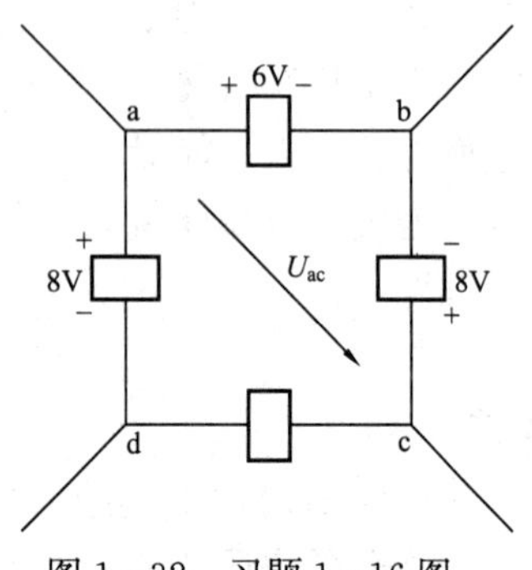

图 1-32　习题 1-16 图

1－17　求图1－33所示电路各点的电位。

1－18　图1－34所示电路中，求a、b两点的电位。

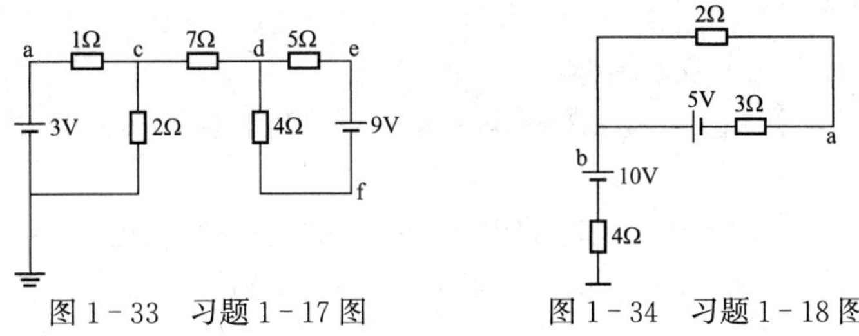

图1－33　习题1－17图　　图1－34　习题1－18图

干　电　池

用两种不同的金属（铜和锌）浸在电解液中，就会发生氧化还原反应，金属中的电子会通过电解液发生转移，结果在两金属间产生电压（铜正，锌负），这就是意大利科学家伏特发明的伏打电池。由于使用的电解液是液体，所以称为“湿电池”。为了提高实用性，以后将电解液做成糊状，并与活性物质二氧化锰一起装进一个锌筒（作为负极），中间插入一根碳棒（作为正极），再加以密封，就成了“干电池”

现今使用的碱性锌锰电池的容量和放电特性均优于锌锰电池，成为“高容量”电池，其使用于小型收音机时的寿命为锌锰电池的2倍，而用在闪光放电管时约为4倍。可见，越在大电流场合越能发挥碱性电池的威力。

镉镍电池是可以充电的，一般在外壳上均标有它的容量。如5号为500mA·h，即以500mA电流放电，能使用1h。只要正确使用，充电次数可大于500次。新买或长期放置的镉镍电池必须充电后再使用，当电池电压降低至终止放电电压时，应立即停止使用，否则会过量放电而“死”掉。按所标的电流和时间进行充电，有利于提高电池的寿命。

干电池使用完毕不应随便抛弃，因为一般电池中含有汞，汞进入土壤，有可能经“食物链”或“生物链”进入人体，使人体受汞感染而中毒，轻者出现知觉障碍、手足麻痹，重者造成意识失调或危及生命。在一些发达国家要求各类垃圾分类放置，废电池作为特殊垃圾专门有投弃处，这不仅有利于防治环境污染，也有利于物质的回收处理。

小 功 率 电 阻 器

电阻器是消耗电能的器件，种类很多，其图形符号如图1－35所示。其中，图1－35（a）为一般电阻器符号，图1－35（b）为可变电阻器符号，图1－35（c）为滑动触点电位器符号。

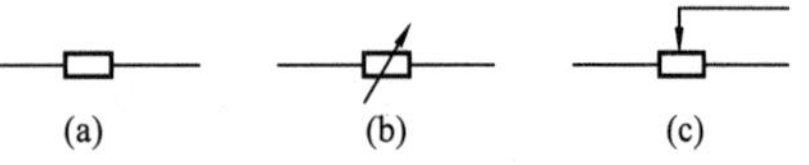

图1－35　电阻器的图形符号
（a）一般电阻器；（b）可变电阻器；（c）滑动触点电位器

电子电路中常见到的各种小功率电阻器有如下几种：

（1）碳膜电阻。其由瓷棒上的一层碳膜构成，碳膜上刻槽以控制阻值，外表常漆成绿色。

（2）金属膜电阻。其由陶瓷骨架上被覆一层金属薄膜构成，体积较小，常漆成红色。

（3）线绕电阻。其由电阻丝绕在瓷管上构成，电阻丝为铬镍合金及康铜丝制成。线绕电阻分固定和可变两种。

小功率电阻上标有三个技术指标：

（1）标称（名义）阻值。其是由国家规定的一系列电阻值，作为电阻器的标准，以便按标称系列生产。

（2）容许误差。其是由国家规定的电阻值误差级别。普通电阻器的误差分为±5%、±10%、±20%三种，分别以Ⅰ、Ⅱ、Ⅲ表示，反映标称阻值与实际值之间不完全相符的程度。

（3）额定功率。其由国家规定了标称值，常用的有1/8、1/4、1/2、1、2、3、5、10、25W等。由额定功率和标称电阻可以确定电阻器的最大允许电流和电压。

第2章 直 流 电 路

2-1 电阻的串联和并联

一、电阻的串联

几只电阻连成一串，称为电阻的串联，如图 2-1（a）所示。电阻串联的特点是各电阻流过同一电流。

1. 等效电阻

几只电阻串联，可以用一只电阻代替，代替后的电阻在电路中的效果如果和原来相同，这个电阻就称为等效电阻。效果相同是指在相同电压作用下，电流保持不变，也即两者具有相同的电压、电流关系。

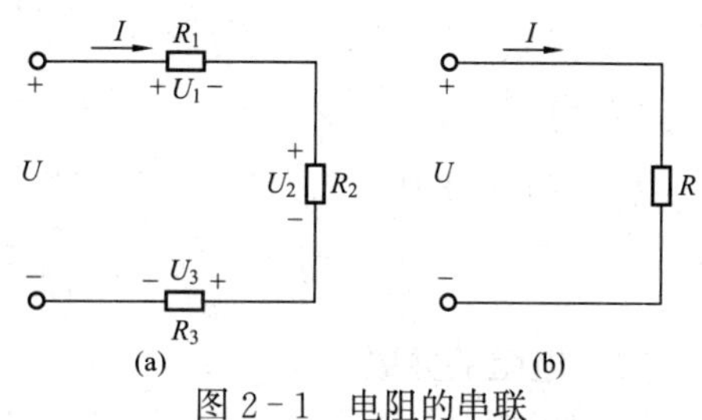

图 2-1 电阻的串联

（a）电阻的串联；（b）等效电阻

两电阻串联电路的等效电阻与各电阻的关系是

$$R=R_1+R_2 \tag{2-1}$$

即，电阻串联的等效电阻等于各电阻之和，等效电阻又称总电阻。电路中的电流为

$$I=\frac{U}{R_1+R_2}=\frac{U}{R}$$

2. 串联分压

R_1 和 R_2 串联时，每个电阻上的电压为

$$\left.\begin{aligned}U_1=R_1I=\frac{R_1}{R_1+R_2}U=\frac{R_1}{R}U\\U_2=R_2I=\frac{R_2}{R_1+R_2}U=\frac{R_2}{R}U\end{aligned}\right\} \tag{2-2}$$

式（2-2）中，$\frac{R_1}{R}=\frac{U_1}{U}$、$\frac{R_2}{R}=\frac{U_2}{U}$ 为各电阻上的电压与总电压之比，称为分压比。式（2-2）常称为串联电阻的分压公式，由此式可得

$$U_1:U_2=R_1:R_2 \tag{2-3}$$

式（2-3）说明：

串联的各电阻的电压与其电阻成正比，大电阻分到大（高）电压，小电阻分到小（低）电压。

电阻串联的分压作用，广泛应用于直流电压表量限的扩大及各种分压电路中。

【例 2-1】 $R_1=4\Omega$ 和 $R_2=8\Omega$ 串联，接在 $U=120V$ 的电源上。试求：（1）等效电阻；（2）电路中的电流 I；（3）两电阻分配到的电压。

解 （1）等效电阻

$$R=R_1+R_2=4+8=12\ (\Omega)$$

（2）电路中的电流

$$I=\frac{U}{R}=\frac{120}{12}=10\ (A)$$

（3）两电阻的分压比

$$\frac{R_1}{R_1+R_2}=\frac{4}{4+8}=\frac{1}{3},\quad \frac{R_2}{R_1+R_2}=\frac{8}{4+8}=\frac{2}{3}$$

两电阻分配到的电压

$$U_1=\frac{R_1}{R}U=\frac{4}{12}\times 120=40\ (\mathrm{V})$$

$$U_2=\frac{R_2}{R}U=\frac{8}{12}\times 120=80\ (\mathrm{V})$$

【例 2-2】 $R_1=40\Omega$、$R_2=60\Omega$ 和 $R_3=100\Omega$ 串联，接在 $U=120\mathrm{V}$ 的电源上 。试求：（1）电路的等效电阻 R；（2）电流 I；（3）R_2 两端的电压 U_2。

解 （1）等效电阻

$$R=R_1+R_2+R_3=40+60+100=200\Omega$$

（2）电流 $$I=\frac{U}{R}=\frac{120}{200}=0.6\ (\mathrm{A})$$

（3）R_2 的电压 $$U_2=R_2I=60\times 0.6=36\ (\mathrm{V})$$

或 $$U_2=\frac{R_2}{R}U=\frac{60}{200}\times 120=36\ (\mathrm{V})$$

二、电阻的并联

几只电阻的一端连在一起，另一端也连在一起，如图 2-2（a）所示，称为电阻的并联。电阻并联的特点是各电阻受到同一电压。

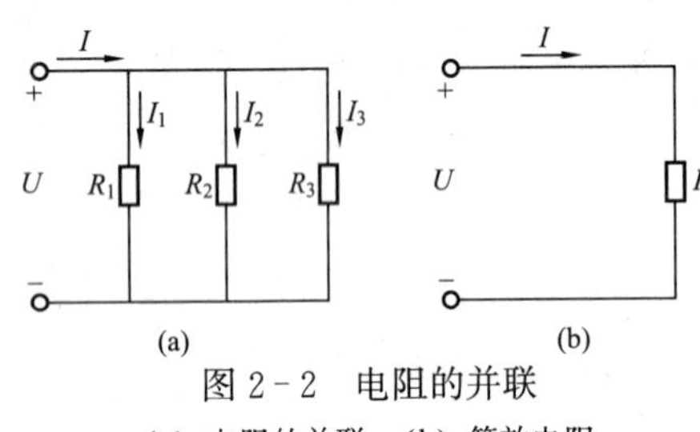

图 2-2 电阻的并联

（a）电阻的并联；（b）等效电阻

1. 等效电阻

两电阻并联电路的等效电阻与各电阻的关系是

$$\frac{1}{R}=\frac{1}{R_1}+\frac{1}{R_2} \tag{2-4}$$

即，电阻并联的等效电阻的倒数等于各电阻倒数之和。

式（2-4）也可写为

$$R=\frac{R_1R_2}{R_1+R_2}$$

上式的结构为“上乘下加”，很好记忆。

【例 2-3】 $R_1=4\Omega$ 和 $R_2=6\Omega$ 并联，求等效电阻。

解

$$R=\frac{R_1R_2}{R_1+R_2}=\frac{4\times 6}{4+6}=2.4\ (\Omega)$$

如果将电阻用电导来表示，即 $G_1=\frac{1}{R_1}$、$G_2=\frac{1}{R_2}$，而 $I_1=G_1U$，$I_2=G_2U$

则 $$I=I_1+I_2=G_1U+G_2U=(G_1+G_2)U=GU$$

显然，等效电导

$$G=G_1+G_2 \tag{2-5}$$

即电导并联时，等效电导等于各个电导之和。

所以，并联的支路越多，等效电导越大，而等效电阻则越小。例如，10 个 1S 的电导并联，其等效电导 $G=10\mathrm{S}$，而其等效电阻 $R=\frac{1}{G}=0.1\Omega$。在电阻并联的电路中，当并联的数目较多时，采用电导进行分析比采用电阻方便。

【例 2-4】　由图 2-3 所示电路求等效电导和等效电阻。

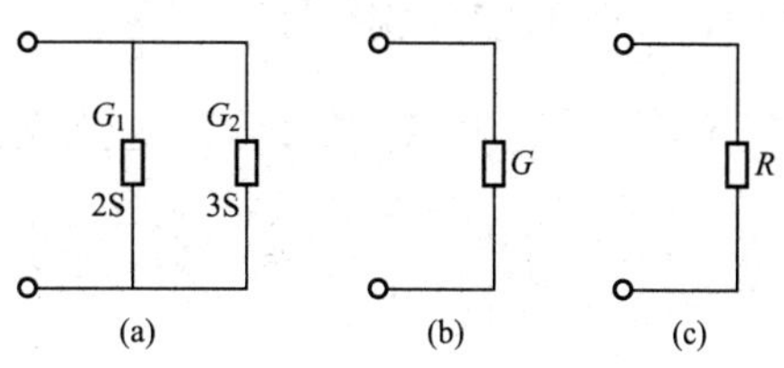

图 2-3 ［例 2-4］图

(a) 原电路；(b) 等效电导；(c) 等效电阻

解　因各电阻均以电导值表示，故应用式（2-5）求等效电导

$$G=G_1+G_2=2+3=5\ (\mathrm{S})$$

等效电阻

$$R=\frac{1}{G}=\frac{1}{5}=0.2\ (\Omega)$$

2. 并联分流

两只电阻 R_1 和 R_2 并联时，总电流为两分支电流之和。若总电流为 I，则各电阻中的电流分别为

$$\left.\begin{aligned}I_1&=\frac{U}{R_1}=\frac{RI}{R_1}=\frac{R_2R_2}{R_1+R_2}\frac{I}{R_1}=\frac{R_2}{R_1+R_2}I\\I_2&=\frac{U}{R_2}=\frac{RI}{R_1}=\frac{R_1R_2}{R_1+R_2}\frac{I}{R_2}=\frac{R_1}{R_1+R_2}I\end{aligned}\right\}\tag{2-6}$$

式中，$\frac{R_2}{R_1+R_2}$和$\frac{R_1}{R_1+R_2}$称为分流比。式（2-6）常称为分流公式。

若将 I_1 与 I_2 相比，得

$$\frac{I_1}{I_2}=\frac{R_2}{R_1}\tag{2-7}$$

即两电阻并联时，电流的分配与电阻成反比。

并联电阻可以分流，广泛应用于直流电流表扩大量限及各种分流电路中。

【例 2-5】　$R_1=1\Omega$ 和 $R_2=2\Omega$ 并联，总电流为 6A，求 R_1 和 R_2 中的电流 I_1 和 I_2。

解　根据式（2-7）得

$$\frac{I_1}{I_2}=\frac{R_2}{R_1}=\frac{2}{1}$$

又根据 KCL

$$I_1+I_2=6\mathrm{A}$$

故由观察可知

$$I_1=4\mathrm{A},\quad I_2=2\mathrm{A}$$

【例 2-6】　若将［例 2-5］中总电流改为 5A，再求各电阻中的电流。

解　根据式（2-6）得

$$I_1=\frac{R_2}{R_1+R_2}I=\frac{2}{1+2}\times5=\frac{10}{3}\ (\mathrm{A})$$

$$I_2=\frac{R_1}{R_1+R_2}I=\frac{1}{1+2}\times5=\frac{5}{3}\ (\mathrm{A})$$

验证

$$I_1+I_2=\frac{10}{3}+\frac{5}{3}=5\ (\mathrm{A})$$

【例 2-7】　$R_1=4\Omega$、$R_2=6\Omega$ 和 $R_3=12\Omega$ 并联，总电流为 6A，求 R_1、R_2 和 R_3 中的电流 I_1、I_2 和 I_3。

解　先求 R_2 和 R_3 并联的等效电阻 R_{23}

$$R_{23}=R_2\,/\!/\,R_3=6\,/\!/\,12=4\ (\Omega)$$

式中，“//”代表并联符号。

然后求 R_1 和 R_{23} 的分流，应各为总电流的一半，即 $I_1=I_{23}=\frac{6}{2}=3$（A）。再求 R_2 和 R_3 的分流。因$\frac{I_2}{I_3}=\frac{R_3}{R_2}=\frac{2}{1}$，直接可得

$$I_2=2\text{A},\quad I_3=1\text{A}$$

练习与思考题

1. 观察（心算）确定表 2－1 所列 R_1 和 R_2 串联电路的电压分配（U 为总电压）。

表 2－1 串联电路的电压分配

R_1（Ω）	R_2（Ω）	U（V）	U_1（V）	U_2（V）
1	2	3		
4	7	22		
18	36	54		
18	36	60		
3k	8k	110		

2. 观察（心算）确定表 2－2 所列 R_1 和 R_2 并联电路的电流分配（I 为总电流）。

表 2－2 并联电路的电流分配

R_1（Ω）	R_2（Ω）	I（A）	I_1（A）	I_2（A）
1	1	3		
1	2	3		
1	3	3		
8	2	3		
8	7	1.5		

3. 3 只 10Ω 电阻串联 ，等效电阻 $R=$__________。
4. 3 只 10Ω 电阻并联，等效电阻 $R=$__________，等效电导 $G=$__________。

2－2 电阻的混联

电路中，各电阻既有串联，又有并联的连接，称为电阻的混联或复联。

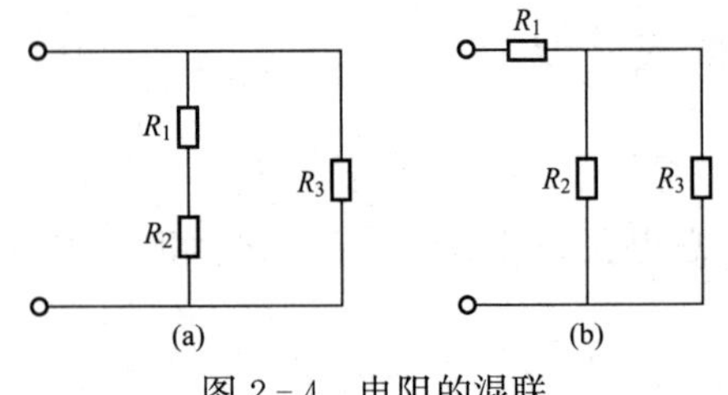

图 2－4 电阻的混联
（a）“先串后并”结构；（b）“先并后串”结构

图 2－4 为两种比较常见的混联电路。图 2－4（a）是 R_1 和 R_2 串联后再与 R_3 并联的电路，可称为“先串后并”的结构，其等效电阻可写成

$$R=(R_1+R_2)/\!/R_3$$

图 2－4（b）是 R_2 和 R_3 并联后再与 R_1 串联的电路，可称为“先并后串”的结构，其等效电阻可写成

$$R=R_1+R_2/\!/R_3$$

分析混联电路，关键在于分清各电阻的串、并联连接，然后采用逐步合并的方法。

【例 2-8】 在图 2-5 所示电路中，求 a、b 间的等效电阻。

解 从电路结构看，R_1 与 R_2 并联，R_3 与 R_4 并联，然后再串联，而 R_5 被短接，故 a、b 间等效电阻可写成

$$R=(R_1 /\!/ R_2)+(R_3 /\!/ R_4)$$

【例 2-9】 在图 2-6 所示电路中，求 a、b 间的等效电阻。

解 这个电路虽然只有四只电阻，却往往不易分清它们的连接关系。解决的方法是改画电路，因为 R_2 的右端连在 c 点和连在 a 点是一样的，如果改画为连至 a 点，就很容易看出 R_1 和 R_2 是并联的，于是 a、b 间的等效电阻可写成

$$R=[(R_1 /\!/ R_2)+R_3] /\!/ R_4$$

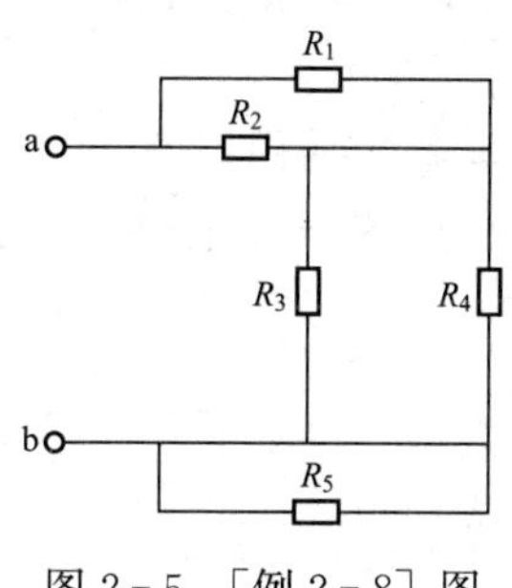

图 2-5 [例 2-8] 图

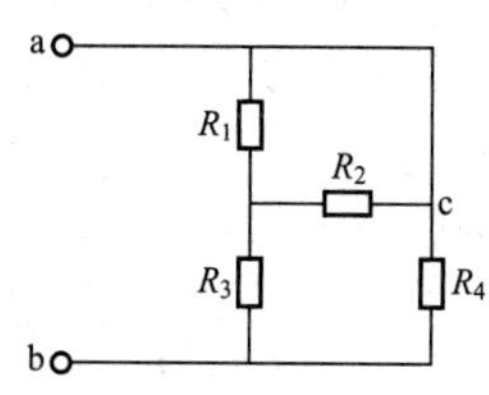

图 2-6 [例 2-9] 图

练习与思考题

三只电阻均为 10Ω，求下列情况下的等效电阻：

(1) 将两只并联后再与第三只串联；

(2) 将两只串联后再与第三只并联。

2-3 电 桥 电 路

图 2-7 所示电路中，四只电阻 R_1、R_2、R_3、R_4 连成一个四边形，对角 a、c 接直流电压 U，对角 b、d 之间接入一检流计 G，bd 支路称作“桥”，四个电阻支路称为“桥臂”。这种电路就是直流单臂电桥，也称作惠斯登电桥，是电工测量技术中常用的精密仪器。

当检流计支路断开时，R_1 与 R_2 串联，R_3 与 R_4 串联。对角 b、d 之间的电压

$$U_{bd}=U_2-U_3$$

或
$$U_{bd}=-U_1+U_4$$

若
$$U_2=U_3 \quad 或 \quad U_1=U_4$$

则
$$U_{bd}=0$$

在这种情况下，即使合上检流计支路的按钮开关，检流计中也无电流通过，检流计的指针指零，称为电桥平衡。

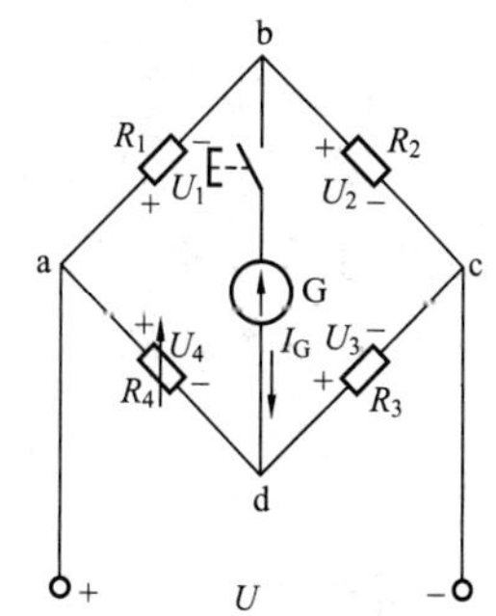

图 2-7 直流单臂电桥

由于电桥平衡时，有

$$\frac{U_2}{U_1}=\frac{U_3}{U_4}$$

根据电阻串联分压与电阻成正比，又有

$$\frac{U_1}{U_2}=\frac{R_1}{R_2},\quad \frac{U_3}{U_4}=\frac{R_3}{R_4}$$

可得平衡时四只电阻之间的关系为

$$\frac{R_1}{R_2}=\frac{R_4}{R_3} \tag{2-8a}$$

或

$$R_1R_3=R_2R_4 \tag{2-8b}$$

式（2-8a）和式（2-8b）是电桥平衡的条件。电桥平衡与外加电压无关，而仅决定于四个桥臂电阻的相互关系，即

电桥平衡时，相邻桥臂电阻成比例，或相对桥臂电阻的乘积相等。

【例 2-10】 图 2-7 所示电桥电路，已知 $R_2=10\Omega$，$R_3=1\Omega$，$R_4=5\Omega$，求 R_1 为何值时电桥达到平衡？

解 根据式（2-8）

$$R_1=\frac{R_2}{R_3}R_4=\frac{10}{1}\times 5=50\ (\Omega)$$

2-4 Y-△等效变换

三只电阻 R_a、R_b、R_c 的一端连接在一起，成为一个节点，另外三个端子与电路的其他部分相连接，称为电阻的星形连接或称为Y连接，如图 2-8（a）所示 。三只电阻 R_{ab}、R_{bc}、R_{ca} 连成一个三角形，三角形的三个顶点与电路的其他部分相连接，称为电阻的三角形连接或称△连接，如图 2-8（b）所示。

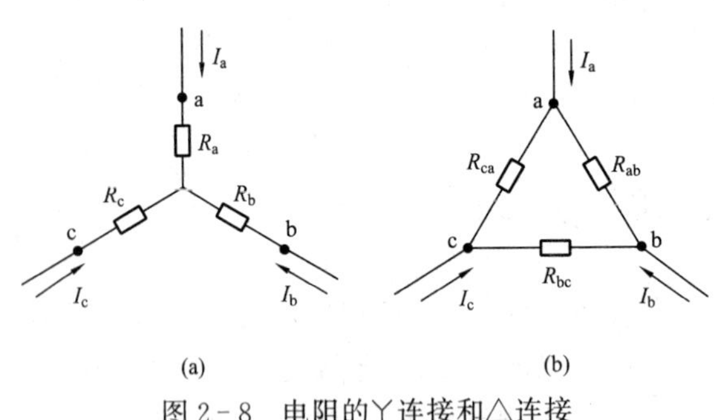

图 2-8 电阻的Y连接和△连接

电阻的Y连接可以由△连接等效代替，△连接也可由Y连接等效代替，称为Y-△等效变换。等效变换的条件是，对应端的电流一一相同时，对应端子间的电压也应该一一相等。或者，对应端子间的电压一一相同时，对应端的电流也应该一一相等。这样才使变换后的电路其他部分不受影响。如果满足上述等效变换条件，Y和△两种连接中，对应两个端子间的等效电阻应该相等。如设 c 端开路，两种连接 a、b 间的等效电阻应该相等，即

$$R_a+R_b=\frac{R_{ab}(R_{bc}+R_{ca})}{R_{ab}+R_{bc}+R_{ca}}$$

同理

$$R_b+R_c=\frac{R_{bc}(R_{ca}+R_{ab})}{R_{ab}+R_{bc}+R_{ca}}$$

$$R_c + R_a = \frac{R_{ca}(R_{ab} + R_{ba})}{R_{ab} + R_{bc} + R_{ca}}$$

解上列三式，可得

$$\left.\begin{aligned} R_a &= \frac{R_{ab}R_{ca}}{R_{ab} + R_{bc} + R_{ca}} \\ R_b &= \frac{R_{bc}R_{ab}}{R_{ab} + R_{bc} + R_{ca}} \\ R_c &= \frac{R_{ca}R_{bc}}{R_{ab} + R_{bc} + R_{ca}} \end{aligned}\right\} \tag{2-9}$$

式（2-9）是△连接等效变换为Y连接的等效变换公式。也可解得由Y连接等效变换为△连接的公式为

$$\left.\begin{aligned} R_{ab} &= R_a + R_b + \frac{R_aR_b}{R_c} \\ R_{bc} &= R_b + R_c + \frac{R_bR_c}{R_a} \\ R_{ca} &= R_c + R_a + \frac{R_cR_a}{R_b} \end{aligned}\right\} \tag{2-10}$$

由式（2-9）和式（2-10）可以看出，当△连接的三只电阻相等时，等效的Y连接的三只电阻也相等；反之亦然。这种情况称为对称的△连接和Y连接。若以 $R_{\triangle}$ 和 R_{Y} 表示对称△连接和Y连接的每一只电阻，则有

$$R_{Y} = \frac{1}{3}R_{\triangle} \tag{2-11a}$$

或

$$R_{\triangle} = 3R_{Y} \tag{2-11b}$$

【例 2-11】 在图 2-9（a）所示的电路中，试求 I 和 I_{bc}。

解 图 2 9（a）电路的 5 只电阻，既非串联，也非并联，因而不能用串、并联等效变换的方法化简。但是，三只 6Ω 电阻构成对称△连接，如果变换为Y连接，如图 2-19（b）所示，各电阻的串、并联连接关系很清楚，也就可以等效化简了。

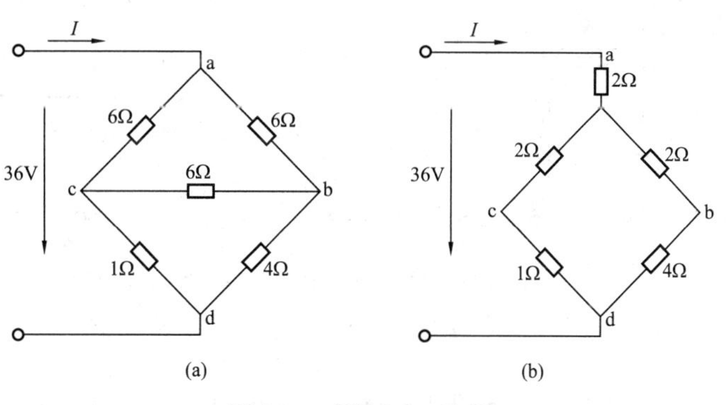

图 2-9 ［例 2-11］图

根据式（2-11a）

$$R_a = R_b = R_c = \frac{R_{\triangle}}{3} = \frac{6}{3} = 2\ (\Omega)$$

a、b 间的等效电阻

$$R = R_a + [(R_b + 4)/\!/(R_c + 1)] = 2 + [(2+4)/\!/(2+1)] = 4\ (\Omega)$$

电路总电流

$$I = \frac{U}{R} = \frac{36}{4} = 9\ (\mathrm{A})$$

分支 bd 和 cd 中的电流由分流公式求取，即

$$I_{bd}=\frac{3}{6+3}\times 9=3\ (\text{A})$$

$$I_{cd}=\frac{6}{6+3}\times 9=6\ (\text{A})$$

由此可求得图 2-9（a）中 b、c 两点间的电压

$$U_{bc}=U_{bd}-U_{cd}=4\times I_{bd}-1\times I_{bd}=4\times 3-1\times 6=6\ (\text{V})$$

故

$$I_{bc}=\frac{U_{bc}}{6}=\frac{6}{6}=1\ (\text{A})$$

练习与思考题

[例 2-11] 能否应用将Y连接变换为△连接的方法来化简？

2-5 电压源、电流源及两种电源模型的等效变换

一、理想电压源

实际电源（如电池）的端电压随输出电流的增大而降低，这是因为实际电源有内阻的缘故，内阻越小，端电压越接近定值。在理想情况下，内阻为零，端电压不随电流变化而保持定值，这样的电源称为理想电压源。

理想电压源的图形符号如图 2-10（a）所示，圆圈外的“+”、“-”号为参考极性。电压源的电压用 U_s 表示，U_s 的参考方向由“+”极指向“-”极。有时也用电动势 E 表示，E 是电位升，其参考方向由“-”极指向“+”极。对于电池和蓄电池，也可以用图 2-10（b）的符号表示。电源的特性常用其电压、电流关系的曲线来表示，称为外特性曲线。理想电压源的外特性曲线是一条平行于电流轴的直线，如图 2-10（c）所示。

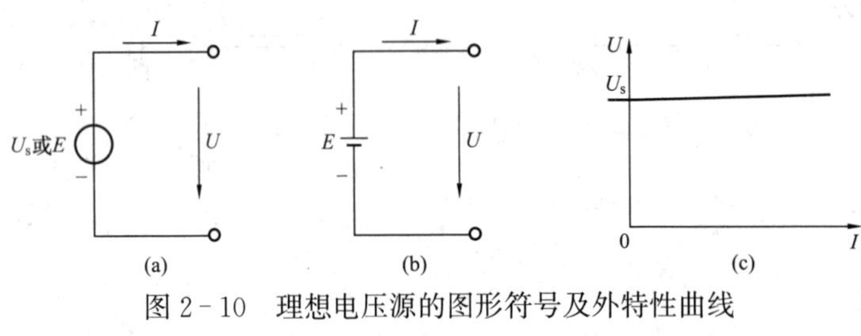

图 2-10 理想电压源的图形符号及外特性曲线

（a）一般符号；（b）电池或蓄电池；（c）外特性曲线

从图 2-10（c）可见：

理想电压源的端电压始终等于恒定值 U_s，而不论通过它的电流是多少。

理想电压源的电流不由自身确定，而由与它连接的外电路确定，其值可大可小，可正可负。如果外电路开路，则电流 $I=0$。所以，理想电压源的电流是任意的。当电流的实际方向从理想电压源的高电位端流出时，理想电压源发出能量，处在电源的状态；当电流的实际方向从高电位端流入时，理想电压源吸收能量，处在负荷的状态。

理想电压源常简称电压源。

理想电压源实际上是不存在的，它只是抽象出来的一种理想化的电源元件。但是，电池和发电机等实际电源的内阻往往远小于负荷电阻，端电压几乎恒定不变，就可以看成是一个理想电压源。

二、理想电流源

还有一种理想化的电源元件，叫做理想电流源。理想电流源的图形符号及外特性曲线如图 2－11 所示。

图 2－11（a）中，I_s 表示理想电流源的电流，其参考方向用小圆圈一端（或旁边）的箭头表示，理想电流源的外特性曲线是一条平行于电压轴的直线。从图 2－11（b）可见：

理想电流源向外输出恒定不变的电流，它的端电压则是任意的。

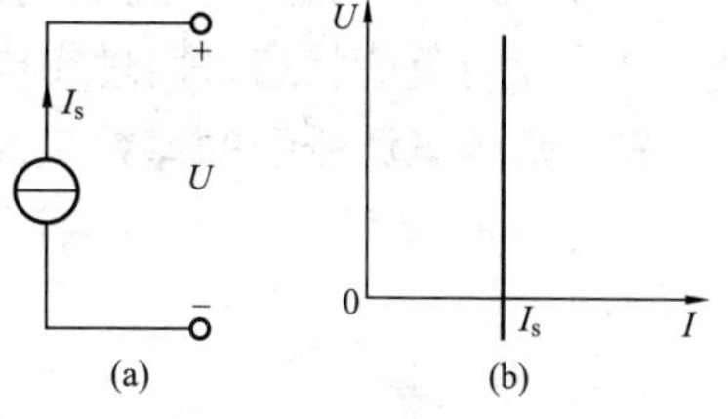

图 2－11　理想电流源

（a）图形符号；（b）外特性曲线

【例 2－12】　在图 2－12 中，理想电流源的电流 $I_s=2A$，求外接电阻 R_L 分别为 1、2Ω 和 3Ω 时理想电流源两端的电压 U。

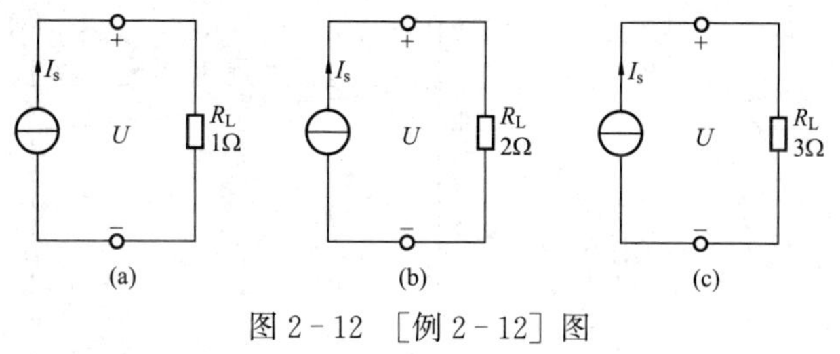

图 2－12　［例 2－12］图

解　$R_L=1\Omega$ 时，$U=R_LI_s=1\times2=2$（V）

$R_L=2\Omega$ 时，$U=R_LI_s=2\times2=4$（V）

$R_L=3\Omega$ 时，$U=R_LI_s=3\times2=6$（V）

由此例可见，理想电流源的端电压不由自身确定，而由与它相连的外电路确定。

如果外电路短路，则理想电流源的端电压 $U=0$（注意：不要错误地认为端电压为零就不输出电流）。

理想电流源的端电压随外电路的情况而定，其值可大可小，可正可负。所以说，理想电流源的端电压是任意的。但不管外接什么电路，理想电流源始终输出恒定不变的电流。

理想电流源常简称电流源。

$I_s=0$ 的电流源称为零电流源，它所在支路的电流必然也等于零，所以零电流源的作用如同开路，其外特性曲线与电压轴重合。

电流源在实际上也是不存在的，它也只是一个理想化的电源元件。由于在实际中难以遇到类似电流源特性的装置，所以觉得电流源比电压源抽象得多。但是，如稳流源（一种电子装置）和光电池这样的电源，在一定的工作条件下，其特性接近于电流源，可以用电流源作为它们的模型。电流源与电阻的并联组合还成为一般实际电源的模型，为分析计算电路提供了一种新的方法。

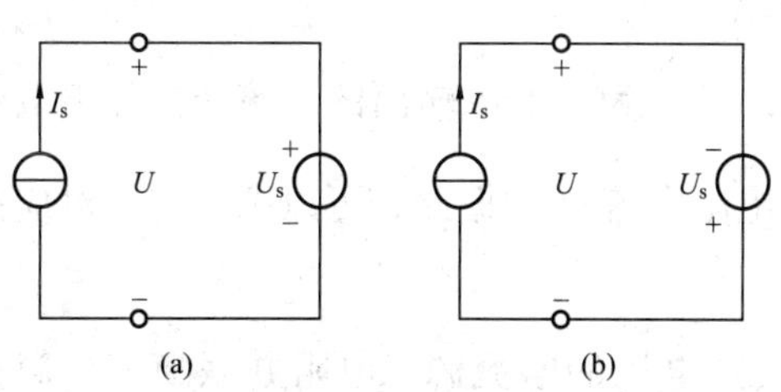

图 2－13　理想电流源与理想电压源的连接

如果理想电流源与理想电压源相连，那么，理想电流源的端电压完全由理想电压源的电压来确定。如图 2－13（a）中，理想电流源的端电压 $U=U_s$，上“＋”下“－”，I_s 从“＋”端流出，发出功率，为电源状态；而理想电压源的电流从“+”端流进，吸收功率，为负荷状态。在图 2-13（b）中，理想电流源的端电压$U=-U_s$，上“-”下“+”，I_s从“-”端流出，吸收功率，为负荷状态；而理想电压源的电流从其“-”端流进，发出功率，为电源状态。

三、两种电源模型的等效变换

实际电源有两种模型，一种是电压源模型，另一种是电流源模型。对外电路而言，它们可以等效互换。

1. 电压源模型

实际电源总是有内阻的，内阻存在于电源的负极到正极的整个通电路径上。为了分析方便，将电源的电动势 E 和内阻R_0 分开，用一个 $U_s=E$ 的电压源和内阻R_0 的串联组合来表示实际电源，如图 2-14（a）所示。这个电压源和电阻的串联组合称为实际电源的电压源—电阻串联模型，简称电压源模型。

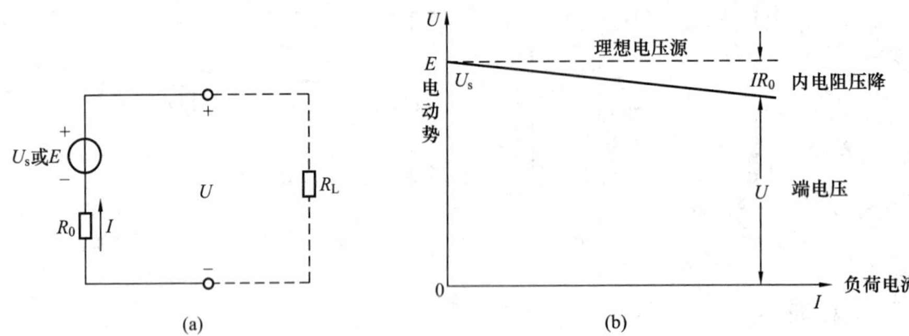

图 2-14　实际电压源及其外特性

（a）实际电压源；（b）外特性曲线

根据图 2-14（a）所示的电压和电流的参考方向，可列出电压和电流的关系式为

$$U=U_s-R_0I \tag{2-12}$$

这是一个直线方程，表明U和I之间是线性关系。它们的关系也可以用图 2-14（b）所示的外特性曲线表示，U_s为直线在电压轴上的截距，也就是在$I=0$时的电压，即开路电压。

2. 电流源模型

式（2-12）可改写为

$$I=\frac{U_s}{R_0}-\frac{U}{R_0}=I_{sc}-\frac{U}{R_0} \tag{2-13}$$

式中：$I_{sc}=\dfrac{U_s}{R_0}$是电源的短路电流，由于其数值恒定不变，可看成是电流源产生的电流 I_s，而$\dfrac{U}{R_0}$可看成是接在电源输出端上的电阻R_0 中的电流。

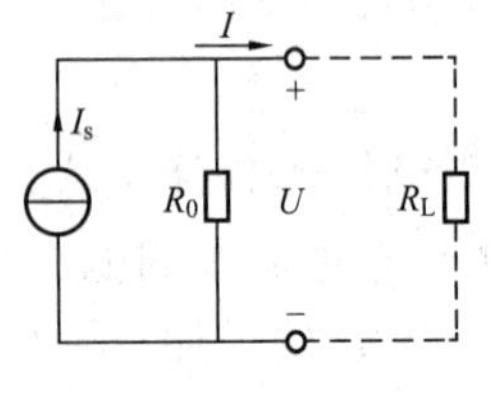

图 2-15　电流源模型

于是，式（2-13）可以理解为：电源输出的电流 I，等于电流源电流 $I_s=I_{sc}=\dfrac{U_s}{R_0}$，减去电阻电流$\dfrac{U}{R_0}$。据此，可以画出与之对应的电路，如图 2-15 所示。

图 2-15 的电路称为实际电源的电流源—电阻并联模型，简称电流源模型。

上述两种电源模型有着相同的外特性，因而它们对外电路是等效的。但对电源内部，则是不等效的。两种电源模型可以等效互换，互换时内阻 R_0 是相等的，而

$$I_s=\frac{U_s}{R_0},\quad U_s=R_0 I_s$$

变换时应注意：

（1）两种模型的极性必须一致，即电流源流出电流的一端必须与电压源正极端相对应。

（2）在电压源模型中，内阻 R_0 与电压源串联；在电流源模型中，内阻 R_0 与电流源并联。

（3）理想电压源与理想电流源本身不能进行等效变换。

在等效变换时，并不一定限于内阻 R_0，只要是一个电压源与电阻 R 的串联组合，都可以等效变换为一个电流源与电阻 R 的并联组合，如图 2－16 所示。其中

$$I_s=\frac{U_s}{R}\quad 或\quad U_s=RI_s$$

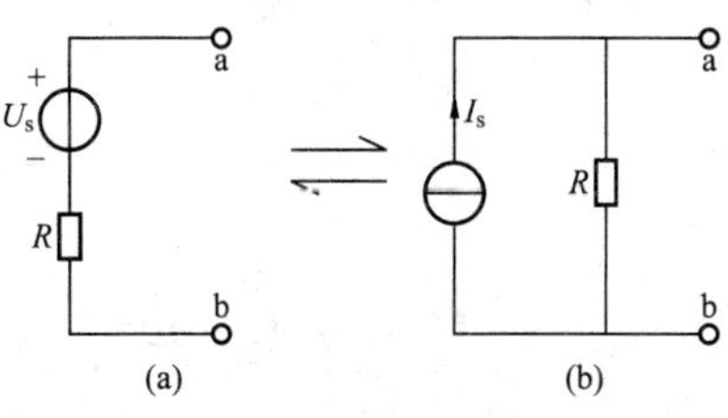

图 2－16　两种模型的等效变换

（a）电压源模型；（b）电流源模型

利用两种电源模型的等效互换，可以使复杂电路简化。

【例 2－13】 将图 2－17 所示的电压源电路等效变换为电流源电路。

解　电流源的电流

$$I_s=\frac{U_s}{R}=\frac{6}{3}=2\ (\text{A})\quad（方向朝下）$$

R 照搬至与电流源并联的位置。

【例 2－14】 将图 2－18（a）所示电压源模型等效变换为电流源模型，并求 $R_L=3\Omega$ 时的电流 I。

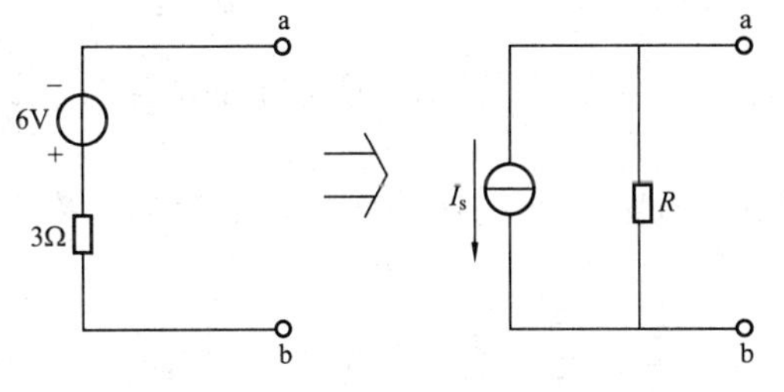

图 2－17　［例 2－13］图

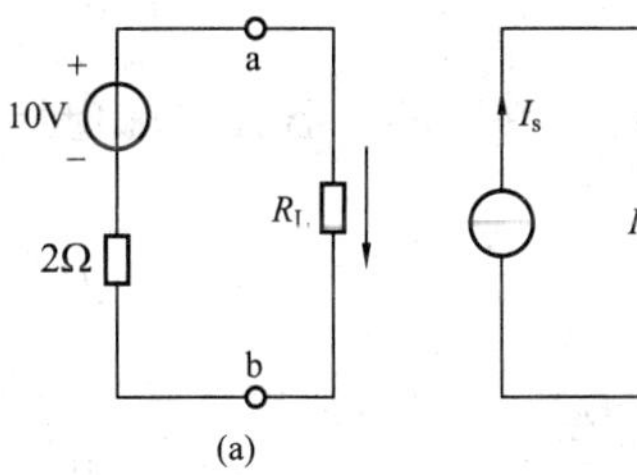

图 2－18　［例 2－14］图

（a）电压源；（b）电流源

解　电流源模型如图 2－18（b）所示，其中 $R_0=2\Omega$，电流源电流

$$I_s=\frac{U_s}{R_0}=\frac{10}{2}=5\ (\text{A})$$

由电压源模型

$$I=\frac{U_s}{R_0+R_L}=\frac{10}{2+3}=2\ (\text{A})$$

由电流源模型

$$I=\frac{R_0}{R_0+R_L}I_s=\frac{2}{2+3}\times 5=2\ (\text{A})$$

两种模型对负荷提供的电流相等，说明它们对负荷是等效的。

【例 2-15】 试用电压源与电流源等效变换的方法，计算图 2-19（a）所示电路中 7Ω 电阻中的电流。

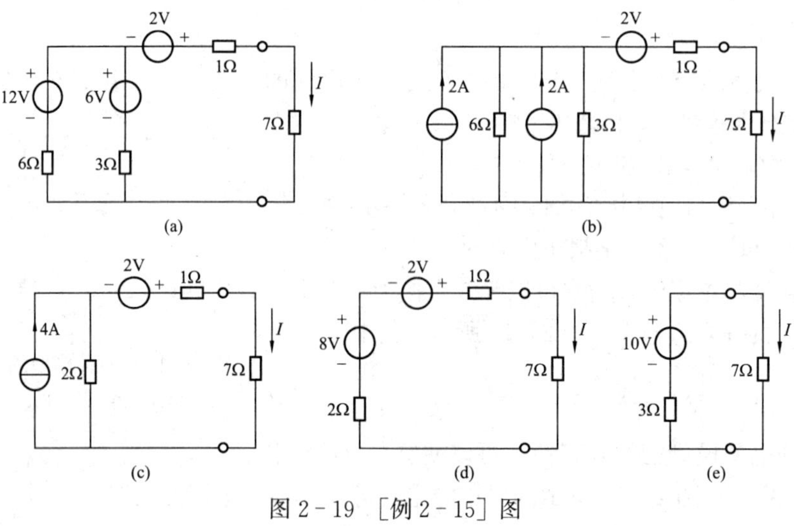

图 2-19 ［例 2-15］图

解 应用电压源与电流源等效变换，逐次将图 2-19（a）的电路变换为图 2-19（e）的电路。

由此计算

$$I=\frac{10}{3+7}=1\text{（A）}$$

【例 2-16】 试分析图 2-20 所示电路中各元件的工作状态，并计算其功率。

解 三个元件是并联的，各元件端电压均为 1V，上正下负。1Ω 电阻中的电流 $I_R=\frac{U}{R}=\frac{1}{1}=1$（A），方向朝下，电阻总处在耗能状态，消耗的功率 $P=UI_R=1\times1=1$（W）。

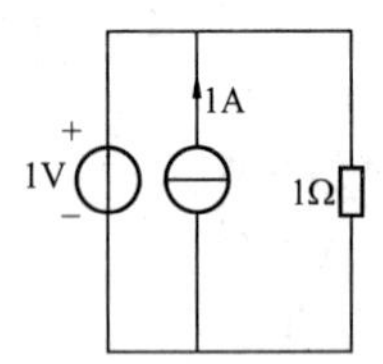

图 2-20 ［例 2-16］图

1A 电流源的电流从正极流出，为电源状态，发出的功率 $P=UI_s=1\times1=1$（W）。

根据 KCL，1V 电压源的电流 I_u 为零，相当于处在断开状态，功率 $P=UI_u=1\times0=0$。

练习与思考题

试分析图 2-21 所示电路中各元件的工作状态，并计算其功率。

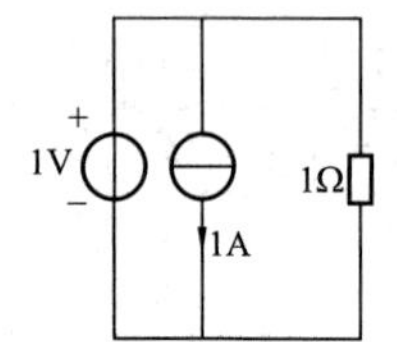

图 2-21 练习与思考题图

2-6 支 路 法

可以把电路分成简单电路和复杂电路两类。凡是能用电阻串、并联等效变换化简的电路，称为简单电路。凡是不能用电阻串、并联的方法化简的电路，称为复杂电路。支路法是解决复杂电路问题最基本的方法，这一方法是：

以支路电流为待求量，应用基尔霍夫两定律列出电路的方程式，从而求解支路电流的方法。

图 2-22 所示电路中的电压源和电阻已给定，任意选定三个支路电流的参考方向并标在图中。要求解这三个支路电流，需要列出三个独立的电路方程。

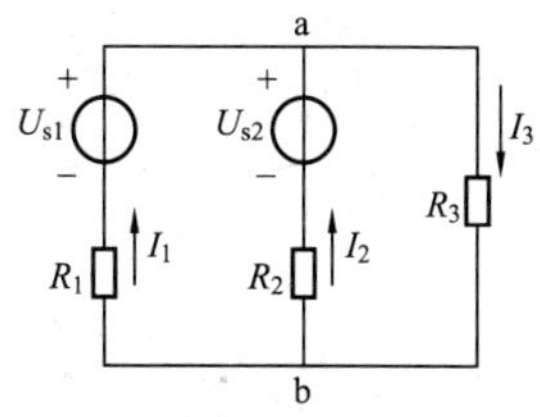

图 2-22 支路法

应用 KCL，对节点 a 和 b 列出电流方程为

$$\left.\begin{array}{ll}\text{节点 a} & I_1+I_2-I_3=0\\ \text{节点 b} & -I_1-I_2+I_3=0\end{array}\right\}\tag{2-14}$$

两个方程相差一个负号，说明只有一个方程是独立的。

应用 KVL，对三个回路列出电压方程为

左网孔 $$R_1I_1-R_2I_2=U_{s1}-U_{s2}\tag{2-15}$$

右网孔 $$R_2I_2+R_3I_3=U_{s2}\tag{2-16}$$

大回路 $$R_1I_1+R_2I_2=U_{s2}$$

将 KVL 列出的任意两个方程相加，可以得到第三个方程，说明三个方程中只有两个是独立的。

选择三个独立的方程，如式（2-14）～式（2-16），联立求解即可得出各支路电流。

关于 KCL 和 KVL 独立方程的数目，可简单归纳为

KCL 独立方程数$=n$(节点数)-1

KVL 独立方程数=网孔数

【例 2-17】 图 2-22 所示电路中，给定 $U_{s1}=10\text{V}$，$U_{s2}=8\text{V}$，$R_1=R_2=R_3=2\Omega$，试求各支路电流。

解 按所选定的电流参考方向，可列得独立的 KCL 和 KVL 方程为

$$\left.\begin{array}{l}I_1+I_2-I_3=0\\ 2I_2-2I_2=10-8\\ 2I_2+2I_3=8\end{array}\right\}$$

联立求解，得

$$I_1=2\text{A},\quad I_2=1\text{A},\quad I_3=3\text{A}$$

练习与思考题

对于图 2-23 所示电路，试问：

(1) 支路数和节点数各为多少？

(2) 可以列出多少独立的 KCL 方程和 KVL 方程？

(3) 比较支路电流数与独立方程数，说明能否求出各支路电流？

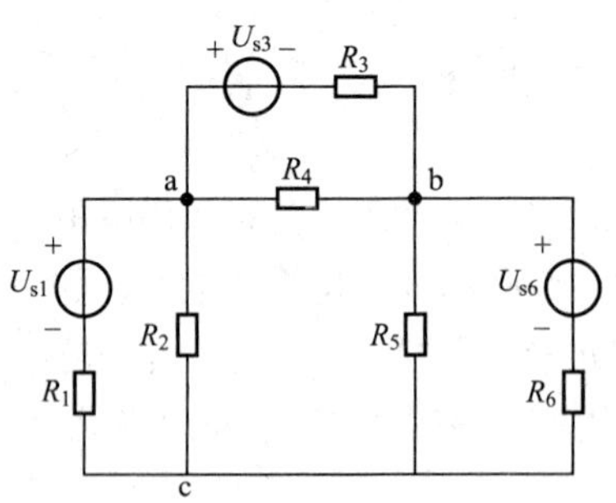

图 2-23　练习与思考题图

2-7　节点电压法

如果在电路中任选一个节点为参考点（零电位点），则其余各节点对参考点的电压称为节点电压，如果一个电路具有 n 个节点，就有 $n-1$ 个节点电压。这$n-1$ 个节点作为独立节点，参考点则作为非独立节点，节点电压也就是独立节点的电位。由于所有支路都接在节点之间，所以只要知道节点电压，就可以求出支路电压，从而求得支路电流。

一、弥尔曼定理

图 2-24 所示的电路，只有两个节点①和②，选②为参考点，①的节点电压记为 U_{n1}（n 表示节点），$U_{n1}=U_{12}$。选择各支路电流的参考方向如箭头所示，节点电压 U_{n1} 与支路电流的关系是

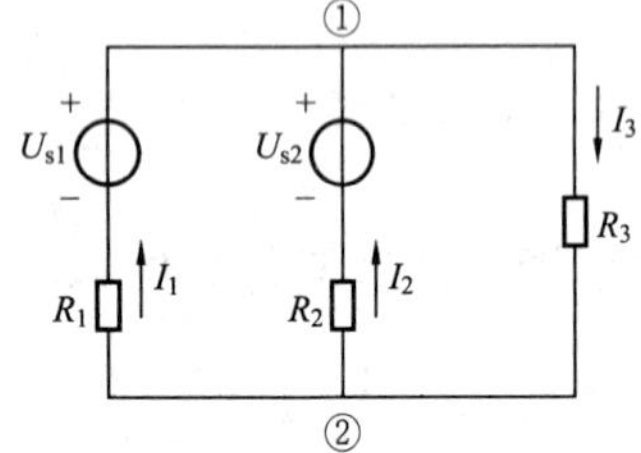

图 2-24　弥尔曼定理用图

$$\left.\begin{aligned} I_1&=\frac{U_{s1}-U_{n1}}{R_1}\\ I_2&=\frac{U_{s2}-U_{n1}}{R_2}\\ I_3&=\frac{U_{n1}}{R_3}\end{aligned}\right\}\tag{2-17}$$

式（2-17）中第一、二式的分子部分均为各支路的电阻电压，故两式也称含源支路的欧姆定律。

各支路电流受 KCL 约束，即

$$I_1+I_2-I_3=0$$

将式（2-17）代入上式，并经整理可得

$$U_{n1}=\frac{\dfrac{U_{s1}}{R_1}+\dfrac{U_{s2}}{R_2}}{\dfrac{1}{R_1}+\dfrac{1}{R_2}+\dfrac{1}{R_3}}\tag{2-18}$$

这就是计算电路节点电压的公式。

式中，分子实际上是代数和，凡是 U_s 的参考方向与 U_{n1} 的参考方向一致的，取“+”号；相反地，取“−”号。式（2-18）也称为弥尔曼定理。

由式（2-18）求出节点电压后，即可根据式（2-17）计算各支路电流。

【例 2-18】 应用弥尔曼定理计算［例 2-17］电路的各支路电流。

解

$$U_{n1}=\frac{\frac{U_{s1}}{R_1}+\frac{U_{s2}}{R_2}}{\frac{1}{R_1}+\frac{1}{R_2}+\frac{1}{R_3}}=\frac{\frac{10}{2}+\frac{8}{2}}{\frac{1}{2}+\frac{1}{2}+\frac{1}{2}}=6\ (\text{V})$$

由此计算各支路电流

$$I_1=\frac{U_{s1}-U_{n1}}{R_1}=\frac{10-6}{2}=2\ (\text{A})$$

$$I_2=\frac{U_{s2}-U_{n1}}{R_2}=\frac{8-6}{2}=1\ (\text{A})$$

$$I_3=\frac{U_{n1}}{R_3}=\frac{6}{2}=3\ (\text{A})$$

如果将图 2-24 电路中的各条含源支路变换为等效电流源和电阻的并联组合，如图 2-25 所示，则可以看出，式（2-18）中的分子项$\frac{U_{s1}}{R_1}+\frac{U_{s2}}{R_2}$就是流进此电路中节点 a 的等效电流源电流的代数和。因而式（2-18）也可以写为

$$U_{n1}=\frac{\sum I_s}{\sum G} \tag{2-19}$$

式中：I_s 为流进节点 a 的等效电流源电流，流进时取“+”号，流出时取“-”号，A；G 为各支路的电导，S。

【例 2-19】 应用弥尔曼定理，求图 2-26 电路中的电流 I_1 和 I_2。

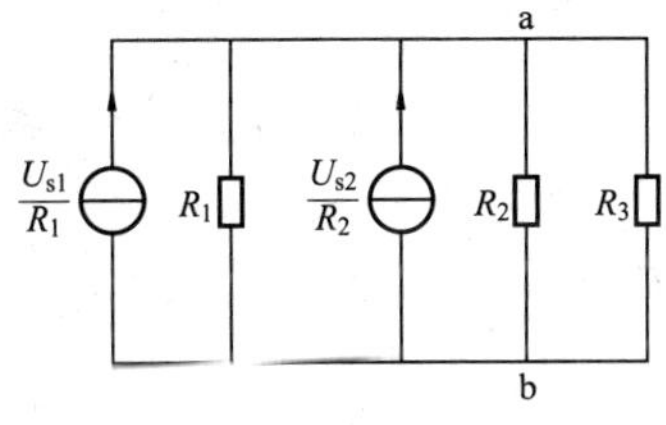

图 2-25　弥尔曼定理

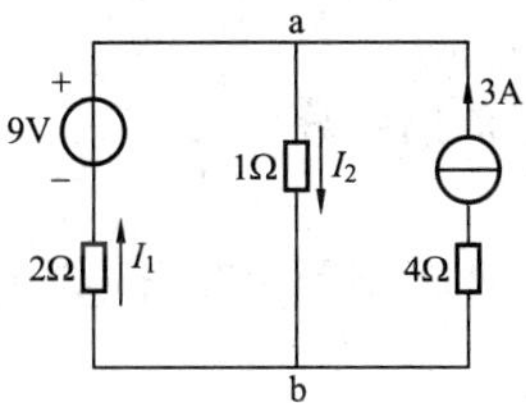

图 2-26 ［例 2-19］图

解 应用式（2-19）计算节点间电压

$$U_{n1}=\frac{\sum I_s}{\sum G}=\frac{\frac{9}{2}+3}{\frac{1}{2}+1}=5\ (\text{V})$$

支路电流

$$I_1=\frac{9-5}{2}=2\ (\text{A})$$

$$I_2=\frac{5}{1}=5\ (\text{A})$$

二、节点电压法

弥尔曼定理只适用于两节点（一个独立节点）的电路。而具有两个以上节点的电路的计算，则需要建立以独立节点电压为变量（求解量）的方程，然后联立求解方程，求出各节点

电压后，再计算各支路的电压和电流。这种方法称为节点电压法，简称节点法，它是两节点电路分析方法的扩展。

先来回顾计算两节点电路节点电压的公式（2-18），移项后得

$$\left(\frac{1}{R_1}+\frac{1}{R_2}+\frac{1}{R_3}\right)U_{n1}=\frac{U_{s1}}{R_1}+\frac{U_{s2}}{R_2} \tag{2-20}$$

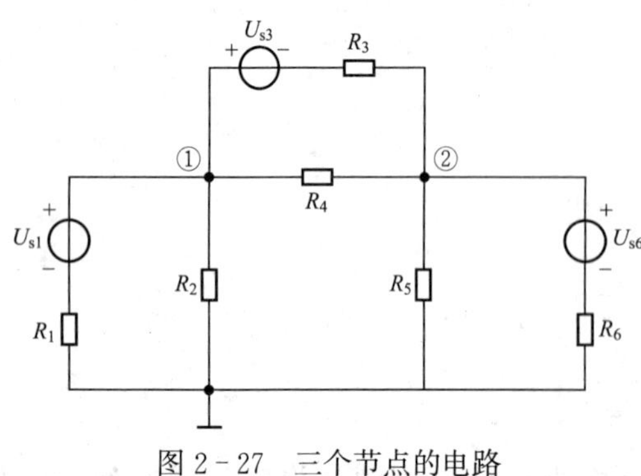

图 2-27　三个节点的电路

式（2-20）等号左边为自独立节点①经各电阻流出的电流之和，等号右边为流进独立节点①的各等效电流源电流的代数和。所以，弥尔曼定理实质上是 KCL 在两节点电路中的应用。

再来看图 2-27 所示的三个节点（2 个独立节点）的电路，应用 KCL 可推导得独立节点①和②的节点电压方程

$$\left.\begin{aligned}&\text{节点①}\quad \left(\frac{1}{R_1}+\frac{1}{R_2}+\frac{1}{R_3}+\frac{1}{R_4}\right)U_{n1}-\left(\frac{1}{R_3}+\frac{1}{R_4}\right)U_{n2}=\frac{U_{s1}}{R_1}+\frac{U_{s3}}{R_3}\\&\text{节点②}\quad -\left(\frac{1}{R_3}+\frac{1}{R_4}\right)U_{n1}+\left(\frac{1}{R_3}+\frac{1}{R_4}+\frac{1}{R_5}+\frac{1}{R_6}\right)U_{n2}=-\frac{U_{s3}}{R_3}+\frac{U_{s6}}{R_6}\end{aligned}\right\} \tag{2-21}$$

这是一组以节点电压 U_{n1} 和 U_{n2} 为变量的电路方程，称为节点电压方程，实质上是独立的 KCL 方程。解出这两个方程求得节点电压后，便可以求出各支路电流。

为了掌握列写节点电压方程的规律，对式（2-18）作进一步观察分析，可以发现：

第一式的等号左边，U_{n1} 前的系数$\left(\frac{1}{R_1}+\frac{1}{R_2}+\frac{1}{R_3}+\frac{1}{R_4}\right)$是直接连接于节点①的所有支路电导的和；而 U_{n2} 前的系数$-\left(\frac{1}{R_3}+\frac{1}{R_4}\right)$是连接于节点①、②之间的支路电导之和的负值。等号右边是流进节点①的等效电流源电流的代数和。其中$\frac{U_{s1}}{R_1}$和$\frac{U_{s3}}{R_3}$均流进节点①，故皆取“+”号。

第二式的等号左边，U_{n2} 前的系数$\left(\frac{1}{R_3}+\frac{1}{R_4}+\frac{1}{R_5}+\frac{1}{R_6}\right)$是直接连接于节点②的所有电导之和；而 U_{n1} 前的系数$-\left(\frac{1}{R_3}+\frac{1}{R_4}\right)$是连接于节点①、②之间的支路电导之和的负值。等号右边是流进节点②的所有等效电流源电流的代数和，其中$\frac{U_{s3}}{R_3}$自节点②流出，故取“−”号；$\frac{U_{s6}}{R_6}$流进节点②，故取“+”号。

如果将式（2-18）写成下面形式

$$\left.\begin{aligned}G_{11}U_{n1}+G_{12}U_{n2}=I_{s11}\\G_{21}U_{n1}+G_{22}U_{n2}=I_{s22}\end{aligned}\right\} \tag{2-22}$$

式中：$G_{11}=\frac{1}{R_1}+\frac{1}{R_2}+\frac{1}{R_3}+\frac{1}{R_4}$、$G_{22}=\frac{1}{R_3}+\frac{1}{R_4}+\frac{1}{R_5}+\frac{1}{R_6}$，分别称为节点①、②的自电导，为正值；$G_{12}=G_{21}=-\left(\frac{1}{R_3}+\frac{1}{R_4}\right)$，称为节点①、②之间的互电导，为负值；$I_{s11}$、$I_{s22}$ 分别

为流进节点①、②的等效电流源电流的代数和。

式（2-22）是两独立节点的节点电压方程的一般表示形式，写法规范，由此可推广到更多独立节点的电路，如对三个独立节点的电路，可列写其节点电压方程为

$$\left.\begin{aligned}G_{11}U_{n1}+G_{12}U_{n2}+G_{13}U_{n3}=I_{s11}\\G_{21}U_{n1}+G_{22}U_{n2}+G_{23}U_{n3}=I_{s22}\\G_{31}U_{n1}+G_{32}U_{n2}+G_{33}U_{n3}=I_{s33}\end{aligned}\right\}\tag{2-23}$$

式中：G_{11}、G_{22}、G_{33} 分别为节点①、②、③的自电导，为正值；$G_{12}=G_{21}$、$G_{23}=G_{32}$、$G_{13}=G_{31}$ 分别为两节点之间的互电导，为负值。

应用节点电压法分析计算电路时，可凭观察直接列写节点电压方程，而无需再作推导，不同的电路只是各个自电导、互电导和 I_{s11} 等不同。如果给定的电源是理想电流源，列写就更简单，电流源串联电阻时，应先去除电阻，而不能将其计算入支路电导中。如果电路中有纯电压源支路，可以选取该电压源的一端为参考点，另一端的节点电压就为已知数了。

【例 2-20】 应用节点法，求图 2-28 所示电路的各支路电流。

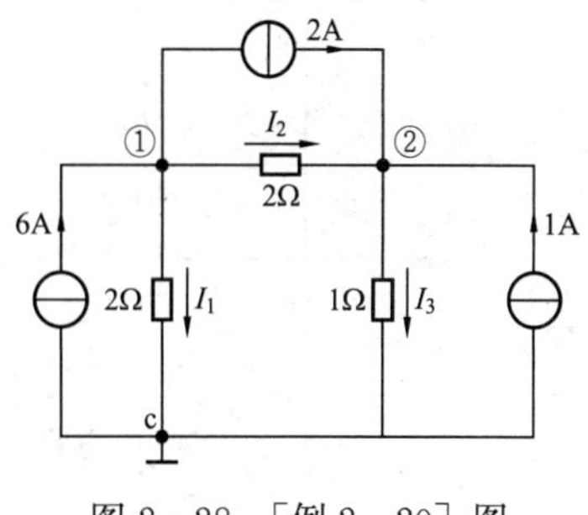

图 2-28 ［例 2-20］图

解 此电路共三个节点，选取 c 点为参考点，对节点①和②列写节点电压方程为

节点①　$\left(\dfrac{1}{2}+\dfrac{1}{2}\right)U_{n1}-\dfrac{1}{2}U_{n2}=6-2$

节点②　$-\dfrac{1}{2}U_{n1}+\left(\dfrac{1}{2}+\dfrac{1}{1}\right)U_{n2}=2+1$

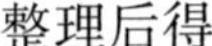

整理后得

节点①　$2U_{n1}-U_{n2}=8$

节点②　$-U_{n1}+3U_{n2}=6$

解得

$$U_{n1}=6\text{V},\quad U_{n2}=4\text{V}$$

选定各支路电流的参考方向如图 2-28 中所示，则

$$I_1=\frac{U_{n1}}{2}=\frac{6}{2}=3\ (\text{A})$$

$$I_2=\frac{U_{n1}-U_{n2}}{2}=\frac{6-4}{2}=1\ (\text{A})$$

$$I_3=\frac{U_{n2}}{1}=\frac{4}{1}=4\ (\text{A})$$

练习与思考题

为什么自电导恒为正值，互电导恒为负值？

2-8　网 孔 电 流 法

一、网孔电流的概念

图 2-29（a）所示为具有两个网孔的电路，其中每条支路均以线段表示（不画出元件），称为线图。设想电流以网孔为回路作环状流动，如图 2-29（b）中虚线箭头所示，称

为网孔电流，记为 I_{m1} 和 I_{m2}。由于电路的边界支路 1 和 3 各被一个网孔电流流过，所以边界支路的电流就等于网孔电流，即

$$I_1=I_{m1},\quad I_2=I_{m2}$$

图 2－29 中，中间支路 2 被两上网孔电流同时流过，因而支路电流 I_2 为两个网孔电流的叠加，即它们的代数和

$$I_2=I_{m1}-I_{m2}$$

式中：与支路电流 I_2 方向相反的网孔电流 I_{m2} 取负号。

再来看复杂一点的电路，图 2－30 所示为三网孔的电路。设想有三个网孔电流 I_{m1}、I_{m2} 和 I_{m3}，均沿顺时针方向流动，则各支路电流可以用网孔电流表示为

$$I_1=I_{m1},\quad I_2=I_{m2},\quad I_3=I_{m3}$$

$$I_4=I_{m2}-I_{m1},\quad I_5=I_{m3}-I_{m1},\quad I_6=I_{m2}-I_{m3}$$

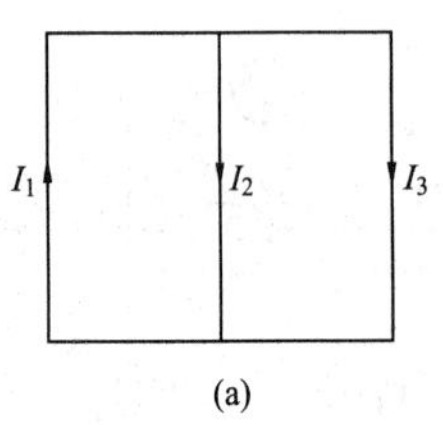

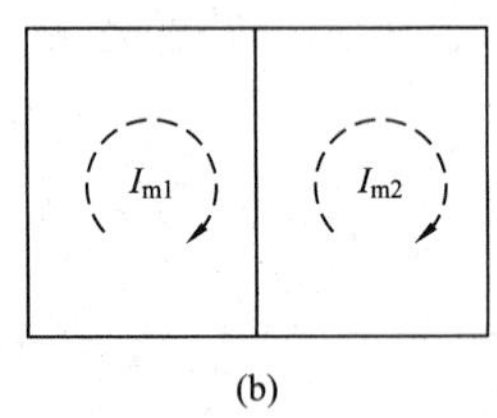

图 2－29 网孔电流示例之一

（a）两网孔电路；（b）网孔电流

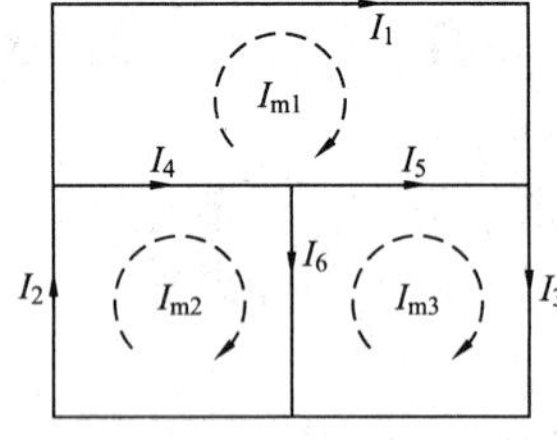

图 2－30 网孔电流示例之二

可见，边界支路的电流总等于网孔电流，而两网孔间的公共支路（中间支路）的电流等于两网孔电流的代数和。当网孔电流都取顺时针方向时，公共支路的电流必为两网孔电流之差，正负则视与支路电流的方向是否一致而定，一致时为正，相反时为负。

网孔电流是一组假想的电流，其方向可以任意选取。电路中实际存在的是支路电流，由于网孔数总少于支路数，因而以网孔电流为待求量，可以减少所需电路方程的数目。

二、网孔电流法

所谓网孔电流法是以网孔电流作为待求量，根据 KVL 对网孔列出电路方程，求解出网孔电流，而后求得支路电流和电压的方法，简称网孔法。

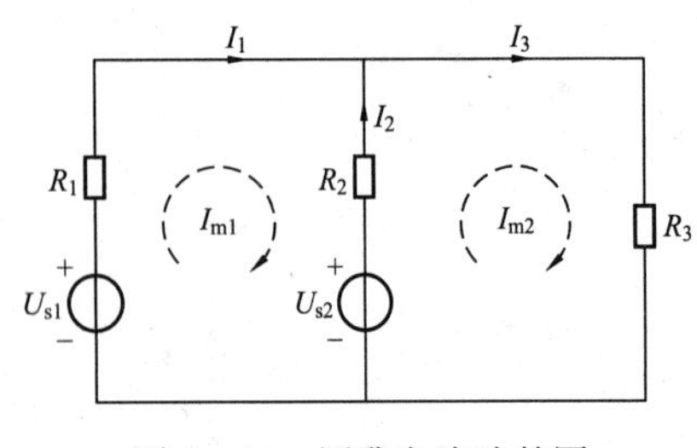

图 2－31 网孔电流法的图

图 2－31 所示的两网孔电路，各支路电流和网孔电流的参考方向已标出，根据 KVL 可列出两网孔的电压方程

$$\left.\begin{aligned}R_1I_1-R_2I_2&=U_{s1}-U_{s2}\\R_2I_2+R_3I_3&=U_{s2}\end{aligned}\right\}\qquad(2-24)$$

这是以支路电流为待求量的电路方程，称为支路电流方程。如果支路电流用网孔电流表示，即以 $I_1=I_{m1}$、$I_2=I_{m2}-I_{m1}$ 和 $I_3=I_{m2}$ 代入式（2－24），并经整理，得

$$\left.\begin{aligned}(R_1+R_2)I_{m1}-R_2I_{m2}&=U_{s1}-U_{s2}\\-R_2I_{m1}+(R_2+R_3)I_{m2}&=U_{s2}\end{aligned}\right\}\qquad(2-25)$$

式（2－25）是以网孔电流 I_{m1} 和 I_{m2} 为待求解量的电路方程，称为网孔电流方程，它实质上

是网孔的 KVL 方程。

式（2-25）中，R_1+R_2 是网孔 1 的所有电阻之和，称为网孔 1 的自电阻，记为 R_{11}，即 $R_{11}=R_1+R_2$；R_2 是网孔 1 和网孔 2 的公共电阻，称为网孔 1 和网孔 2 的互电阻，记为 R_{12}，即 $R_{12}=R_2$。第二式中，R_2+R_3 是网孔 2 的自电阻，记为 R_{22}，即 $R_{22}=R_2+R_3$；R_2 仍是网孔 1 和网孔 2 的互电阻，记为 R_{21}，即 $R_{21}=R_2$。列式时，由于网孔的绕行方向与本网孔的网孔电流的参考方向一致，因此本网孔电流在自阻上的压降应取"+"号。而邻网孔电流在互阻上的压降，则要看通过互阻的两个网孔电流的参考方向是否相同，相同则取"+"号，相反取"−"号。式中，互阻前出现负号，是因为网孔电流都取顺时针或逆时针方向时，邻网孔电流将以相反方向通过公共支路，产生相反的电压降。式（2-25）的右边，仍是网孔中所有电压源"电压升"的代数和，并记 $U_{s11}=U_{s1}-U_{s2}$，$U_{s22}=U_{s2}$。于是式（2-26）可写为

$$\left.\begin{aligned}R_{11}I_{m1}-R_{12}I_{m2}&=U_{s11}\\-R_{21}I_{m1}+R_{22}I_{m2}&=U_{s22}\end{aligned}\right\}\tag{2-26}$$

式（2-26）写法比较规范，可概括为

自电阻×本网孔电流－互电阻×邻网孔电流＝本网孔中所有电压源电压升的代数和

应该指出，式（2-26）中互阻前的负号是在网孔电流均取顺时针（或反时针）时得到的。

【例 2-21】 对于图 2-22 所示电路，试用网孔法求各支路电流。

解 选取两网孔电流的参考方向均为顺时针方向，如图 2-32 所示，列网孔方程

$$\left.\begin{aligned}(2+2)I_{m1}-2I_{m2}&=10-8\\-2I_{m1}+(2+2)I_{m2}&=8\end{aligned}\right\}$$

解得

$$I_{m1}=2\text{A}$$
$$I_{m2}=3\text{A}$$

各支路电流

$$I_1=I_{m1}=2\text{A}$$
$$I_2=-I_{m1}+I_{m2}=-2+3=1\text{ (A)}$$
$$I_3=I_{m2}=3\text{A}$$

推广至 3 个网孔的电路，可列写网孔方程为

$$\left.\begin{aligned}R_{11}I_{m1}-R_{12}I_{m2}-R_{13}I_{m3}&=U_{s11}\\-R_{21}I_{m1}+R_{22}I_{m2}-R_{23}I_{m3}&=U_{s22}\\-R_{31}I_{m1}-R_{32}I_{m2}+R_{33}I_{m3}&=U_{s33}\end{aligned}\right\}\tag{2-27}$$

如果有电流源处于电路的边界支路上，如图 2-33 所示，由于网孔电流 I_{m1} 的方向选得与电流源电流的方向一致，所以网孔电流 I_{m1} 就等于电流源的电流，即

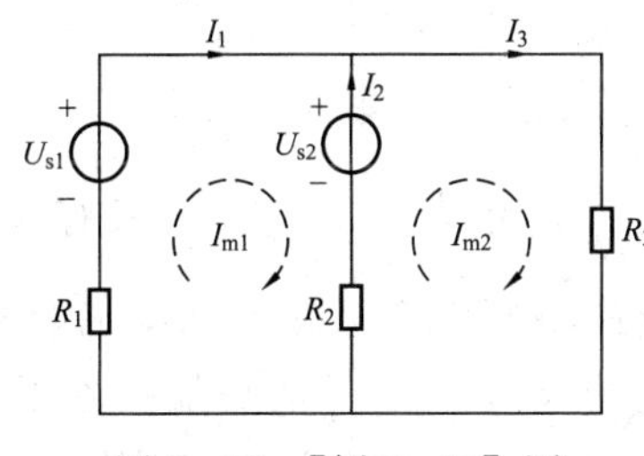

图 2-32 ［例 2-21］图

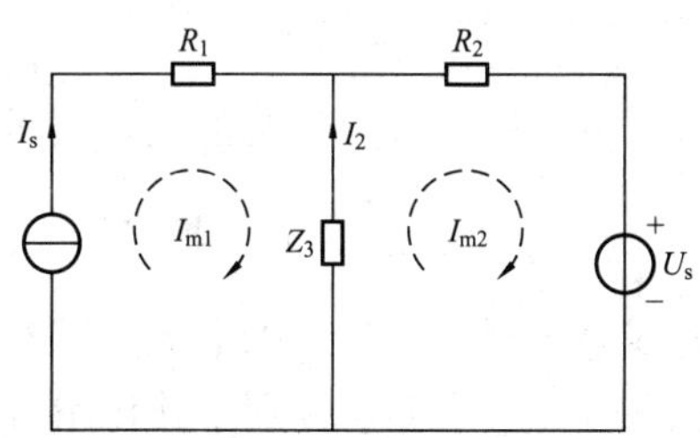

图 2-33 边界支路有电流源的电路

$$I_{m1}=I_s$$

于是，只有 I_{m2} 是待求的，只需列出网孔 2 的方程即可，该方程为

$$-R_1I_{m1}+(R_2+R_3)I_{m2}=-U_s$$

由此式可解得 I_{m2}。

练习与思考题

1. 图 2－30 所示电路中，若 $I_{m1}=1A$、$I_{m2}=2A$、$I_{m3}=3A$，求各支路电流。
2. 式（2－25）的网孔方程中，自电阻压降为什么恒为正？而互电阻压降恒为负？

2－9 叠 加 定 理

由线性电路元件和独立电源组成的电路称为线性电路。叠加定理是线性电路的一个非常重要的定理，它是分析线性电路的基础。在后面的一些内容如非正弦周期电流电路、电路的过渡过程等章节中都要用到它。

下面以图 2－34（a）所示电路为例来说明叠加定理的内容。图 2－34（a）为单回路电路，设电压源电压 U_{s1} 和 U_{s2} 以及电阻 R_1、R_2 和 R 均为已知，选择电流的参考方向如图 2－34（a）所示，则电流

$$I=\frac{U_{s1}-U_{s2}}{R_1+R+R_2}$$

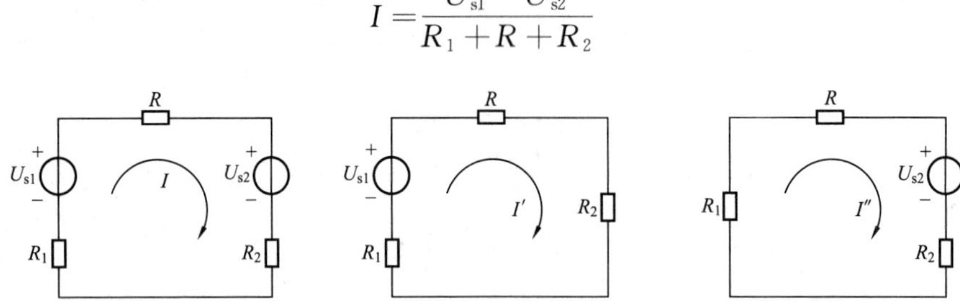

图 2－34 叠加定理

（a）原电路；（b）U_{s1} 单独作用；（c）U_{s2} 单独作用

将电流分成两项

$$I=\frac{U_{s1}}{R_1+R+R_2}+\frac{-U_{s2}}{R_1+R+R_2}=I'+I''$$

第一项$\frac{U_{s1}}{R_1+R+R_2}$记为 I'，即 $I'=\frac{U_{s1}}{R_1+R+R_2}$，相当于原电路中只有 U_{s1} 作用，而 $U_{s2}=0$（为零电压源）时产生的电流，其对应的电路如图 2－34（b）所示。

第二项$\frac{-U_{s2}}{R_1+R+R_2}$记为 I''，即 $I''=\frac{-U_{s2}}{R_1+R+R_2}$，相当于原电路中只有 U_{s2} 作用，而 $U_{s1}=0$（为零电压源）时产生的电流，其对应的电路如图 2－34（c）所示。这样，原电路中的电流 I 就等于 U_{s1} 和 U_{s2} 分别单独作用时所产生的电流 I' 和 I'' 的叠加。由于 $I=I'+I''$，所以 I' 和 I'' 的参考方向与 I 的参考方向相同，I'' 中带负号是因为 I'' 的实际方向与参考方向相反的缘故。

上述情况表明，电源U_{s1}和U_{s2}同时存在时所产生的电流I等于U_{s1}和U_{s2}分别单独作用时所产生的电流I'和I''的代数和，也即电流I是I'和I''的叠加。

将上面的结论推广到一般线性电路，就得到叠加定理，其内容是：

在有多个电源共同作用的线性电路中，某一支路的电流（或电压）等于各电源分别单独作用时，在此支路中产生电流（或电压）的代数和。

叠加定理可用来简化电路的计算。

【例2-22】 应用叠加定理计算图2-22所示电路中的各支路电流。

解 重画电路如图2-35（a）所示，先求10V电压源单独作用时各支路的电流，此时的电路如图2-35（b）所示，各电流的参考方向如箭头所标。由欧姆定律可知

$$I'_1=\frac{10}{2+\frac{2\times2}{2+2}}=\frac{10}{3}\text{（A）}$$

由分流公式得

$$I'_2=\frac{2}{2+2}I'_1=\frac{2}{2+2}\times\frac{10}{3}=\frac{5}{3}\text{（A）}$$

$$I'_3=\frac{2}{2+2}I'_1=\frac{2}{2+2}\times\frac{10}{3}=\frac{5}{3}\text{（A）}$$

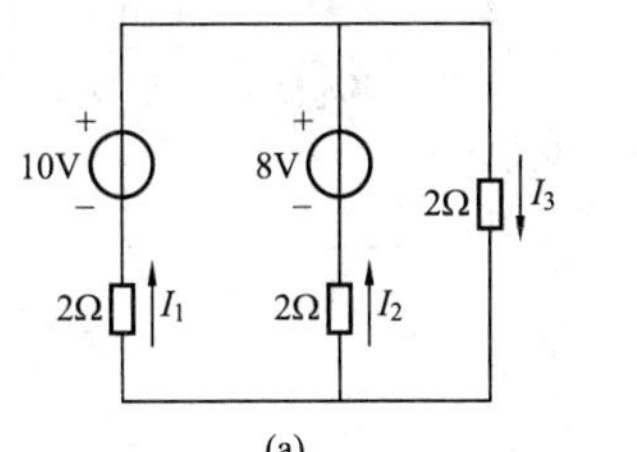

(a)

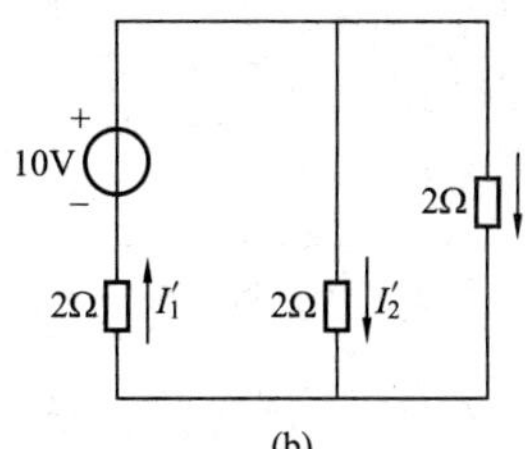

(b)

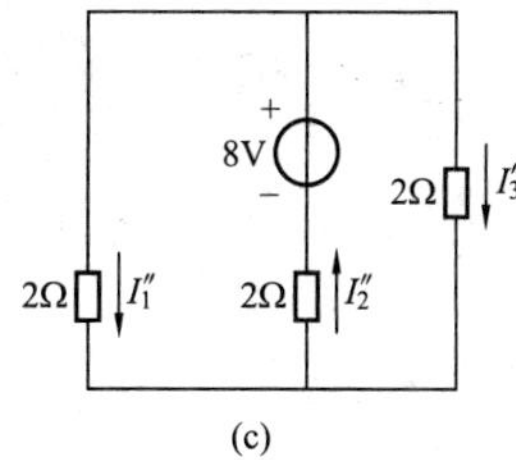

(c)

图2-35 ［例2-22］图

（a）原电路；（b）10V电压源单独作用；（c）8V电压源单独作用

由图2-35（c）计算8V电压源单独作用时各支路的电流，各电流的参考方向标在图中，各电流为

$$I''_2=\frac{8}{2+\frac{2\times2}{2+2}}=\frac{8}{3}\text{（A）}$$

$$I''_1=I''_3=\frac{1}{2}I''_2=\frac{4}{3}\text{（A）}$$

将各支路电流叠加

$$I_1=I'_1-I''_1=\frac{10}{3}-\frac{4}{3}=2\text{（A）}$$

$$I_2=-I'_2+I''_2=-\frac{5}{3}+\frac{8}{3}=1\text{（A）}$$

$$I_3=I'_3+I''_3=\frac{5}{3}+\frac{4}{3}=3\text{（A）}$$

所得结果与［例2-17］用支路法计算的结果相同。

应用叠加定理分析计算电路时，最好分别画出单个电源作用的电路图，这时要注意两点：

（1）各电源分别单独作用时，其他不作用的电源应置零。这就是说，对不作用的电压源（即零电压源），需用短路代替；对不作用的电流源（即零电流源），需用开路代替。

（2）在各分解图中应标出各分电流的参考方向。叠加时，与原电路的电流参考方向一致的，取正号（即相加），相反的，取负号（即相减）。

叠加定理不仅适用于分析线性电路中的电流，也适用于分析线性电路中的电压，但不适用于分析线性电路中的功率，因为功率与独立电源的电压或电流之间不是线性关系。例如，某支路电流 $I=I'+I''$，但是 $I^2 \neq I'^2+I''^2$。

【例 2-23】 应用叠加定理求图 2-36（a）所示电路中的电流 I 和电压 U。

解 画出 5V 电压源和 10A 电流源分别单独作用时的电路图，如图 2-36（b）、（c）所示，并标出分电流和分电压的参考方向。在图 2-36（b）中

$$I'=\frac{5}{2+3}=1\text{（A）}$$

$$U'=\frac{3}{2+3}\times 5=3\text{（V）}$$

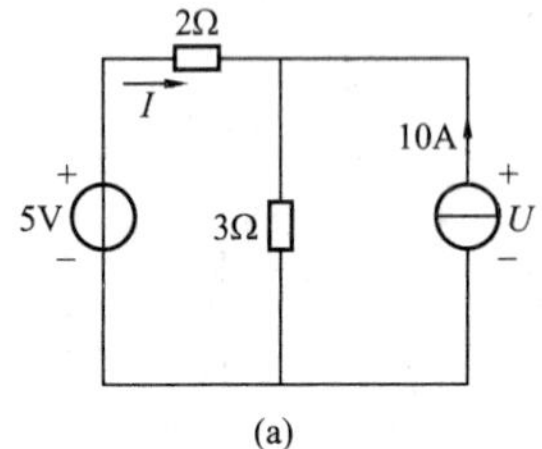

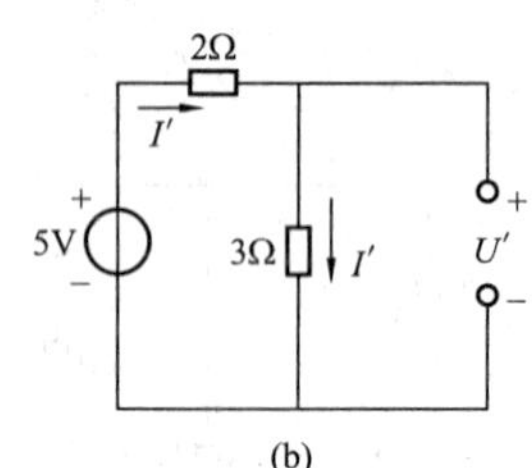

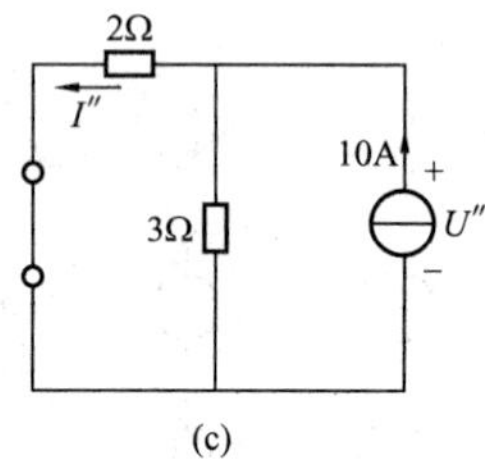

图 2-36 ［例 2-23］图

（a）原电路；（b）5V 电压源单独作用；（c）10A 电流源单独作用

在图 2-36（c）中

$$I''=\frac{3}{2+3}\times 10=6\text{（A）}$$

$$U''=2I''=2\times 6=12\text{（V）}$$

利用叠加定理得

$$I=I'-I''=1-6=-5\text{（A）}$$

$$U=U'+U''=3+12=15\text{（V）}$$

练习与思考题

如何应用叠加定理巧解图 2-37 所示电路中的电流 I？

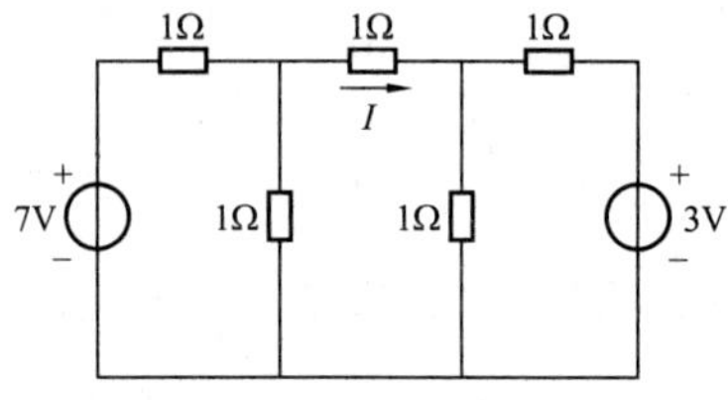

图 2-37 练习与思考题图

2-10 戴维南定理

一、二端网络

凡具有两个对外连接端子的电路，称为二端网络或单口网络。二端网络内部含有电源的称为有源二端网络，不含电源的称为无源二端网络，最简单的无源二端网络是一个电阻，最简单的有源二端网络是一个电压源和电阻的串联组合或一个电流源与电阻的并联组合。任何一个线性无源二端网络都可以用一个电阻来等效代替，任何一个线性有源二端网络能否用一个最简单的有源二端网络代替呢？戴维南定理给出了肯定的答案。

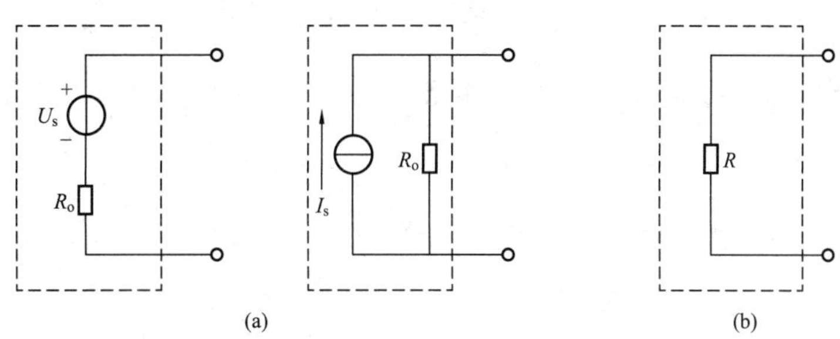

图 2-38 最简单的二端网络

(a) 有源二端网络 (b) 无源二端网络

二、戴维南定理

戴维南定理可叙述如下：

任一线性有源二端网络，就其对外电路的作用而言，都可以用一个电压源和电阻的串联电路来等效代替。这个电压源的电压等于网络的开路电压 U_{oc}，电阻等于相应无源二端网络的入端电阻 R_i。

所谓相应无源二端网络，是指把有源二端网络内部所有电源都置零（即电压源以短路代替，电流源以开路代替）以后，原网络变成的无源二端网络。所谓入端电阻是指从无源二端网络两端子间看进去的总电阻，也就是无源二端网络的等效电阻。

图 2-39 表示了戴维南定理的内容，图中虚线所框的部分亦称戴维南等效电路。

在电路计算中，如果只需计算某一支路的电流，应用戴维南定理可不必计算其他支路电流，从而减少计算工作量。

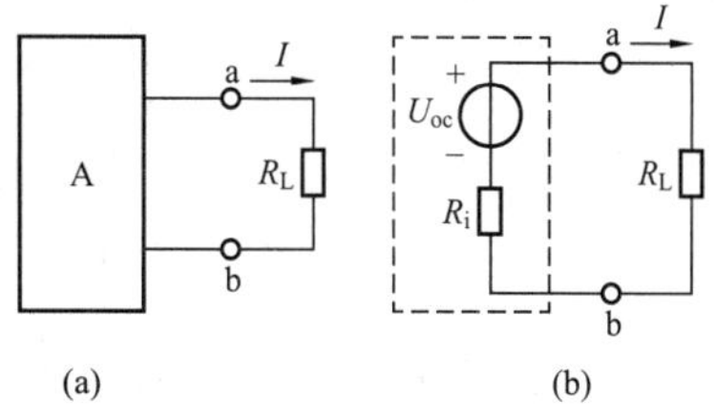

图 2-39 戴维南定理

【例 2-24】 应用戴维南定理计算图 2-22 所示电路中的电流 I_3。

解 先将待求电流 I_3 的支路取下，电路其余部分为一有源二端网络，如图 2-40 (a) 所示。其 a、b 两端电压即为开路电压，由弥尔曼定理求得

$$U_{oc}=\frac{\frac{10}{2}+\frac{8}{2}}{\frac{1}{2}+\frac{1}{2}}=9\text{ (V)}$$

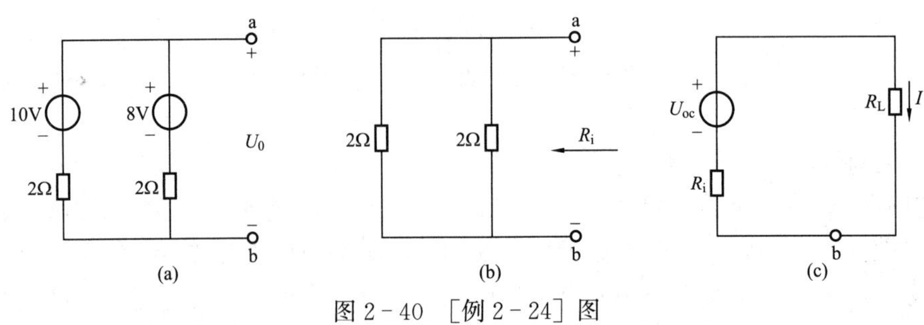

图 2-40 ［例 2-24］图

再将此网络中的电源置零，如图 2-40（b）所示，入端电阻为

$$R_i = \frac{2\times 2}{2+2} = 1\ (\Omega)$$

以戴维南等效电路替代图 2-40（a）网络，如图 2-40（c）所示，求得 I_3 为

$$I_3 = \frac{U_{oc}}{R_i + 2} = \frac{9}{1+2} = 3\ (\text{A})$$

【例 2-25】 图 2-41（a）所示的电桥电路，桥电阻 $R_G = 10\Omega$，求流过 R_G 的电流 I_G。

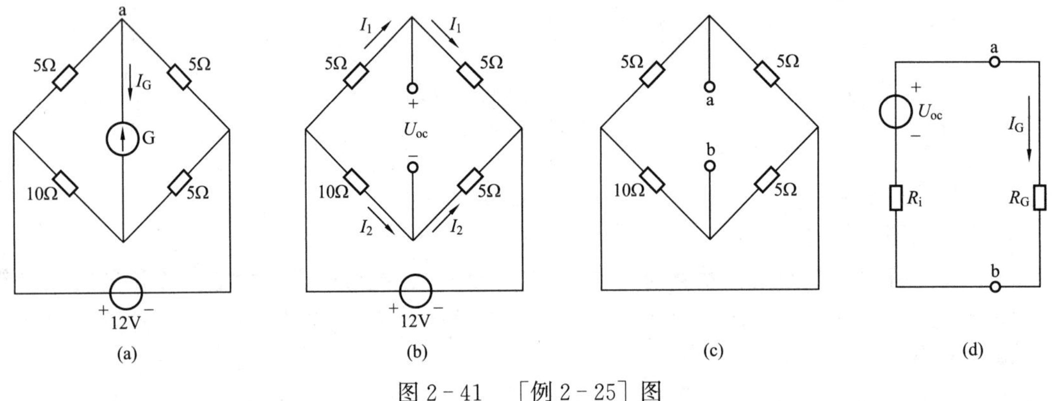

图 2-41 ［例 2-25］图

（a）电桥电路；（b）求开路电压；（c）求入端电阻；（d）戴维南等效电路

解 将 R_G 支路取出，电桥电路余下为一有源二端网络，如图 2-41（b）所示，其开路电压为

$$U_{oc} = 5I_1 - 5I_2 = 5\times\left(\frac{12}{5+5} - \frac{12}{10+5}\right) = 2\ (\text{V})$$

再将电压源以短路线代替，如图 2-41（c）所示，求此无源二端网络 a、b 端的等效电阻

$$R_i = 5 /\!/ 5 + 10 /\!/ 5 = 5.83\ (\Omega)$$

然后按图 2-41（d）所示戴维南等效电路求 I_G

$$I_G = \frac{U_0}{R_0 + R_G} = \frac{2}{5.83+10} = 0.12\ (\text{A})$$

自 检 题

1. 电阻串联的特点是________相同，电阻并联的特点是________相同。

2. 等效电阻是指与二端电阻网络__________关系相同的单个电阻。

3. 电阻串联的等效电阻等于各电阻之__________，电阻并联的等效电阻的倒数等于各电阻__________之和。

4. 电阻串联时，各电阻的电压与__________成正比，各电阻电压之和等于__________。

5. 电阻并联时，各电阻的电流与__________成正比，各电阻电流之和等于__________。

6. 三个 3Ω 电阻，串联时的总电阻 $R=$__________ Ω；并联时的总电阻 $R=$__________ Ω。

7. n 个阻值为 R 的电阻串联时，等效电阻为__________；将它们改为并联时，等效电阻则为__________。

8. 有三个电阻：$R_1=4\Omega$、$R_2=6\Omega$、$R_3=12\Omega$。它们串联时，总电阻为__________；它们并联时，总电阻为__________。

9. 三个电阻串联，已知 $R_1>R_2>R_3$，接通电流后可知，电阻__________的电压最大，电阻__________的电压最小。

10. 三个电阻并联，已知 $R_1>R_2>R_3$，接通电压后可知，电阻__________的电流最大，电阻__________的电流最小。

11. 220V、15W 的灯泡与 220V、40W 的灯泡串联，接至 220V 电源上，则__________W 的灯泡比较亮。

12. 电桥平衡的条件是，__________电阻成比例，或__________电阻乘积相等。

13. 对称△连接的电阻等效变换为Y连接的电阻时，$R_Y=$__________ $R_\triangle$。

14. 电压源模型和电流源模型等效变换的关系是：$I_s=$__________或 $U_s=$__________。

15. 12V 和 4Ω 串联的电压源模型的等效电流源模型的电流（大小）为__________，并联电阻为__________。

16. 3A 和 4Ω 并联的电流源模型的等效电压源模型的电压（大小）为__________，串联电阻为__________。

17. 5V 电压源、4Ω 电阻和 3A 电流源的并联电路，其等效电压源模型的电压（大小）为__________，串联电阻为__________。

18. 2V 和 6V 的两电压源串联，其等效电压源的电压（大小）可能为__________或__________。

19. 3A 和 4A 两电流源并联，其等效电流源的电流（大小）可能为__________或__________。

20. 对于两节点电路，节点电压的公式是__________。

21. 只有两个节点三条支路的电路，每条支路均由 2V 电压源和 1Ω 电阻串联组成，应用弥尔曼定理计算节点电压（大小）时，其值为__________。

22. 叠加定理只适用于__________电路，而不适用于__________电路。

23. 叠加定理只适用于分析计算线性电路中的__________和__________，而不适用于计算__________。

24. 应用叠加定理使某一电源单独作用时，是将其他电源置__________，即其他的电压源代之以__________，电流源代之以__________。

25. 一线性电阻电路中，只有一个 3V 电压源，它在某支路中产生的电流为 1A，如将此电压源的电压增加到 6V，则该支路中的电流将为__________。

26. 一个线性电阻电路中，只有一个 3A 电流源，它在某支路中产生的电流为 2A，如将此电流源的电流增加到 6A，则该支路中的电流将为__________。

27. 戴维南定理表明，任何一个线性有源二端网络都可以用一个__________和__________的串联电路来等效代替。

28. 戴维南等效电路中的电压源电压等于原来有源二端网络的__________，串联电阻等于网络内电源置__________时的入端电阻。

2-2 节

2-1 求图 2-42 所示电阻网络的等效电阻。

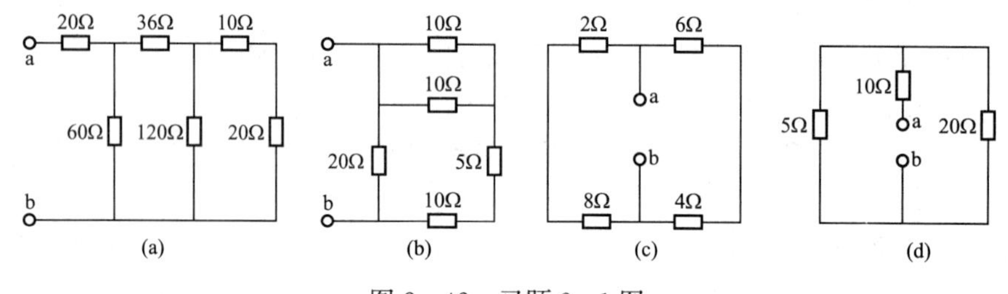

图 2-42 习题 2-1 图

2-2 求图 2-43 所示电阻网络的等效电阻 R_{ab}。

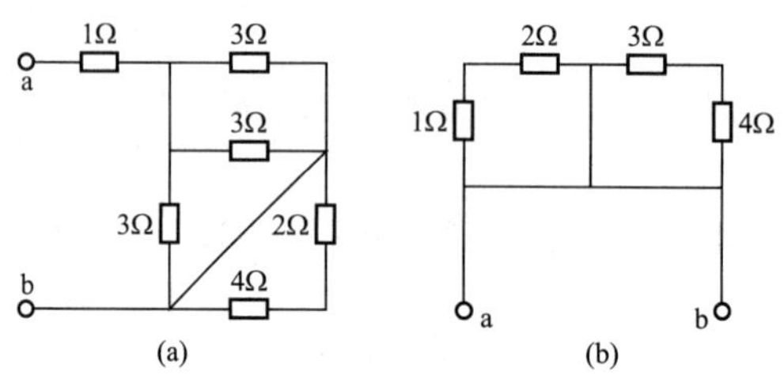

图 2-43 习题 2-2 图

2-4 节

2-3 将图 2-44 所示各电压源模型等效变换为电流源模型。

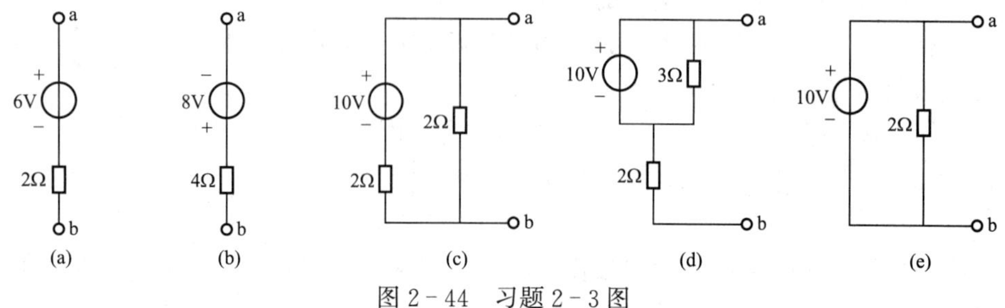

图 2-44 习题 2-3 图

2－4 将图2－45所示各电流源模型等效变换为电压源模型。

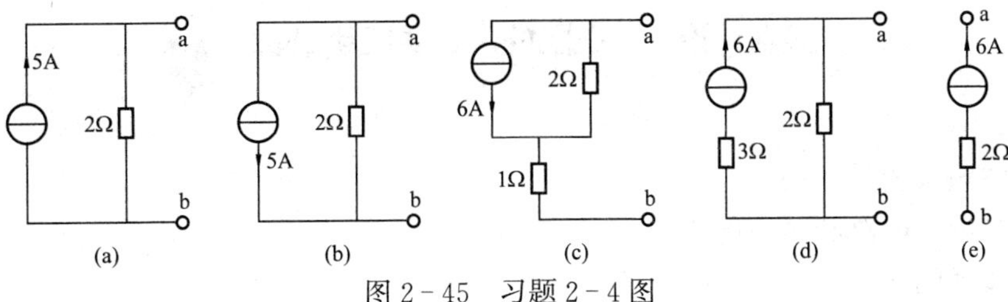

图2－45 习题2－4图

2－6节

2－5 应用弥尔曼定理求图2－46所示电路的电流 I。

2－6 应用弥尔曼定理求图2－47所示电路的电压 U_{ab}。

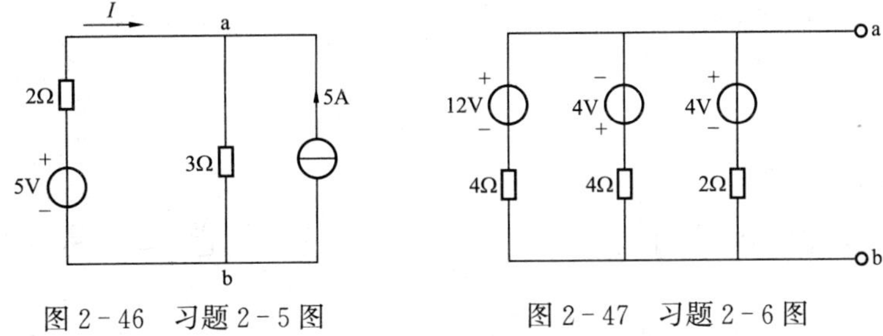

图2－46 习题2－5图 图2－47 习题2－6图

2－7节

2－7 应用叠加定理求图2－48所示电路中各支路的电流。

2－8 应用叠加定理求图2－49所示电路中的电流 I。

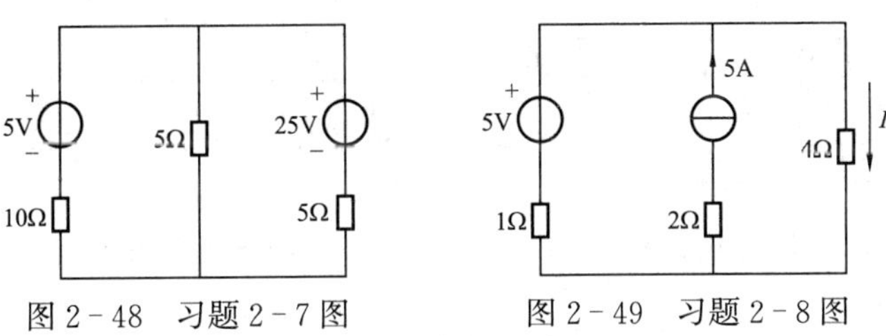

图2－48 习题2－7图 图2－49 习题2－8图

2－8节

2－9 应用戴维南定理求图2－50所示电路中的电流 I。

2－10 求图2－51所示电路的戴维南等效电源。

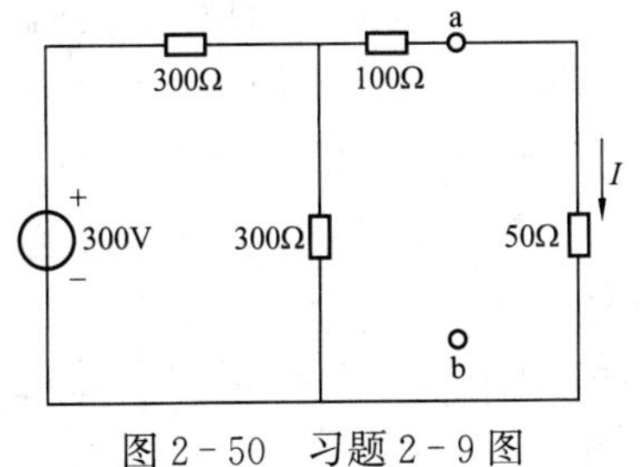

图2－50 习题2－9图

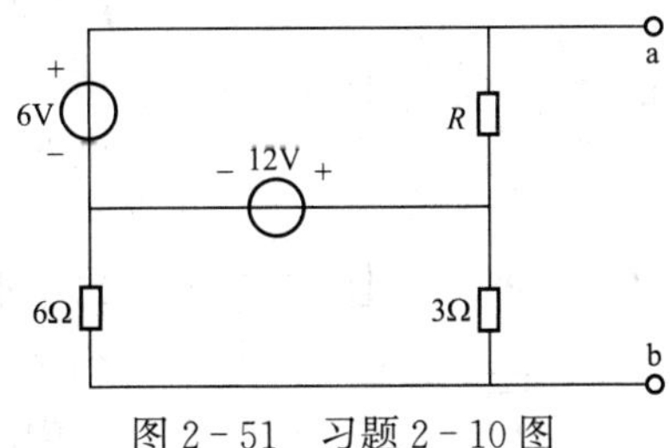

图2－51 习题2－10图

课堂讨论一 电阻的串、并联和混联

目的：

（1）了解短接线的作用。

（2）掌握混联电路和对称电路。

一、短接线的作用

（1）短路。如图 2－52（a）、（b）所示；

（2）改变电路结构，如图 2－53 所示。

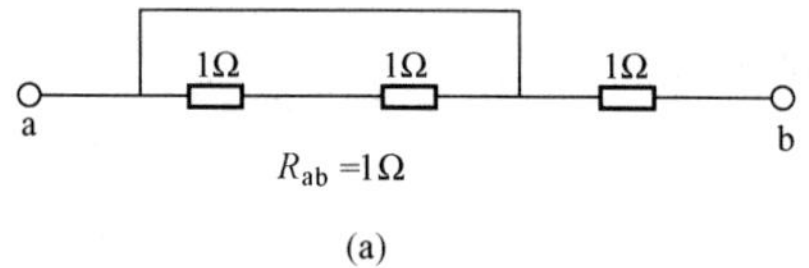

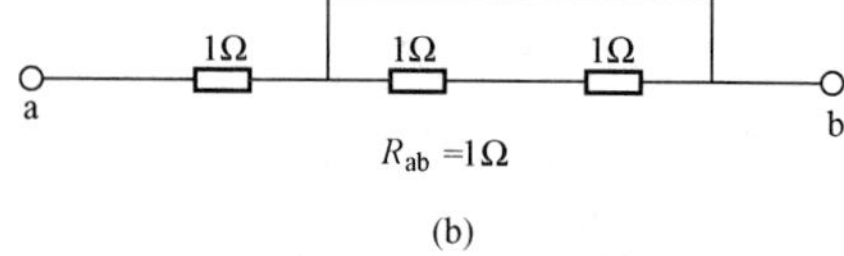

图 2－52 电路一

（3）R_{ab} 等于：

①0；②1/3Ω；③1/2Ω；④3Ω。

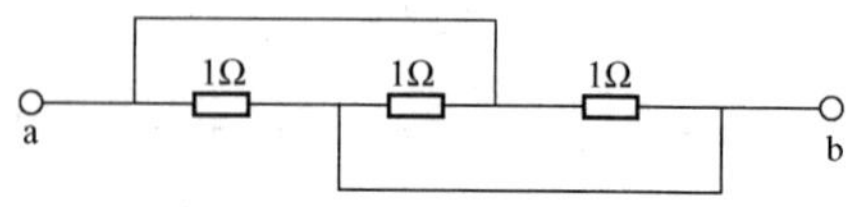

图 2－53 电路二

判断方法：

（1）改画电路，如图 2－54 所示，可见三个 1Ω 为并联。

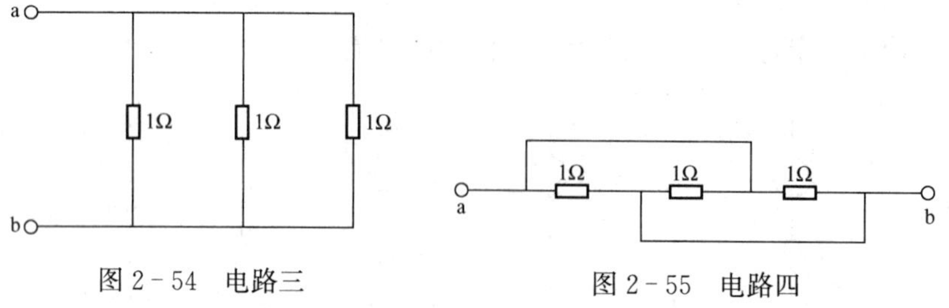

图 2－54 电路三　　图 2－55 电路四

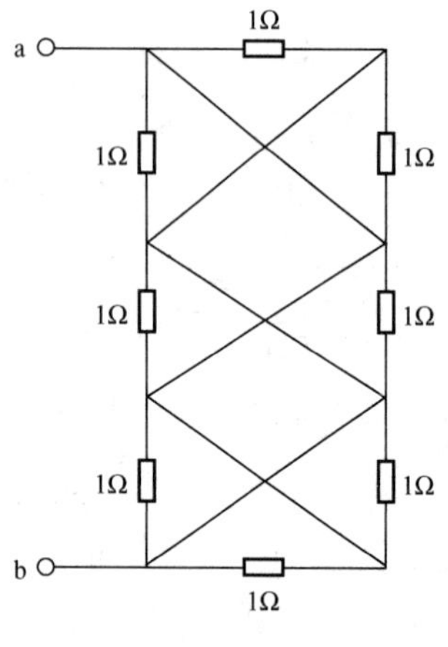

图 2－56 ［例 2－26］图

（2）设想 a、b 接电源，如图 2－55 所示，a 端及其连线（自画粗线）上均为“＋”极性，b 端及其连线（细线）上均为“－”极性，可见 3 个电阻两端为一正一负，它们受到同一电压，为并联。

【例 2－26】 图 2－56 所示电路，求 R_{ab}。

解 改画电路较麻烦，因而用第二种判断方法也可采用不同颜色以区别极性，可见 8 个电阻的一端为“＋”极，另一端为“－”极，为并联，故 R_{ab}＝__________。

二、混联电路

图 2－57 为结构相似的四电阻构成的电路，在［例 2－9］中已求出图 2－57（a）的 R_{ab}，试求图 2－57（b）、（c）、（d）三电路的 R_{ab}。

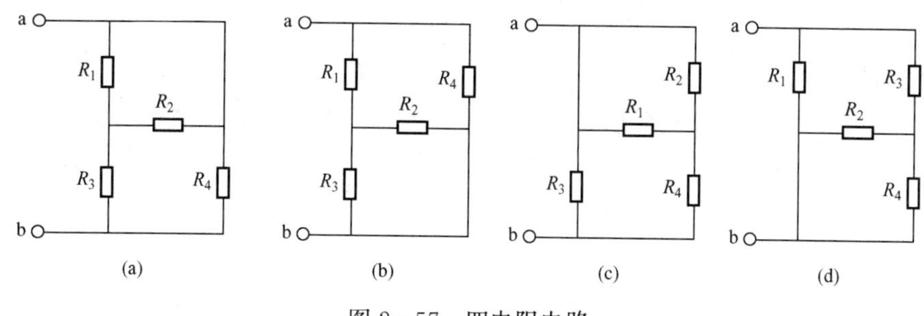

图 2－57 四电阻电路

想一想，四个电路中哪一个电阻所处的位置相当，对它们如何处置可快速写出 R_{ab}。

图 2－57（a） $R_{ab}=[(R_1/\!/R_2)+R_3]/\!/R_4$；

图 2－57（b） $R_{ab}=$____________________；

图 2－57（c） $R_{ab}=$____________________；

图 2－57（d） $R_{ab}=$____________________。

三、对称电路

下面两对称电路，先找出对称点（等电位点），再求 R_{ab}。

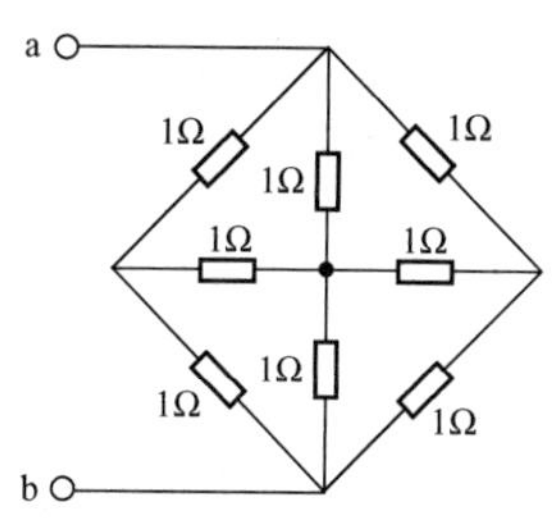

图 2－58 对称电路一

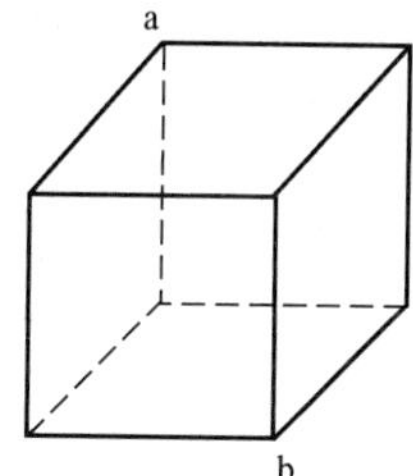

图 2－59 对称电路二（每边均为 1Ω）

$R_{ab}=$____________ $R_{ab}=$____________

说明：图 2－53 选自初中物理奥赛题，图 2－56 选自高校本科水电专业试题，图 2－57 选自中央电大第一届电气类专业期中测验题，图 2－58 选自湖北省工农兵大学生本科学历考试题，图 2－59 选自电力部高压研究所首届考研题（数据有改变）。初次接触这些题，感觉无从下手，因此建议大家先思考，再讨论，只有通过思索，靠自己解决了难题，才会有一种收获感、才会建立起思路、才会有“电工并不难学”的体会。

课堂讨论二 电压源和电流源

目的：

（1）熟悉电压源和电流源。

（2）掌握功率的计算。

一、电压源模型与电流源模型的等效变换

（1）求图 2－60（a）中等效电流源电流 I_s 和并联电阻 R。

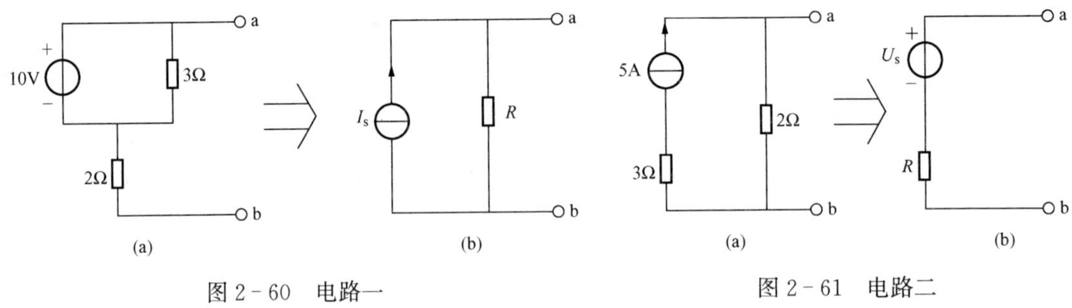

图 2-60 电路一　　　　图 2-61 电路二

I_s 选择：①10/3A；②10/2A；③10/（3+2）A；④10/3//2A。

R 选择：①3Ω；②2Ω；③（3+2）Ω；④3//2Ω。

（2）求图 2-61（a）中等效电压源电压 U_s 和串联电阻 R。

U_s 选择：①10V；②15V；③25V；④6V。

R 选择：①2Ω；②2Ω；③（3+2）Ω；④3//2Ω。

（3）求图 2-62（a）中等效电流源电流 I_s 和并联电阻 R。

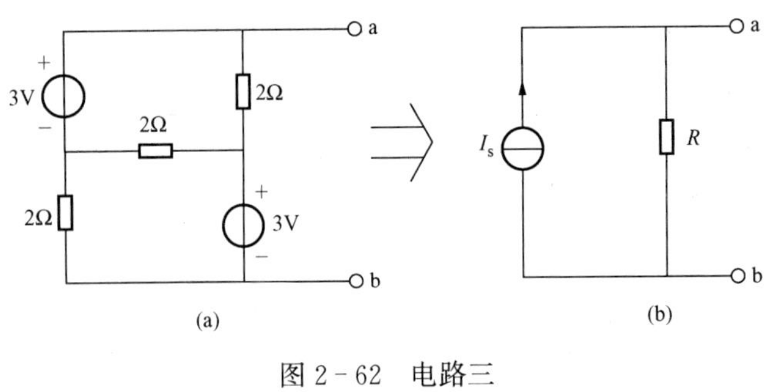

图 2-62 电路三

I_s=__________　　　R=__________

二、电压源和电流源的功率

（1）图 2-63 所示电路，试确定各元件的功率（不区分发出和吸收 ）。在下表中选择哪一行是正确答案。

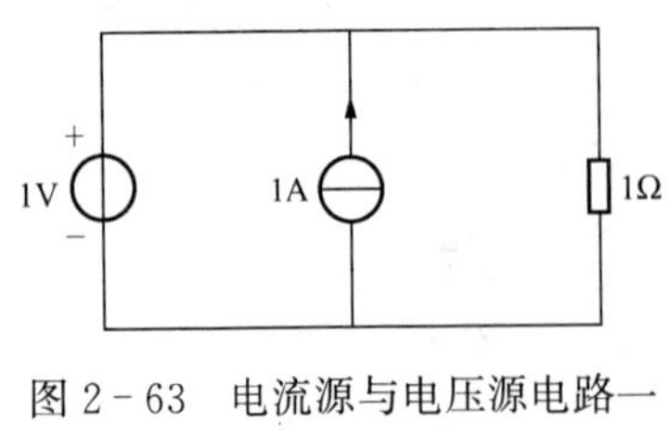

图 2-63 电流源与电压源电路一

序号	电压源功率 P_U（W）	电流源功率 P_I（W）	电阻功率 P_R（W）
1	1	1	1
2	1	1	0
3	0	1	1
4	1	0	1
5	1	1	2

（2）图 2-64 所示电路，试确定各元件的功率（不区分发出和吸收）。在下表中选择哪一行是正确答案。

（3）为什么理想电压源与理想电流源不能等效互换？

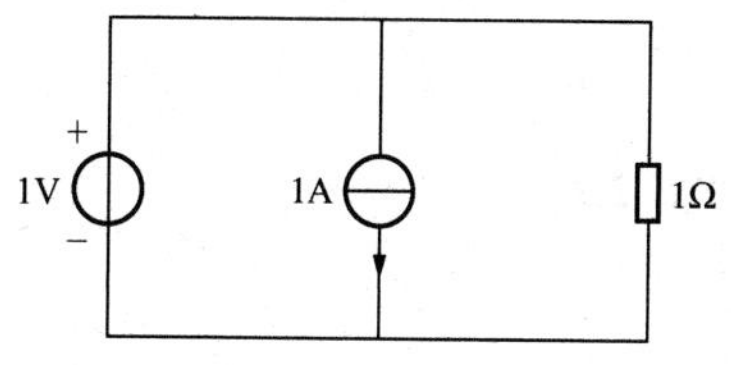

图 2-64 电流源与电压源电路二

序号	电压源功率 P_U(W)	电流源功率 P_I(W)	电阻功率 P_R(W)
1	1	1	1
2	1	1	0
3	0	1	1
4	1	0	1
5	2	1	1

第3章 电磁和电磁感应

3-1 磁的基本知识

一、磁的现象

磁铁能吸引铁片之类物体的性质叫做磁性，具有磁性的物体称为磁体。磁体有天然磁体和人造磁体之分，通常使用的大多是人造磁体。磁铁的两端磁性最强，称为磁极。两极会分别指向南方和北方。指向南方的一极称作S极。指向北方的一极称作N极。磁体的N极和S极总是成对出现的。即使把一个磁体分成两段，每一段仍有两个磁极。

将两个磁极相互靠近时，可以发现磁极间有相互作用力：同性磁极相互排斥，异性磁极相互吸引。磁极之间的排斥力或吸引力称为磁力。与电荷间的相互作用力一样，两个磁体没有直接接触，它们之间却有作用力。从场的观点来解释：磁体A的周围存在着磁场，它会对场中另一个磁体B产生作用力；而磁体B的周围存在的磁场，也会对磁体A产生作用力。这种作用的方式可表示为

$$\text{磁体A} \Longleftrightarrow \text{磁场} \Longleftrightarrow \text{磁体B}$$

磁场不是“中介”，而是客观存在的一种物质。磁体之间的作用力是通过磁场来传递的。

把小磁针放在磁场的某一位置，小磁针有一定的指向。小磁针在磁场的不同位置，一般各有指向，这说明磁场是有方向性的。规定：

在磁场的某一点，小磁针N极所指的方向就是该点磁场的方向。

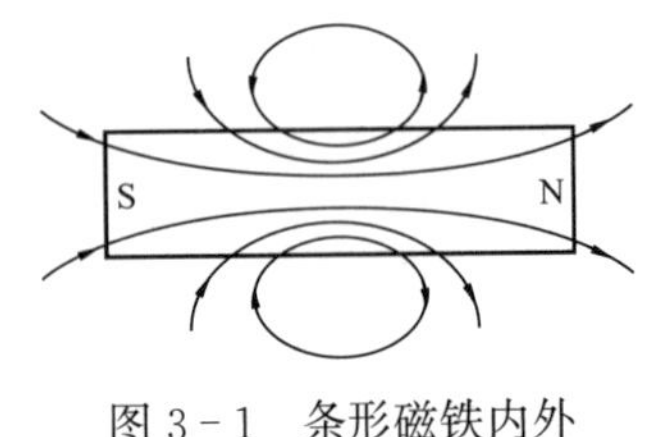

图3-1 条形磁铁内外磁感应线的示意图

与电场一样，磁场也是比较抽象的，通常用磁感线（即磁力线）来描绘磁场，即用图形把抽象的磁场描绘出来。图3-1则画出条形磁铁内外磁感应线的示意图。磁力线的性质如下所述：

(1) 磁力线上每一点的切线方向就是该点磁场的方向。磁力线彼此永不相交。

(2) 磁力线的疏密表示磁场的强弱。

(3) 磁体的磁力线。在磁体外部，磁力线从N极发出到S极；在磁体内部，从S极回到N极，每根磁力线都是闭合的回线。

磁力线与电力线一样，也是一些假想的线，它可以用实验显示出类似的线条。如果在磁场的某一区域内，磁力线是一些均匀的平行线，则该区域为均匀磁场，如图3-2 (a) 所示。图3-2 (b) 则为电气仪表中气隙的均匀辐射形磁场。

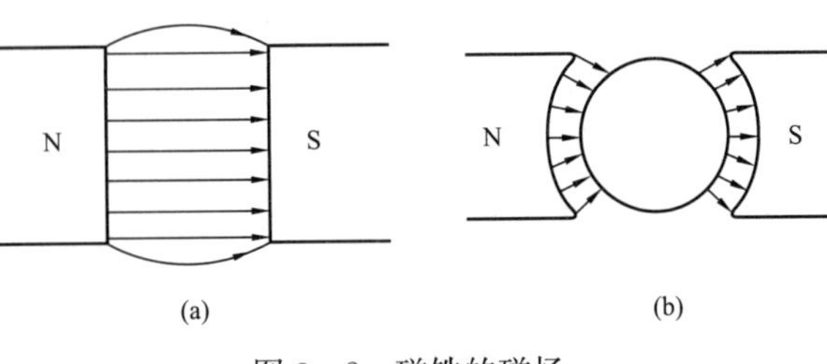

图3-2 磁铁的磁场

(a) 均匀磁场；(b) 电气仪表气隙中的均匀辐射形磁场

二、电流的磁场

电流的周围存在着磁场，也即电流能产生磁场。这一发现的意义是重大的，是首次把电与磁联系在一起，它表明：动电生磁。

电流周围磁场的方向与导线中电流的方向有一定的关系。安培总结出右手螺旋定则：

（1）对直线电流。用右手伸直的大拇指指向电流的方向，则弯曲的四指方向就是磁力线环绕的方向。

（2）对于载流线圈。弯曲的四指和线圈的电流方向一致，则伸直的大拇指所指的方向就是线圈内部磁力线的方向。

3-2　磁场的基本物理量

一、磁感应强度 *B*

磁感应强度是表示磁场中某点磁场强弱和方向的物理量。

磁场有一个基本特性，就是它对处在磁场中的载流导体有作用力。如有一小段导体，长度为 l，通以电流 I，垂直于磁力线放在磁场中，导体便会受到磁场力 F 的作用。实验表明，磁场力 F 与电流和导体长度的乘积 Il 成正比，还与导体所处磁场的强弱有关。但比值 $\frac{F}{Il}$ 与乘积 Il 无关，而只决定于该处磁场的情况：在磁场的同一位置，比值 $\frac{F}{Il}$ 总是一个恒量；在磁场的不同地方，这个比值可以有不同的数值。比值越大，表示该处的磁场越强；反之，表示该处的磁场越弱。因此，可以用这个比值来表示磁场的强弱，即

垂直于磁场方向的载流导体所受到的磁场力 F，与电流和导体长度乘积 Il 的比值，称为磁感应强度，用符号 B 表示，即

$$B = \frac{F}{Il} \tag{3-1}$$

这就是磁感应强度大小的定义式。

磁感应强度的单位为 T（特［斯拉］）。

为了使磁感应强度既表示磁场的强弱，又表示磁场的方向，通常把磁感应强度看成矢量，并记为 $\boldsymbol{B}$。磁感应强度矢量 $\boldsymbol{B}$ 的方向就是该处磁场的方向。

一般永久磁铁的 B 为 0.2～0.7T，电机和变压器铁心的 B 约为 0.8～1.5T，地球磁场的 B 仅约 5×10^{-5}T。

二、磁通 *Φ*

磁通是表示磁场中一个面上磁场情况的物理量。

在均匀磁场中，磁感应强度 B 与垂直于磁场方向的面积 S 的乘积，称为通过该面积的磁通，记为 Φ，即

$$\Phi = BS \tag{3-2}$$

由式（3-2）可得

$$B = \frac{\Phi}{S} \tag{3-3}$$

它表明：磁感应强度等于与磁力线垂直的单位面积上的磁通，所以磁感应强度又称磁通密度，简称磁密。

磁通也可以形象地用穿过某一面积的磁力线根数来表示。

【例 3-1】 已知一线圈中的磁通为 3×10^{-3}Wb，线圈的面积为 25cm²，试求线圈中的磁感应强度。

解 根据式（3-3）

$$B=\frac{\Phi}{S}=\frac{3\times10^{-3}}{25\times10^{-4}}=1.2\ (\mathrm{T})$$

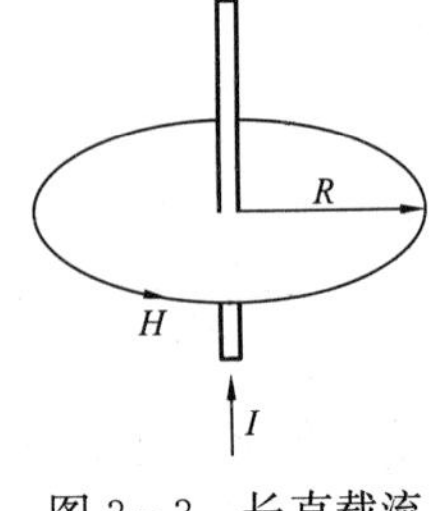

图 3-3 长直载流导体的磁场

三、磁导率 μ

磁导率是表示物质导磁能力的物理量。

磁场的强弱除与产生它的电流有关外，还与磁场中的物质有关，处在磁场中的物质称为磁介质，简称介质。不同的介质对磁场的影响是不同的。现以长直载流导体为例来说明，图 3-3 所示为一长直载流导体，其磁力线是一些以导体轴线为中心的同心圆，圆上各点的磁感应强度 B 的大小相同，其值与导体中的电流 I 成正比，与该点到轴线的距离 R 成反比，还与磁场中介质的性质有关。其关系式为

$$B=\frac{\mu I}{2\pi R} \tag{3-4}$$

式中：μ 称为介质的磁导率。

当 I 和 R 一定时，测取 B，也就测得不同的介质的磁导率，磁导率的大小反映了介质导磁能力的强弱。

如果导体处在真空中，则

$$B=B_0=\frac{\mu_0 I}{2\pi R} \tag{3-5}$$

式中：μ_0 称为真空的磁导率，其单位是 H/m（亨/米）。由实验测得真空的磁导率为

$$\mu_0=4\pi\times10^{-7}\mathrm{H/m}$$

为了便于比较各种介质的导磁能力，把某一种介质的磁导率 μ 与真空的磁导率 μ_0 相比较，两者的比值称为这种介质的相对磁导率，用 μ_r 表示，即

$$\mu_r=\frac{\mu}{\mu_0} \tag{3-6}$$

由式（3-4）和式（3-5）可知，相对磁导率

$$\mu_r=\frac{B}{B_0}$$

也就是 μ_r 是在同样电流值之下，介质中某点的磁感应强度 B 与真空中该点的磁感应强度 B_0 之比所得的倍数。

自然界的物质按磁导率的大小，可分为三类：

第一类为顺磁性物质，如空气、铝、钨等。它们的磁导率 μ 比真空的磁导率 μ_0 稍大一点，相对磁导率 μ_r 约等于 1.000005。

第二类为逆磁性物质，如氢、铜、银、金等。它们的磁导率 μ 比真空的磁导率 μ_0 稍小一点，相对磁导率 μ_r 约等于 0.999995。

以上两类物质的相对磁导率 μ_r 都接近于 1，而且是恒量。通常将它们称作非铁磁物质或非磁性物质。在磁路计算中，它们的 μ_r 均看作 1。

第三类物质称作铁磁物质或磁性物质，如铁、钴、镍等。它们的磁导率 μ 远大于真空的磁导率，相对磁导率 $\mu_r \gg 1$，而且 μ_r 随磁场的强弱而变化。在第 9 章讨论铁磁物质的磁化时还要详细介绍。

四、磁场强度 *H*

上面说明了磁感应强度与介质的性质有关，而介质对磁场的影响使磁场的分析变得复杂起来。为了便于磁场的计算，引入一个计算用的辅助量——磁场强度。

由式（3－5）可见，长直载流导体周围的磁感应强度 B 与磁导率 μ 成正比，因而比值 B/μ 与磁导率 μ 无关，由此来定义磁场强度：

磁场中某点的磁场强度的大小，等于同一点的磁感应强度的量值与磁导率之比值，用符号 H 表示，即

$$H = \frac{B}{\mu} \tag{3-7}$$

磁场强度也有方向，通常与磁感应强度矢量 $\boldsymbol{B}$ 的方向相同，磁场强度矢量用 $\boldsymbol{H}$ 表示。故也可写作矢量式

$$\boldsymbol{H} = \frac{\boldsymbol{B}}{\mu}$$

磁场强度的单位是 A/m（安/米）。

引入磁场强度后，能较简单地建立磁场与产生它的电流之间的关系。如长直载流导体的磁场中某点的磁场强度，可由式（3－5）求得，即

$$H = \frac{B}{\mu} = \frac{I}{2\pi R} \tag{3-8}$$

式中：I 为产生磁场的电流；$2\pi R$ 为经过该点的圆形磁力线的周长。

式（3－8）中第二个等号后，磁导率 μ 不再出现，说明磁场强度的计算与介质无关，这就使得 H 的计算比较简单。不仅长直载流导体如此，其他如载流环形线圈、载流长螺线管的磁场也如此，只要已知产生磁场的电流，都可方便地计算出磁场强度，在这个计算过程中，介质的磁导率就不再介入了。

练习与思考题

1. 试说明磁感应强度、磁通、磁导率和磁场强度的相互关系及它们的单位。
2. 表明磁场强弱的物理量是磁感应强度还是磁场强度？
3. 一载流长螺线管中的介质为空气时，磁场强度 $H=500\text{A/m}$。介质改为 $\mu_r=8000$ 的铁磁物质时，磁场强度和磁感应强度各为多少？

3－3　安培环路定律

安培环路定律表明了磁场强度 H 与产生它的电流 I 之间的关系。

对于长直载流导体的磁场，由式（3－8）可得

$$H \times 2\pi R = I \tag{3-9}$$

式（3－9）可表述为：在直载流导体的磁场中，某点的磁场强度与经过该点的闭合磁力

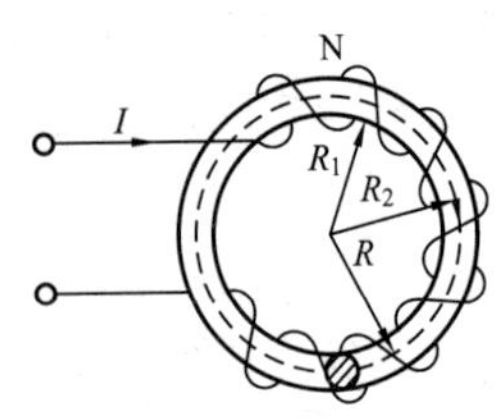

图 3－4 环形绕圈

线周长的乘积，等于穿过此磁力线所包围面积的电流。式（3－9）是安培环路定律最简单的形式。

对于环形密绕线圈，如图 3－4 所示，通电时线圈内的磁力线为一些以环心为中心的同心圆，由于磁场对称，圆上各点的磁场强度相等。如果选取离环心为 R 的一条磁力线，则线上某点的磁场强度与此闭合磁力线周长的乘积也应等于穿过此磁力线所包围面积的全部电流 $\sum I$，而 $\sum I = NI$，故式（3－9）可写为

$$H \times 2\pi R = NI \tag{3-10}$$

式（3－10）就是在磁力线上各点的磁场强度都相等的条件下的安培环路定律。用文字表达为

某点的磁场强度×经过该点的闭合磁力线的周长＝穿过磁力线的全部电流

故环形线圈的磁场强度为

$$H = \frac{NI}{2\pi R} \tag{3-11}$$

而

$$B = \mu H = \frac{\mu NI}{2\pi R} \tag{3-12}$$

若圆环的内半径 R_1 和外半径 R_2 相差不大，可以认为环内各点的 H 近似相等。此时，可取圆环的平均半径 R_{av} 处的 H 值作为圆环线圈的 H 值。

对于环外（$R<R_1$ 或 $R>R_2$ 的点），因没有电流穿过磁力线所围的面积，因而 $H=0$，即环外无磁场，磁场全部集中在环内。

安培环路定律又称全电流定律，是磁路计算的基础，由它导出的磁路定律在磁路计算中有着广泛的应用。

练习与思考题

1. 空心圆管导体通有电流时，管心中是否有磁场？
2. 为什么所讨论的环形线圈均需“均匀密绕”？

3－4 电 磁 感 应

实验表明：变化的磁场能在导体回路中产生电流。这种现象叫做电磁感应，所产生的电流叫做感应电流。有电流说明回路中有电动势存在，这种电动势叫做感应电动势。

1. 感应电动势的大小

线圈中感应电动势的大小，与线圈中磁通随时间的变化率成正比。

对于单匝线圈，感应电动势大小的计算式为

$$|e| = \left|\frac{d\Phi}{dt}\right| \tag{3-13}$$

对于匝数为 N 的线圈，当穿过线圈各匝的磁通相等时，感应电动势的计算式为

$$|e|=\left|N\frac{\mathrm{d}\Phi}{\mathrm{d}t}\right| \tag{3-14}$$

N 与 Φ 的乘积叫磁链，它是各匝磁通的和，也称全磁通，以 Ψ 表示，即

$$\Psi=N\Phi$$

所以式（3-14）也可以写成

$$|e|=\left|\frac{\mathrm{d}\Psi}{\mathrm{d}t}\right| \tag{3-15}$$

2. 感应电动势的方向

闭合回路中感应电动势的方向，总是使它产生的磁场阻碍（或反对）原来磁场的变化。这是楞次定律。

式（3-13）～式（3-15）只表示感应电动势的大小，为了同时表示感应电动势方向，可以在线圈中选取感应电动势的参考方向，习惯上规定：

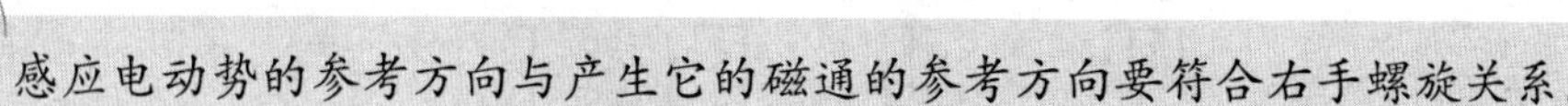

感应电动势的参考方向与产生它的磁通的参考方向要符合右手螺旋关系。

图3-5（a）为感应电动势 e 和外磁通 Φ 的参考方向，e 用实线箭头表示，它与 Φ 符合右螺旋关系。图3-5（b）所示为外磁通 Φ 增加时，e 的实际方向，如虚线箭头所示，它与参考方向相反，e 为负值，而此时 $\frac{\mathrm{d}\Phi}{\mathrm{d}t}>0$，$e$ 与 $\frac{\mathrm{d}\Phi}{\mathrm{d}t}$ 差一负号。图3-5（c）所示为外磁通 Φ 减小，e 的实际方向如虚线箭头所示，它与参考方向相同，e 为正值而此时 $\frac{\mathrm{d}\Phi}{\mathrm{d}t}<0$，$e$ 与 $\frac{\mathrm{d}\Phi}{\mathrm{d}t}$ 也差一负号。

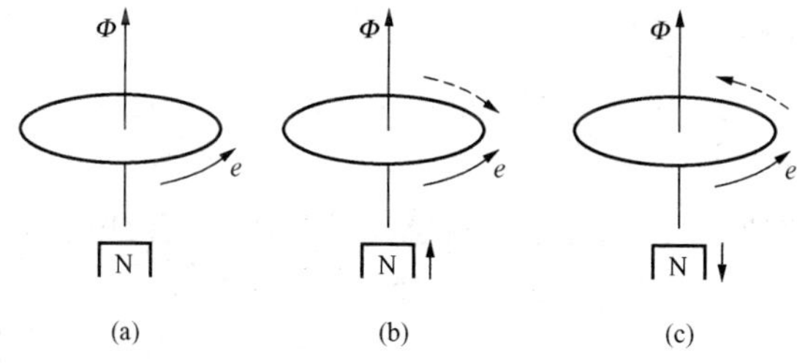

图3-5　回路中感应电动势的方向

（a）参考方向；（b）$\frac{\mathrm{d}\Phi}{\mathrm{d}t}>0$ 时 e 的实际方向；（c）$\frac{\mathrm{d}\Phi}{\mathrm{d}t}<0$ 时 e 的实际方向

由上分析可见，在按上面规定选取的感应电动势的参考方向之下，感应电动势 e 总与磁通的变化率 $\frac{\mathrm{d}\Phi}{\mathrm{d}t}$ 差一负号。因此，式（3-13）和式（3-14）可写为

$$e=-\frac{\mathrm{d}\Phi}{\mathrm{d}t} \tag{3-16}$$

和

$$e=-N\frac{\mathrm{d}\Phi}{\mathrm{d}t} \tag{3-17}$$

式（3－15）也可写成

$$e=-\frac{\mathrm{d}\Psi}{\mathrm{d}t} \tag{3-18}$$

以上各式中的“－”号，是在选定 e 的参考方向后，楞次定律在数学上的表达。

式（3－16）～式（3－18）统称法拉第电磁感应定律。

练习与思考

应用 $e=-\frac{\mathrm{d}\Psi}{\mathrm{d}t}$ 确定图 3－6 所示各线圈中感应电动势的方向。

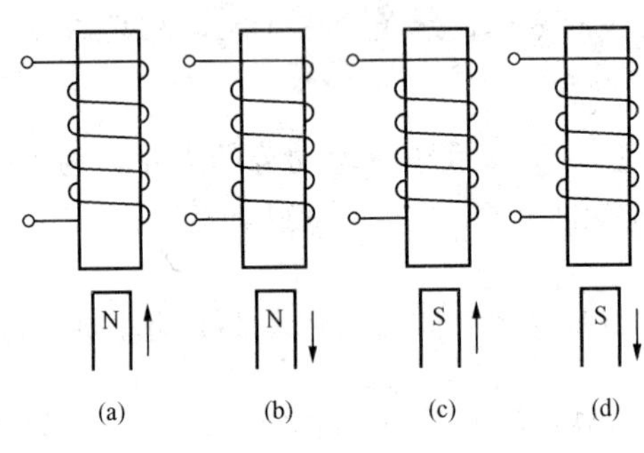

图 3－6 练习与思考题图

3－5 电感元件

一、自感

把导线绕制成线圈，可以增强其中的磁场，这样的线圈称为电感线圈。如果忽略导线的电阻，就可看作一个电感元件。

当线圈通有电流时，这个由线圈本身的电流所产生的磁通，称为自感磁通，相应的磁链称为自感磁链。

当线圈不含铁磁材料时，自感磁通或自感磁链与产生它的电流有着正比的关系，即

$$\Psi \propto I$$

写成等式，为

$$\Psi=LI$$

$$L=\frac{\Psi}{I} \tag{3-19}$$

式中，L 为比例系数，又称为自感系数，简称自感，也常称为电感，它是电感元件的参数。

电感在数值上等于线圈通过单位电流时所产生的自感磁链。

电感的单位是 H（亨［利］）。

电感 L 反映线圈产生自感磁链的能力，电感愈大，通过单位电流时产生的磁链也愈大。

线圈的电感与线圈的匝数、结构和介质的磁导率等有关。对于匝数为 N、长度为 l、截

面积为 S 的直螺管线圈，可求得其电感为

$$L=\frac{\Psi_L}{I}=\frac{N\Phi_L}{I}=\frac{NBS}{I}=\mu\frac{N^2}{l}S \tag{3-20}$$

可以看出，直螺管线圈的电感与线圈的匝数的平方成正比，与线圈的长度成反比，与其面积成正比，且与介质的磁导率有关。非铁磁介质的线圈电感为恒量，含铁磁物质的线圈电感为非线性电感。

二、自感电动势

当线圈中的电流变化时，自感磁链 ψ 也随之变化，线圈中就会产生感应电动势。线圈中由于自身电流的变化而产生感应电动势的现象称为自感应现象。由自感应而产生的电动势称为自感电动势，用 e_L 表示。

根据式（3-20），自感电动势的大小为

$$e_L=\left|\frac{d\psi_L}{dt}\right|$$

因自感磁链与电流的关系为

$$\psi_L=Li$$

故

$$e_L=\left|L\frac{di}{dt}\right| \tag{3-21}$$

式（3-23）表明自感电动势的大小与电感及通过线圈电流的变化率成正比。

图 3-7 所示的电感元件，若选定电压 u，自感电动势 e_L 与电流 i 的参考方向一致，则有

$$u=-e_L=L\frac{di}{dt} \tag{3-22}$$

显然，只有当电感电流变化时，才有电感电压存在。电流不变化，电感电压为零。直流时，电感元件相当于短路。

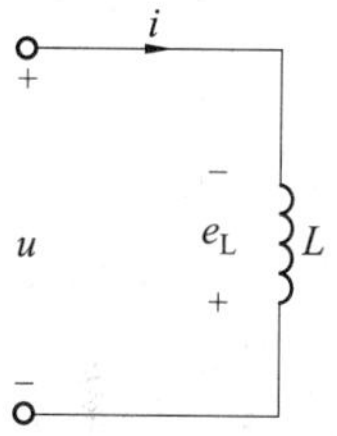

图 3-7　电感元件

三、线圈的储能

线圈通过电流时，在线圈中就建立起了磁场，磁场是具有能量的。只要维持电流，线圈中就一直储存着能量。磁场的能量是由电源提供的电能转换而来的。

设电感元件 L 中通过的电流为 i，则 L 中储存的磁场能量为

$$W_L=\frac{1}{2}Li^2 \tag{3-23}$$

式中：L 和 i 的单位分别是 H 和 A；W_L 的单位是 J。

练习与思考题

1. 电感元件未通电流时，L 是否为零？
2. 将电阻丝采用双线并绕的方法制成电阻器，以清除电感，试画出其绕法。

3-6　互感和互感电动势

一、互感

两个线圈靠得很近，当一个线圈中通过电流时，它所产生的磁通，有一部分要穿过另一

个线圈，这部分磁通称为互感磁通，相应的磁链称为互感磁链。有互感磁通交链的两个线圈称为磁耦合线圈。

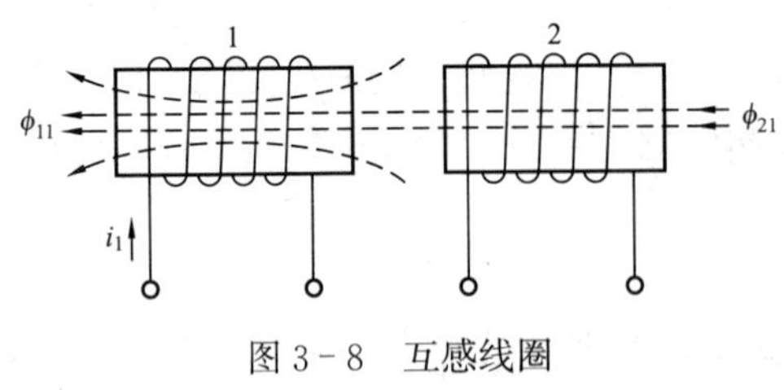

图 3-8　互感线圈

图 3-8 所示的两个线圈，当线圈 1 通过电流 i_1 时，它所产生的磁通 ϕ_{11} 为自感磁通，其中的一部分磁通 ϕ_{21} 穿过线圈 2，便为互感磁通。如果 ϕ_{21} 穿过线圈 2 的所有匝数，则 $\psi_{21}=N_2\phi_{21}$ 称为互感磁链。

互感磁链 ψ_{21} 与产生它的电流 i_1 的比值

$$M_{21}=\frac{\psi_{21}}{i_1} \tag{3-24}$$

定义为两耦合线圈的互感系数。

同样，线圈 2 中的电流 i_2 要在线圈 1 中产生互感磁链 ψ_{12}，比值

$$M_{12}=\frac{\psi_{12}}{i_2} \tag{3-25}$$

也是互感系数。

可以证明，$M_{21}=M_{12}$，所以不必区分 M_{21} 和 M_{12}，统一用 M 表示，并简称互感。

互感的单位与自感的单位一样，也是 H（亨）。

互感的大小反映了一个线圈在另一个线圈中产生磁链的能力。磁耦合线圈的互感只与这两个线圈的结构、介质的磁导率和相互位置有关，而与两线圈中的电流无关；但介质为铁磁物质时，互感与电流有关。自感为 L_1 和 L_2 的两个线圈，常用耦合系数 K 来表示它们的耦合程度。K 的定义为

$$K=\frac{M}{\sqrt{L_1L_2}} \tag{3-26}$$

K 值在 0 与 1 之间。当 $M=0$，即两线圈间的磁通互不交链时，$K=0$；当 $M=\sqrt{L_1L_2}$，即一个线圈产生的磁通全部与另一个线圈交链时，$K=1$，此时又称全耦合。

二、同名端

为了便于分析，以图 3-9（a）所示的全耦合的两线圈来进行讨论。

当线圈 1 的电流 i_1 从端子 1 通入时，它所产生的磁通方向，由右手螺旋定则确定，如 ϕ_{11} 所示（顺时针方向）。当线圈 2 的电流 i_2 从端子 3 通入时，它所产生的磁通方向如 ϕ_{22} 所示（也是顺时针方向）。两个磁通的方向相同，则端子 1 和 3 称为同名端。也就是说：

两线圈的电流自同名端通入时，互感磁通与自感磁通是相互增助的。

通常用符号“*”表示同名端，而线圈的具体绕向可不必画出，如图 3-9（b）所示。

如果将其中一个线圈反绕，如图 3-10（a）所示，则端子 1 和 4 为同名端，当然端子 2 和 3 也是同名端。

可见，只要知道线圈的绕向，同名端是容易确定的。实际的磁耦合线圈，线圈的绕向是不知道的，通常采用实验的方法来确定。

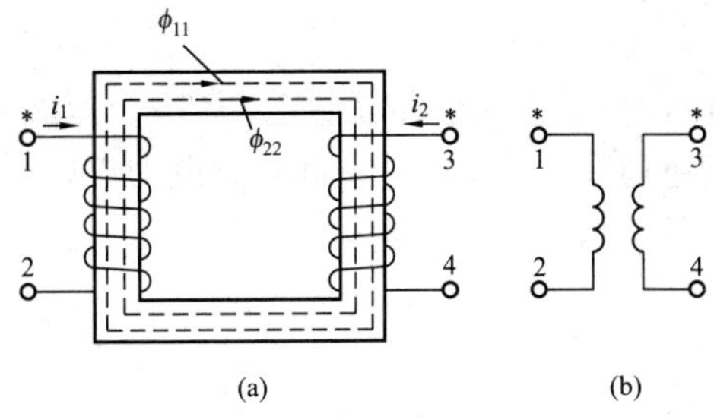

图 3-9　同名端之一

(a) 两耦合线圈绕向相同；(b) 同名端的表示

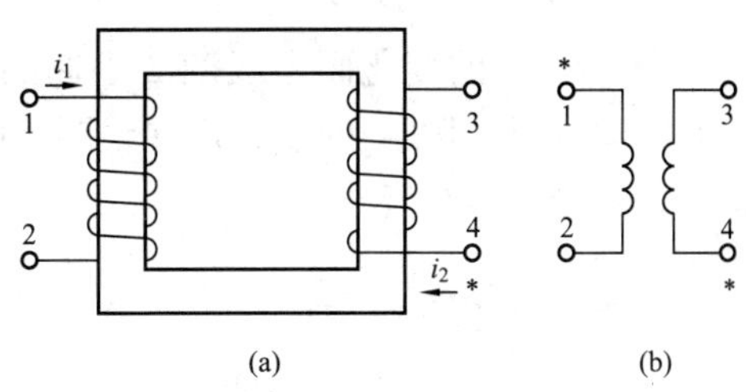

图 3-10　同名端之二

(a) 两耦合线圈之一反绕；(b) 同名端的表示

图 3-11 是直流法测定同名端的电路。当开关 S 闭合的瞬间，如果直流毫安表（或直流电压表）正向偏转，则端子 1 和 3 是同名端；若反向偏转，则端子 1 和 4 是同名端。

同名端也称同极性端。

三、互感电动势

磁耦合的线圈，当一个线圈中的电流变化时，互感磁通也随之变化，这时就会在另一个线圈中产生感应电动势，这种感应电动势称为互感电动势。

在图 3-12 (a) 中，线圈 1 的电流 i_1 变化时，在线圈 2 中产生互感电动势 e_{M2}，其大小为

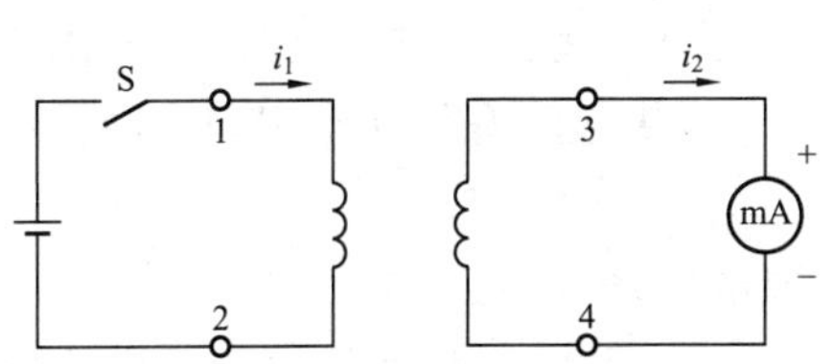

图 3-11　直流法测定同名端

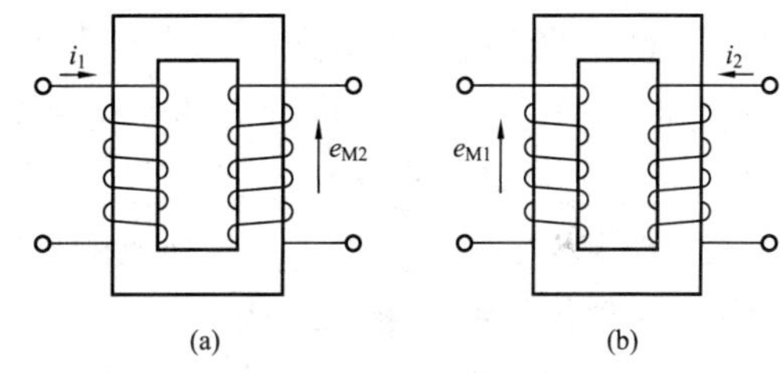

图 3-12　互感电动势

(a) i_1 增加；(b) i_2 增加

$$|e_{M2}|=\left|\frac{d\psi_{21}}{dt}\right|=M\left|\frac{di_1}{dt}\right| \tag{3-27}$$

如果选择 i_1 的参考方向与 e_{M2} 的参考方向如图 3-12 (a) 所示，使之对同名端一致，则互感电动势可写为

$$e_{M2}=-M\frac{di_1}{dt} \tag{3-28}$$

同样，如果选择 i_2 的参考方向与 e_{M1} 的参考方向也对同名端一致，如图 3-12 (b) 所示，则有

$$e_{M1}=-M\frac{di_2}{dt} \tag{3-29}$$

由互感电动势在线圈中引起的电压，叫做互感电压。如果选择互感电压的参考方向也与产生它的电流的参考方向对同名端一致，则有

$$u_{M2}=-e_{M2}=M\frac{di_1}{dt} \tag{3-30}$$

$$u_{M1} = -e_{M1} = M\frac{\mathrm{d}i_2}{\mathrm{d}t} \tag{3-31}$$

上两式中，因 i_1 的变化而在线圈 2 引起的互感电压记为 u_{M2}，它和互感电动势 e_{M2} 大小相等，但方向相反；因 i_2 的变化而在线圈 1 引起的互感电压记为 u_{M1}，它和互感电动势 e_{M1} 大小相等，但方向也相反。

练习与思考题

试标出图 3－13 中线圈的同名端。

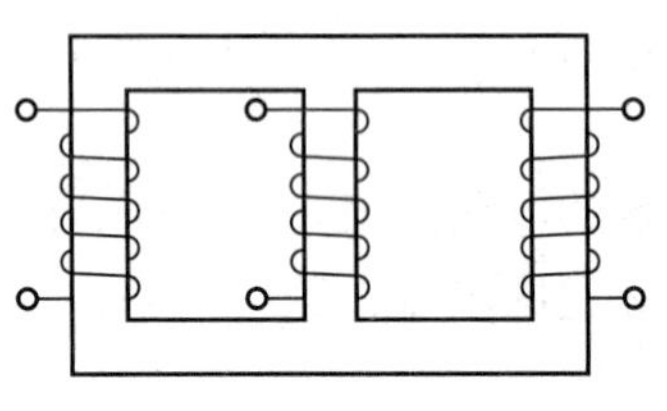

图 3－13　练习与思考题图

自　检　题

1. 磁铁的两端磁性最强，这两端称为__________。条形磁铁具有指向性，指向南方的一极称作__________，指向北方的一极称作__________。磁极之间有相互作用力，同性磁极相互__________，异性磁极相互__________。

2. 规定小磁针__________极所指的方向为其所在点的磁场方向。

3. 在磁体外部，磁力线从__________极发出到__________极；在磁体内部，磁力线从__________极回到__________极。磁力线上每一点的切线方向就是该点__________的方向；磁力线密集的地方，表示该处的磁场__________，稀疏的地方表示该处的磁场__________。

4. 电流的周围存在着__________，其方向与电流的方向符合__________定则。

5. 磁感应强度是表示磁场中某点磁场__________和__________的物理量，单位是__________。

6. 磁通 $\Phi=BS$，其中面积 S __________于磁场方向。Φ 的单位是__________。

7. 磁导率 μ 是表示物质__________能力的物理量，它与真空磁导率 μ_0 的比值称为__________，记为__________。

8. 磁场强度 H 等于__________与__________的比值，其单位是__________。

9. 安培环路定律式（3－10）中，$\sum I$ 是穿过磁力线包围面积的__________。

10. 环形线圈内的磁场强度 $H=$__________。

11. 垂直于磁场的载流直导体在均匀磁场中受到的电磁力的计算公式为__________，力的方向由__________定则确定。

12. 两根平行载流直导体之间产生吸引力时，说明它们的电流方向__________；产生排斥力时，它们的电流方向__________。

13. 直导体垂直切割磁力线时，产生的感应电动势的大小 $E=$__________，其方向根据

__________判断。

14. 线圈中的感应电动势的大小与磁通随时间的__________成正比，其方向根据__________定律判断。

15. 电感 L 在数值上等于线圈通过单位电流时所产生的__________，其单位是__________。直螺管空芯线圈的电感与__________、__________成正比，与线圈的__________成反比。

16. 电感元件 L 通有电流 i 时，其磁场储能 W_L=__________。

17. 有互感磁通交链的两个线圈称为__________线圈。互感 M 反映了一个线圈在另一个线圈中产生__________的能力。

18. 两线圈的电流都自同名端通入时，互感磁通与自感磁通相互__________。

习　题

3-2 节

3-1 均匀磁场中有一根长 0.1m 的直载流导线，导线与磁场方向垂直，导线中的电流为 1A 时，受到磁场力为 0.07N。试求该均匀磁场的磁感应强度 B。

3-2 有一均匀磁场，$B=0.5\text{T}$，试求与磁场垂直的面积 $S=4\text{cm}^2$ 上的磁通。

3-3 有一铁心线圈，铁心中的磁感应强度为 1.25T，磁通为 10^{-3}Wb，试求此铁心的横截面。

3-4 节

3-4 两根平行载流直导体，长度为 20m，导体间距离为 25cm，电流均为 500A。试求它们间的电磁力。如发生短路故障时，电流增大为 8000A，则电磁力又为多少？

3-5 节

3-5 在磁感应强度 $B=5\times10^{-2}\text{T}$ 的均匀磁场中，有一长度 $l=0.4\text{m}$ 的直导体以 $v=2\text{m/s}$ 的速度匀速运动，运动的方向与磁场和导体都垂直，求导体中的感应电动势。

3-6 一个 200 匝的线圈，在 0.1s 的时间内，线圈的磁通由零增加到 10^{-3}Wb，求线圈中的感应电动势。

3-7 一个 1000 匝的线圈，在 2s 的时间内，线圈中的磁通从 8×10^{-3}Wb 减少至 2×10^{-3}Wb，求线圈中的感应电动势。

3-6 节

3-8 一个 100 匝的线圈，通入 1A 电流时产生 1.27×10^{-3}Wb 的磁通，求线圈的电感。

3-9 一个 $L=1.6\text{H}$ 的线圈，当通过它的电流在 8ms 内，由 4A 均匀降至零时，求产生的自感电动势的大小。

3-10 一个 $L=10\text{mH}$ 的电感，通过的电流 i 在 0～10s 内按 100mA/s 均匀增加。在 10s 后，$i=1\text{A}$。试分别计算在 5s 和 15s 时电感电压的大小，并说明电感电压的方向。

3-11 一个 $L=2\text{H}$ 的电感，通有 1000A 的电流。求此电感的储能。

第4章　电　容　器

4-1　电容器及其电容

一、电容器

两块金属板中间隔以绝缘材料，就构成一个电容器，如图 4-1 所示。两块金属板称为极板，通过电极与电路相接。极板之间的绝缘材料称为电介质。极板的形状有多种形式，平板电容器是最简单的电容器。

当两个电极分别与直流电源的正、负极相连时，两块极板上便会有等量而异号的电荷 $+Q$ 和 $-Q$，如图 4-2 所示。如果移去电源，$+Q$、$-Q$ 因相互吸引而仍然保留在极板上，所以电容器能容纳或储存电荷。

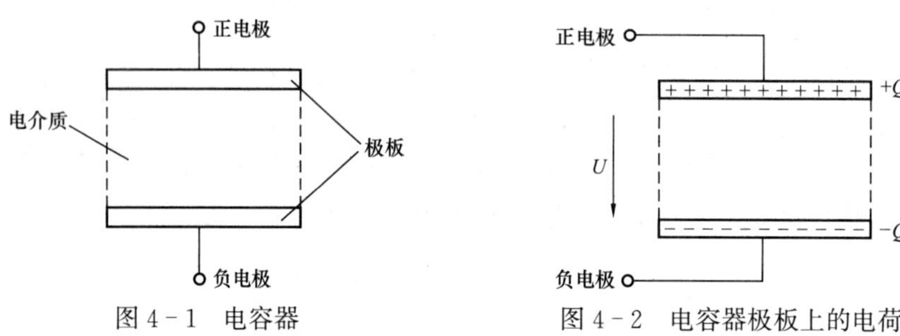

图 4-1　电容器　　图 4-2　电容器极板上的电荷

二、电容

如果加在电容器极板间的电压 U 越高，极板上的电荷量 Q 就越多，即电荷量与端电压成正比，两者的关系用式子表示，为

$$Q=CU$$

比例常数 C 称为电容器的电容量，简称电容，是衡量电容器储存电荷能力的标准，上式也可写为

$$C=\frac{Q}{U} \tag{4-1}$$

式（4-1）中，电容的单位是 F（法［拉］），F 这个单位太大，实际常用 μF（微法）和 pF（皮法），它们之间的换算如下

$$1\mu F=10^{-6}F,\ 1pF=10^{-6}\mu F=10^{-12}F$$

【例 4-1】 一个电容器外加电压 100V，极板上的电荷为 2×10^{-3}C，求此电容器的电容。

解
$$C=\frac{Q}{U}=\frac{2\times10^{-3}}{100}=20\times10^{-6}F=20\mu F$$

三、电介质对电容的影响

电介质就是绝缘体，实际上没有完全的绝缘材料，因而在电压作用下仍有微小电流流过电介质，称为泄漏电流。如果忽略泄漏电流和损耗，电容器就可看成理想电容器，或电容元件。

理想电介质是指内部没有自由移动的电荷，是完全不能导电的。但电介质放入（介入）电容器的极板之间后，会受电场的影响，在靠近极板的表面产生一层束缚电荷，它又会反过来影响原电场，使得电容器的电容 C 增大。与真空时的电容 C_0 相比，增大的倍数称为相对介电系数，记为 ε_r，即

$$\varepsilon_r=\frac{C}{C_0} \tag{4-2}$$

ε_r 是没有量纲，真空的 $\varepsilon_r=1$，空气的 $\varepsilon_r\approx1$，几种常见电介质的相对介电系数见表 4-1。

各种电介质除有不同的相对介电系数外，还有不同的物理和化学性能，选择电容器时要注意它们的区别。

表 4-1　常用材料的相对介电系数

电介质	相对介电系数 ε_r	电介质	相对介电系数 ε_r
空气	1.0006≈1	瓷	6
石蜡	2	电容器纸	6.5
聚苯乙烯	2.2	云母	7
玻璃	4～7	钛酸钡	1000～2000

简单电容器的电容比较容易计算，如图 4-3 所示的平板电容器的电容，极间为真空时的计算公式为

$$C_0=\frac{\varepsilon_0 S}{d} \tag{4-3}$$

式中：ε_0 是真空介电系数，$\varepsilon_0=8.85\times10^{-12}$F/m；$S$ 的单位是 m^2；d 的单位是 m；C_0 的单位是 F。

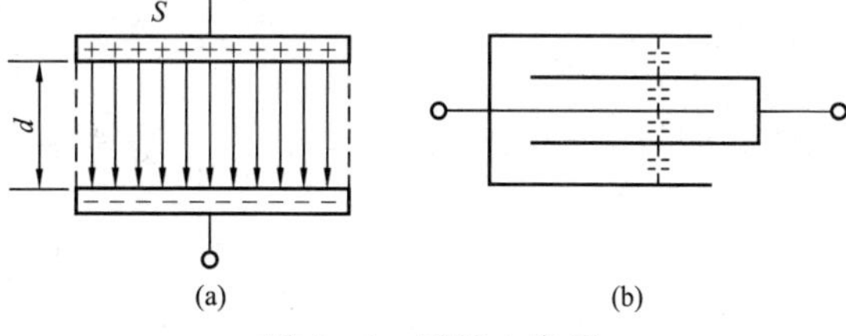

图 4-3　平板电容器
(a) 平板电容器；(b) 多片电容器

极板间均匀充满同一种电介质的平板电容器的电容的计算式为

$$C=\varepsilon_r C_0=\frac{\varepsilon_r\varepsilon_0 S}{d} \tag{4-4}$$

为了增大电容，可采用多片电容器，如图 4-3 (b) 所示。

4-2　电容元件的充电和放电

一、电容元件的充电

当电容元件与直流电源接通时，极板上的电荷逐渐增多，这个过程称为电容元件的充电。充电过程可以通过实验观察到，在图 4-4 所示的电路中，当开关 S 由端钮 2 合到端钮 1 时，可以发现检流计 G 一开始偏转较大，但随即返回并逐渐降至零。这表明，开始时电流较大，但很快减小并回零。在电流由小变大的过程中，接在电容元件两端的电压表（可用数字式万用表）指示值很快上升，当检流计回零时，电压表指示值等于电源电压 U，说明极板上的电荷增加至最大值 $Q=CU$，充电过程结束。

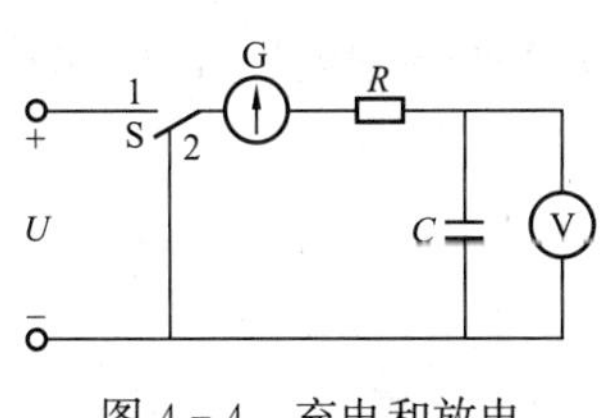

图 4-4　充电和放电

二、电容元件的放电

电容元件充好电后，把开关 S 由 1 合至 2，电容元件通过电阻 R 被导线短接，正、负电

荷中和，极板上的电荷消失，这个过程称为电容元件的放电。通过观察可以发现，放电时检流计 G 的指针朝反向偏转，开始时偏转较大，而后很快减小并逐渐回零。在这同时，电压表的指示值也很快下降并逐渐至零。电压减小表明极板上的电荷在减少，电压为零表明极板上的电荷全部被中和。

充电和放电过程中，电容元件的电压和电流都是按指数规律增加或减少的，将在第 8 章中详细讨论。

三、电容电流

电容元件充电时，充电电荷经过导线时形成电流，其方向与电容电压的方向一致，这个电流称为充电电流。电容元件放电时，放电电荷也在连接导线上形成电流，其方向与电容电压的方向相反，这个电流称为放电电流。电容元件的充电电流和放电电流合称电容电流。形成电容电流的条件是电容元件两端的电压要不断变化。

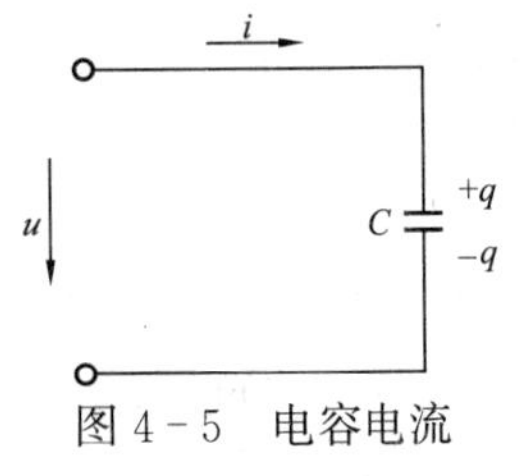

图 4－5　电容电流

如图 4－5 所示，设电容元件 C 两端的电压为 u，当电压 u 变化时，极板上的电荷 q 也跟着变化，若在极短的时间 dt 内，极板上的电荷增加了 dq，则在导线上形成的电流为

$$i=\frac{\mathrm{d}q}{\mathrm{d}t}$$

代入 $q=Cu$，因电容元件的电容 C 是常数，故

$$i=C\frac{\mathrm{d}u}{\mathrm{d}t} \tag{4-5}$$

式（4－5）表明：

任一时刻的电容电流与电容元件两端电压的变化率成正比。

式（4－5）是电容元件的电压和电流的一般关系式，对于任何波形的电压都适用。

应用式（4－5）时，u 和 i 的参考方向应选取一致。如果 u 和 i 的参考方向相反，则应在式子的等号一边加上负号，即

$$i=-C\frac{\mathrm{d}u}{\mathrm{d}t} \tag{4-6}$$

在直流电路中，电容电压是不随时间变化的，即$\frac{\mathrm{d}u}{\mathrm{d}t}=0$，故 $i=0$，也即在含电容的支路中是没有电流的，电容起了“隔直”的作用。

从以上讨论可以看出，电容电流并不是指带电的粒子穿过电容元件的电介质，而是指电容元件在不断地充放电时在连接线上形成的电流。

【例 4－2】 图 4－6（a）所示电路的电容元件 $C=0.5$F，加在其两端的电压 $u(t)$ 的波形如图 4－6（b）所示，试求电容电流，并画出其随时间变化的曲线。

解 在 $t=0$ 至 $t=2$s 期间，u 从 0 线性增长至 8V，故在此期间电压的变化率

$$\frac{\mathrm{d}u}{\mathrm{d}t}=\frac{8}{2}=4\ (\mathrm{V/s})$$

电容电流

$$i=C\frac{\mathrm{d}u}{\mathrm{d}t}=0.5\times4=2\ (\mathrm{A})$$

在 2s≤t≤4s 期间，$u(t)$=8V 为恒量，故电压的变化率

$$\frac{du}{dt}=0$$

电容电流

$$i=C\frac{du}{dt}=0.5\times 0=0$$

在 4s≤t≤6s 期间，u 从 8V 线性减小至 0，故电压的变化率

$$\frac{du}{dt}=-\frac{8}{2}=-4\ (V/s)$$

电容电流

$$i=C\frac{du}{dt}=0.5\times(-4)=-2\ (A)$$

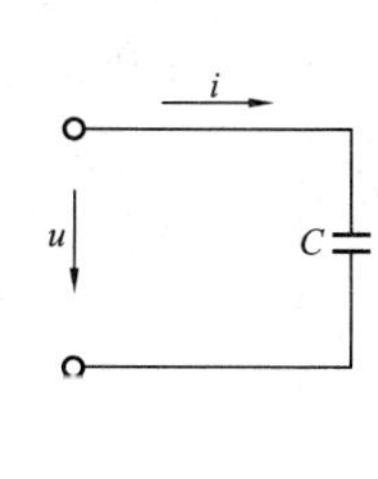

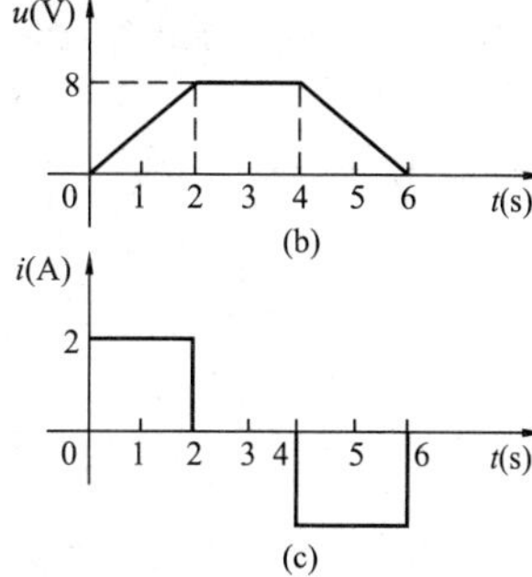

图 4-6 ［例 4-2］图

(a) 电容元件电路；(b) 电容两端电压 u；(c) 电容电流 i 的波形

电容电流 $i(t)$ 的波形如图 4-6（c）所示。

练习与思考题

当电容电压线性增长时，电容电流是否也线性增长？

4-3 电容元件的并联和串联

电容元件连接的基本方法有并联和串联两种。

一、电容元件的并联

图 4-7（a）为电容元件的并联。由于加在各电容元件上的电压都为 U，它们所充的电荷量分别为

$$Q_1=C_1U,\quad Q_2=C_2U,\quad Q_3=C_3U$$

所以

$$Q_1:Q_2:Q_3=C_1:C_2:C_3 \tag{4-7}$$

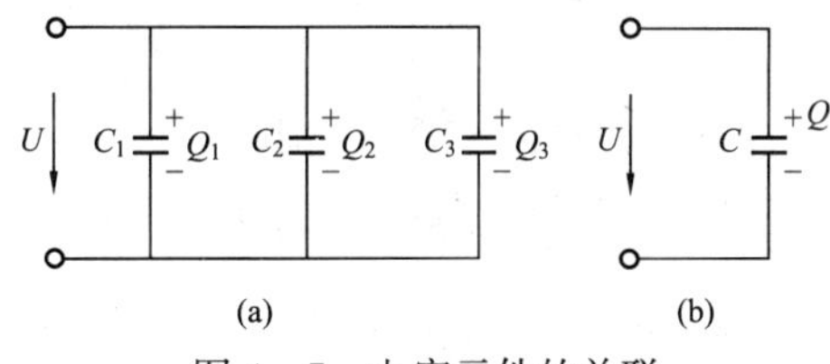

图 4-7 电容元件的并联

(a) 电容元件并联；(b) 等效电容

即：并联各电容元件所带的电荷量与各电容量成正比。

电容元件并联后所带的总电量为

$$Q=Q_1+Q_2+Q_3=C_1U+C_2U+C_3U=(C_1+C_2+C_3)U=CU$$

因此，等效电容

$$C=C_1+C_2+C_3 \tag{4-8}$$

电容元件并联的等效电容（总电容），等于各并联电容元件电容之和。

并联的电容元件越多，总电容就越大。电容元件并联，相当于极板面积加大，从而加大了电容。因此，当单个电容元件的电容不够大时，可以采用并联的方法得到大的电容。但要注意，每个电容元件的耐压必须大于外施电压。

【例 4-3】 $C_1=1\mu F$ 和 $C_2=2\mu F$ 的两个电容元件并联，求等效电容。

解 根据式（4-8）

$$C = C_1 + C_2 = 1 + 2 = 3\ (\mu\text{F})$$

如果有 n 个电容为 C 的电容元件并联，则等效电容为 nC。

二、电容元件的串联

图 4-8（a）为电容元件的串联。当串联电容的两端加上电压 U 时，在与电源直接相连的两块极板上，分别充有电荷 $+Q$ 和 $-Q$。由于静电感应的结果，中间的其他极板上会出现等量而异号的感应电荷 Q。虽然每个电容元件上的电荷都等于 Q，但此串联电容从电源充得的总电荷仍然是 Q。因而其总电容

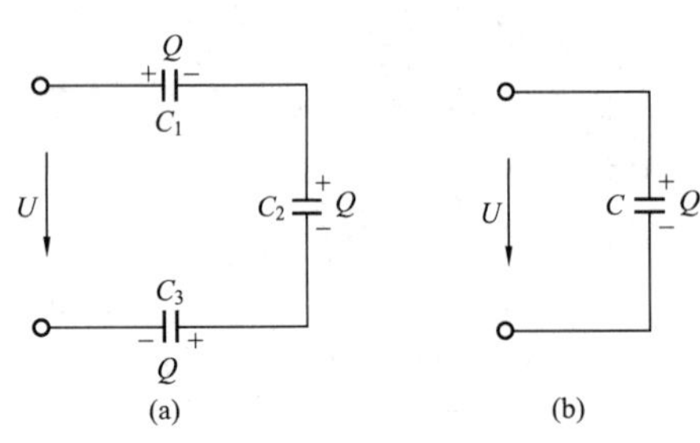

图 4-8　电容元件的串联
（a）电容元件串联；（b）等效电容

$$C = \frac{Q}{U}$$

各个电容元件上的电压分别为

$$U_1 = \frac{Q}{C_1},\quad U_2 = \frac{Q}{C_2},\quad U_3 = \frac{Q}{C_3}$$

所以

$$U_1 : U_2 : U_3 = \frac{1}{C_1} : \frac{1}{C_2} : \frac{1}{C_3} \tag{4-9}$$

即：串联各电容元件分到的电压与各电容元件的电容成反比。

U_1、U_2 和 U_3 之和应为电源电压 U，即

$$U = U_1 + U_2 + U_3 = \frac{Q}{C_1} + \frac{Q}{C_2} + \frac{Q}{C_3} = \left(\frac{1}{C_1} + \frac{1}{C_2} + \frac{1}{C_3}\right)Q$$

对于总电容，有

$$U = \frac{Q}{C}$$

所以

$$\frac{1}{C} = \frac{1}{C_1} + \frac{1}{C_2} + \frac{1}{C_3} \tag{4-10}$$

即：电容元件串联的等效电容（总电容）的倒数，等于各电容元件电容倒数之和。

【例 4-4】 $C_1 = 20\mu\text{F}$、$C_2 = 30\mu\text{F}$ 和 $C_3 = 60\mu\text{F}$ 的三只电容元件串联，求等效电容。

解　根据式（4-10）

$$\frac{1}{C} = \frac{1}{C_1} + \frac{1}{C_2} + \frac{1}{C_3} = \frac{1}{20} + \frac{1}{30} + \frac{1}{60} = \frac{1}{10}$$

所以

$$C = 10\ (\mu\text{F})$$

如果是两只电容器串联，则等效电容

$$C = \frac{C_1 C_2}{C_1 + C_2} \tag{4-11}$$

式（4-11）与两电阻并联的等效电阻公式相仿。

【例 4-5】 两只同为 $100\mu\text{F}$ 的电容元件串联，求等效电容。

解　根据式（4-11）

$$C = \frac{C_1 C_2}{C_1 + C_2} = \frac{100 \times 100}{100 + 100} = 50\ (\mu\text{F})$$

由上所述可知，串联电容元件的等效电容（总电容）小于串联的任一只电容，且串联的

电容元件越多，等效电容越小。n 只相同的电容器串联，等效电容为单个电容的 $1/n$。电容串联，相当于加大了极板间的距离，从而减小了电容量。

【例 4-6】 有两只电容器，$C_1=1\mu F$、$C_2=2\mu F$，额定电压（耐压）均为 10V，把它们串联起来接到 20V 直流电压上，试分析会出现什么情况？

解 两电容串联时，各电容分到的电压与其电容成反比，即

$$\frac{U_1}{U_2}=\frac{C_2}{C_1}$$

且

$$U_1+U_2=U$$

故

$$U_1=\frac{C_2}{C_1+C_2}U=\frac{2}{1+2}\times 20=13.3\ (\text{V})$$

$$U_2=\frac{C_1}{C_1+C_2}U=\frac{1}{1+2}\times 20=6.7\ (\text{V})$$

可见，电容器 C1 承受的电压已超过耐压，可能造成 C1 击穿。如果 C1 击穿，全部电源电压加到电容器 C2 上，导致 C2 也击穿。

练习与思考题

1. 有三只电容器 C1、C2、C3，电容分别为 $C_1=2\mu F$、$C_2=3\mu F$、$C_3=6\mu F$。试求下列情况下的等效电容。

（1）三电容器并联时；

（2）三电容器串联时；

（3）C2 和 C3 串联后再与 C1 并联；

（4）C2 和 C3 并联后再与 C1 串联。

2. 有两只电容器串联，$C_1=1\mu F$、$C_2=2\mu F$，接于 $U=3V$ 的直流电源上，求各电容器承受的电压。

3. 有三只电容器串联，$C_1=1\mu F$、$C_2=2\mu F$、$C_3=3\mu F$，接于 $U=6V$ 的直流电源上。试问三个电容器承受的电压分别为 $U_1=3V$、$U_2=2V$、$U_3=1V$，对不对？

4. 现需一只耐压 500V、$2\mu F$ 的电容器，而只有耐压 250V、$2\mu F$ 的电容器多只，试问应如何组合才能满足需要？

4-4　电容元件的电场储能

一、电容元件的电场储能

电容元件充电后，两块极板上聚集了正、负电荷，极板间也就存在电场，并储存了电场能量。

现在来观察一个实验现象。图 4-9（a）中，G 为一手摇发电机，本实验用 500V 兆欧表代替。摇动兆欧表使 $4\mu F$ 的电容器充电，摇至额定转速（120r/min）时使电容器与兆欧表脱离。然后将电容器的两根连接线的线头相碰，如图 4-9（b）所示，可以观察到线头短接处发出的火花和响声。这说明电容器将充电时获得的能量，在短接放电时将能量释放出来。

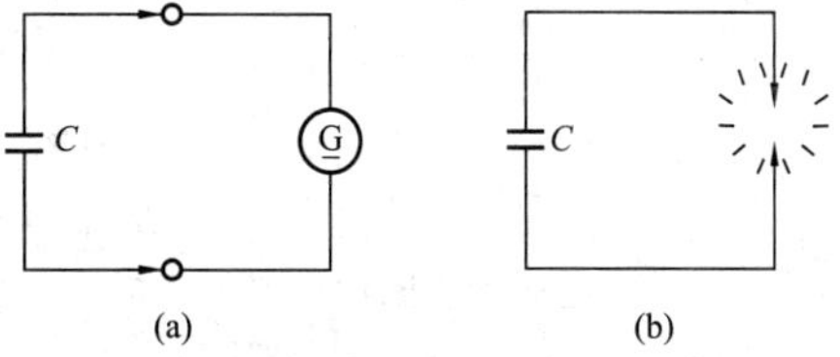

图 4-9　电容器的电场储能实验演示

（a）电容器充电；（b）电容器短接放电

如果将电容器的电容量增大一倍，如 8μF，则经同样的充电过程，短接放电时的火花和响声要大很多。这说明电容器的储能多少与电容的大小有关，电容大，储能就多。而如果增高充电的电压，如改用 1000V 的绝缘电阻表（兆欧表），则电容器充电后再短接放电时的火花和响声更要大得多。这说明电容电压的高低对储能多少的影响更大。

电容器充电后短接放电的热能可用于焊接。一种叫做电容储能电焊的设备，用于将金属的极小部分熔化而焊接在一起，由于每次放电能量相同，可以保证焊接的质量。电火花加工也是利用电容放电时的火花，使硬金属表面刻蚀出文字或图案。照相机的闪光灯，是利用充好电的电容器对线圈放电，在另一线圈感应高电压，触发闪光灯而发光。电容储能的应用很广泛，此处不一一介绍。但应注意，电容器或有电容的设备从电路中被切除时，仍保持一定的电压，储有一定的电场能，因而切除后必须先将这些设备短接放电。特别是电力系统的高压电容器和输电线路，在断电检修时，必须先行放电，否则有被剩余电压击伤的可能。

二、电场储能的计算公式

电容元件在充电的过程中，端电压是随时间变化的。设在某一瞬间，电容电压为 u，可以证明，储存的电场能量为

$$W_c = \frac{1}{2}Cu^2 \tag{4-12}$$

式中：C 的单位为 F；u 的单位为 V；W_c 的单位为 J。

式（4－12）表明：

电容元件储存的电场能量，与电容成正比，与电容电压的平方成正比。

【例 4－7】 一只 $C=1000\mu F$ 的电容器，端电压为 220V，求此电容器的电场能量。

解
$$W_c = \frac{1}{2}Cu^2 = \frac{1}{2} \times 1000 \times 10^{-6} \times 220^2 = 24.2 \text{ (J)}$$

练习与思考题

一平板电容器，$C=10\mu F$，电介质为玻璃（$\varepsilon_r=5$），加上 1000V 电压。试求：

（1）电容器的电场能量；

（2）保持与电源相连，将玻璃电介质取出，求电场能量。

4－5 电容器的种类和特点

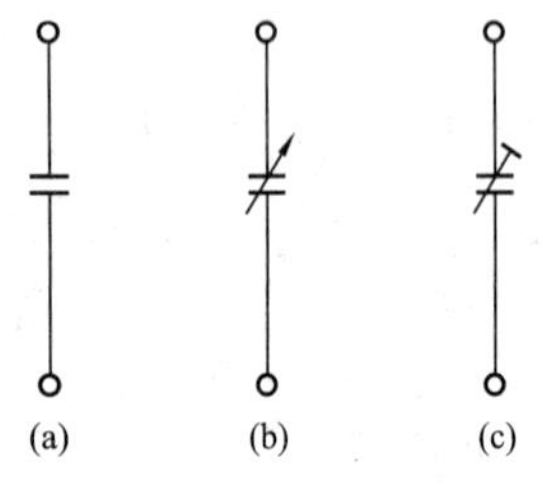

图 4－10 电容器的图形符号
（a）固定电容器；（b）可变电容器；（c）半可变电容器

一、电容器的种类和特点

电容器的种类很多，按结构可分为固定电容器、可变电容器和半可变电容器三类，它们的图形符号如图 4－10 所示。

按所用电介质材料的不同，可分为纸介电容器、油浸纸介电容器、云母电容器、陶瓷电容器、有机薄膜电容器、电解电容器等。另外，电容器还可按专门用途分类，如电力电容器、调谐电容器、滤波电容器等。

二、电解电容器

一般电解电容器的电极有正、负之分，用符号 ±|├ 表示，

使用时正极接高电位，负极接低电压，不能接反，因而只能用于直流电路。铝电解电容器的铝圆筒内装液体电解质，插入铝片为正极，经直流处理，正极上附有一层氧化薄膜作介质。氧化膜具有单向导电性，如果正确连接，其电阻很大，有很高的绝缘强度，能承受较高的电压。如果极性接反，电阻很小，电容器中的电流很大，使电解质膨胀，导致铝质外壳破裂，甚至爆炸。电解电容器长期不使用，氧化膜会分解而变薄，影响耐压，此时可加较低直流电压，经一定时间，使氧化膜恢复，仍可正常使用。因此电解电容器规定了最长存放时间，如4～5年。在外壳上要标出制造日期。

以钽片为正极的电解电容器称为钽电解电容器，正极上的氧化钽膜是介质，由于氧化钽的化学稳定性高于氧化铝，不易被电解质分解，适合多年存放；且氧化钽膜的绝缘电阻大，温度影响小，所以钽电解电容器的电流小，稳定性能好。

电解电容器的正极受电解液浸蚀，表面很粗糙，这使有效表面大大增加，电容量也成比例地增大；且作为介质的氧化膜很薄，因而电解电容器具有容量大、体积小的特点。

电解电容器的电极均标明极性，与金属外壳相连的电极总为负极，引出线有长短之分时，长线为正极，短线为负极。

4-6　电容器的性能与测试

一、电容器的主要性能指标

衡量电容器性能的指标主要有电容量和耐压。

1. 标称电容量

标在电容器外壳上的电容量称为标称（名义）电容量，是指已标准化的电容值，由标准系列规定，通常以μF（微法）和pF（皮法）表明。它与实际电容量有一定的允许误差。允许误差有的用百分数表示，也有的用误差等级表示。允许误差分为：±1%（00级）、±2%（0级）、±5%（Ⅰ级）、±10%（Ⅱ级）和±20%（Ⅲ级）五级。例如，标称容量为100pF，允许误差为±10%的电容器，其实际电容量在90～110pF之间。电解电容器的允许误差范围较大，在−20%～+100%之间。

电容器的实际电容量可使用电容测试仪（如数字电容表）测量。

2. 耐压（额定电压）

耐压是指电容器长期工作时，极间电压不允许超过的规定值，以防电容器击穿和产生不容许的发热。耐压一般以直流电压标在外壳上。对于专用于交流的电容器，也标出交流有效值，并注明AC。

此外，还有绝缘电阻、介质损耗和稳定性等指标。选用电容器时，电容量和耐压一定要满足要求，再根据不同的需要，考虑对其他特性的要求。如电力系统和高频电路中应选用介质损耗低的电容器，谐振电路选用云母电容器和陶瓷电容器，隔直流可选用纸介、云母、涤纶、电解电容器等，用作滤波可选用电解电容器。

电容器在接入电路前应检查是否有断线、短路和漏电等情况。

二、电容器的测试

电容器常见的故障有断线、短路、漏电和失效等，可以利用万用表的$R\times1\text{k}$或$R\times10\text{k}$电阻挡来进行检查。

1. 电容量的判别

置万用表的电阻挡于 $R\times1\text{k}$ 或 $R\times10\text{k}$ 挡，将两表笔分别接触电容器的两极，如表头指针迅速正向摆动一个角度，而后逐渐复原，回到起始位置；然后互换两表笔，再接触电容器的两极，表头指针又正向偏转，且转角比前次更大，而后逐渐复原并返回起始位置。这表明电容器的充放电过程正常，电容器完好。指针的偏转角度越大，复原的速度越慢，说明电容量越大。经与已知电容量的电容作测试比较，可以粗略判断被测电容量的大小。对于 $0.05\mu\text{F}$ 以下的小电容器，指针偏转很小，不易看出，需用专门仪器测量。

2. 漏电

用上述方法测试电容时，除空气电容器外，指针一般不可能回至 $R=\infty$ 处。稳定时，指针的指示值为电容器的绝缘电阻，其值一般达几百兆欧至几千兆欧，阻值越大，表明电容器的绝缘性能越好。

3. 短路

如指针摆至满刻度，即 $R=0$ 处，而不返回，表明电容器内部已短路。对于可变电容器，可将两表笔分别接至动片和定片上，然后缓慢旋转动片，如出现电阻指零，表明有碰片现象，可用工具使之分离，恢复正常。

4. 断线

如将两表笔接触电容器电极时，指针一点都不偏转，调换表笔仍不偏转，表明电容器已断线。

5. 电解电容器极性判别

因电解电容器正反不同接法时的绝缘电阻相差较大，故可用 $R\times1\text{k}$ 电阻挡先测一次两极间的绝缘电阻，然后将两表笔调换，再测一次绝缘电阻。两次测量中阻值较大一次黑（正）表笔所接的电极为正极或阻值较小的一次红（负）表笔所接的为正极。对于耐压较低的电解电容器，勿随便使用 $R\times10\text{k}$ 电阻挡，因 $R\times10\text{k}$ 挡的电池电压为 15V 或 22.5V，以免造成电解电容器击穿。

对电容器进行测试时要注意下面两点：

（1）从电路中拆下电力电容器前要先进行短接放电，以免极板上残存的电荷放电时损坏仪表并影响人身安全。

（2）测试时两手勿接触表笔的导体部分，以免人体电阻介入而影响测量结果。

自 检 题

1. 电容器极板上电荷增加的过程称为电容__________，电荷减少的过程称为电容__________。

2. 充电电流的方向与电容电压的方向__________，放电电流的方向与电容电压的方向__________。

3. 电容电压随时间变化得越快，电容电流就越__________；电容电压不变化，则电容电流为__________。在直流电路中，电容相当于__________。

4. 当电容电压和电流的参考方向一致时，$i=$__________；相反时，$i=$__________。

5. 电容元件并联时，各电容元件的__________相同，并联等效电容为各电容元件

__________之和。

6. 电容元件串联时，各电容元件极板上的__________相同。串联等效电容的__________为各电容元件__________之和。

7. 有1、2μF和3μF三个电容器，将它们并联时，等效电容 $C=$__________；将它们串联时，等效电容 $C=$__________。

8. 1μF和2μF两电容器串联，外施3V直流电压，则1μF电容器的电压为__________，2μF电容器的电压为__________。

9. C1和C2串联，$C_1=4\mu F$，总电容为2.4μF，则 $C_2=$__________。

10. 两个电容器串联，总电容为100μF，已知一个电容器为300μF，则另一个电容器为__________。

11. 介质对电容量的大小起决定作用，其特性用__________常数来表示。

12. 介质的介电常数与真空的介电常数之比，称为介质的__________，记为__________。

13. 平板电容器的电容量与极板面积成__________，与极间距离成__________。各种结构的电容器的电容均与__________成正比。

14. 介质极化的结果是在介质的两个端面上出现__________电荷，当电容器极间电压一定时，束缚电荷会使极板上的电荷增多，从而使__________增大。

15. 一只100μF的电容器，充电至100V，其所储存的能量为__________。一只10μF的电容器，充电至1000V，其所储存的能量为__________。

16. 一只电容器充电至100V，需要5J的能量，则此电容为__________。

17. 电容器外壳上标出的电容量称为__________电容量，它与实际电容量之间有一定的允许误差。允许误差为±10%的定为__________级。

18. 电容器使用时超过耐压，可能造成电容器__________或不容许的__________。

19. 电容器的常见故障有__________、__________和__________等。

20. 用万用表的 $R\times 1k$ 或 $R\times 10k$ 电阻挡测电容器的电容量，刚接通时表头指针偏转越__________，复原时速度越__________，表明电容量越__________。

21. 用万用表的电阻挡测试电容器时，如指针偏转后不复原，则指针所指为电容器的__________电阻。如指针偏转至满度值（$R=0$）而不返回，表明电容器已__________。如指针一点都不偏转，表明电容器已__________。

22. 用万用表的 $R\times 1k$ 电阻挡测试电解电容器的极性时，正反两种接法中阻值较大的一次，正（黑）表笔所接的为电容器的__________极。

23. 用万用表的电阻挡对电容器进行测试时，两手不能接触表笔的导体部分，以免__________电阻介入。

习 题

4-1节

4-1 一只 $C=20\mu F$ 的电容元件，两端电压为1000V时，求极板上的电荷量。

4-2 一电容元件两端电压为10V时，一块极板上的电荷量的绝对值为100μC，求电容。

4－3　一平板空气电容器的正对面积为 $5cm^2$，极板间隔为 2mm，求电容。如以云母代替空气，电容又为多少？

4－2 节

4－4　一电容元件 $C=0.1F$，两端电压 $u(t)$ 的波形如图 4－11 所示，试画出电容电流 $i(t)$ 的波形。

4－3 节

4－5　求图 4－12 电路的等效电容 C。

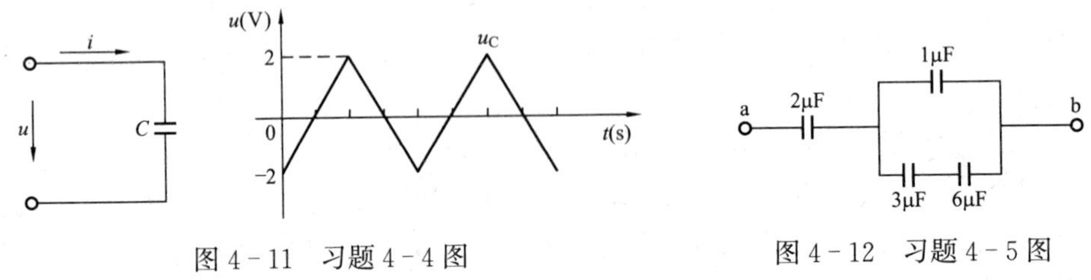

图 4－11　习题 4－4 图

图 4－12　习题 4－5 图

4－6　有两只电容器 C1、C2：$C_1=10\mu F$，耐压 150V；$C_2=30\mu F$、耐压 300V。试求：

（1）C1 和 C2 并联时能承受多少电压？

（2）C1 和 C2 串联时能承受多少电压？

4－7　有两只电容器，$C_1=10\mu F$、$C_2=20\mu F$，耐压均为 250V，试问把它们串联起来，总电压不能超过多少伏？

4－4 节

4－8　一电容器 $C=200\mu F$，充电至 110V，求其储能。若继续充电至 220V，又增加了多少电能？

第5章　单相正弦交流电路

目前，无论是生产用电还是生活用电，绝大部分都应用交流电。交流电被广泛采用的主要原因：一是交流电压易于升高和降低，这样便于高压输送和低压使用；二是交流电动机比直流电动机性能优越、使用方便。因而，发电厂发的电都是交流电，即使在需要直流的地方，往往也是将交流电通过整流设备变换为直流电。

5-1　正弦交流电的概念

一、周期交流电

大小和方向都随时间变化的电流称为交流电流。交流电流、交流电压、交流电动势统称交流电，以文字符号“AC”或图形符号“～”表示。

交流电在任一时刻的数值称为瞬时值，以小写字母表示，如 i、u、e 分别表示交流电流、交流电压和交流电动势的瞬时值。

分析交流电，应先选定参考方向。通常用的交流电是按正弦规律作周期性变化的，称为正弦交流电。以瞬时值为纵坐标，以时间为横坐标，所画的交流电的曲线称为交流电的波形。正弦交流电流的波形如图 5-1 所示，正半波表示电流的实际方向与参考方向相同，负半周表示电流的实际方向与参考方向相反。图中元件下的虚线箭头为电流的实际方向。

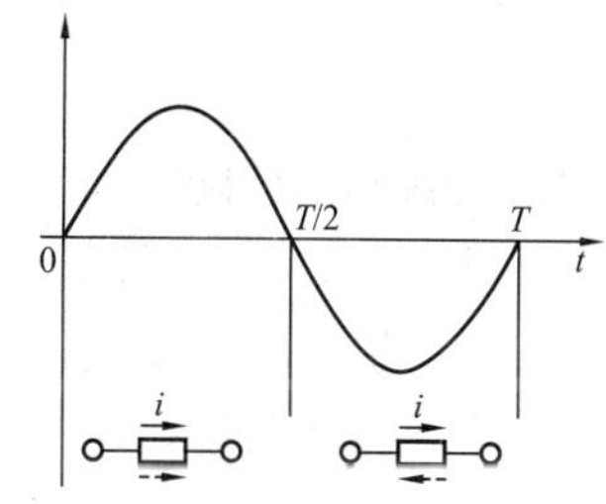

图 5-1　正弦电流

交流电变化 1 周所需的时间称为周期，记为 T，单位为 s（秒）。在 1s 内变化的周数称为频率，记为 f，单位为 Hz（赫兹，简称赫）。1Hz 就是 1s 内变化了 1 周。周期和频率的关系是

$$f=\frac{1}{T} \tag{5-1}$$

周期和频率都是用来表示交流电变化快慢的物理量。我国和大多数国家规定的电力标准频率为 50Hz，习惯上称此频率为工业频率，简称工频。美国和日本有的地区则规定 60Hz 为电力标准频率。以前，人们也用“周波”作为频率的单位，50 周波就是指 50Hz。

【例 5-1】 求工频的周期。

解　根据式（5-1），周期为

$$T=\frac{1}{f}=\frac{1}{50}=0.02\ (\mathrm{s})$$

声音信号的频率约为 20～20 000Hz，广播用的中波段频率为 535～1605kHz（中央人民广播电台第一套节目的频率为 640kHz），电视用的频率则以兆赫计。

二、正弦交流电动势的产生

正弦交流电动势由交流发电机产生，发电机的工作原理是导体切割磁力线产生感应电动

势。图 5 - 2（a）为一对磁极的交流发电机示意图，转子是电磁铁，励磁绕组中通入直流电产生磁力线。定子的铁芯槽中嵌入导线构成电枢绕组，定子和转子之间的气隙中，磁场按正弦规律分布。当转子以恒速旋转时（3000r/min），定子绕组中便感应产生正弦电动势，转子旋转一周，正弦电动势就变化一个循环。

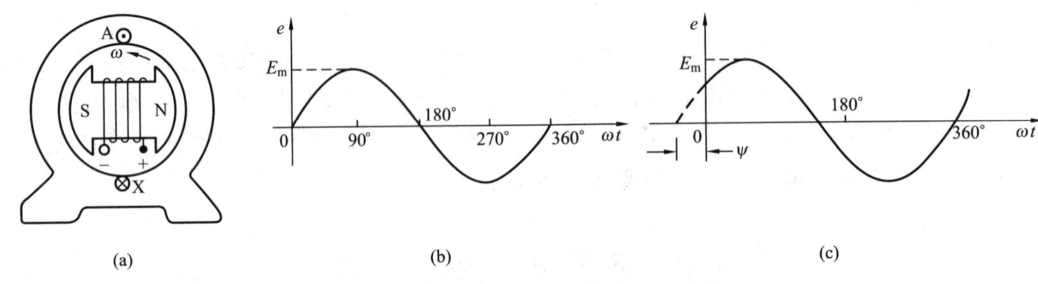

图 5 - 2　交流发电机及其感应电动势

（a）交流发电机；（b）$\Psi=0$ 的正弦电动势；（c）$\Psi\neq0$ 的正弦电动势

感应电动势随时间不断变化，如果选择转子轴线在图 5 - 2（a）的水平位置时作为计时起点，即 $t=0$，则感应电动势［参考方向示于图 5 - 2（a）中］为

$$e=E_m\sin\omega t$$

其波形如图 5 - 2（b）所示。

如果计时起点 $t=0$ 选择在转子轴线 N 极方向与水平线的夹角为 Ψ 时，则感应电动势应表示为

$$e=E_m\sin(\omega t+\Psi)$$

这就是正弦电动势随时间 t 变化的一般解析式，其波形如图 5 - 2（c）所示。

画波形时，可以用时间 t 作横坐标，也可以用正弦函数的角度坐标 ωt 表示。

三、正弦量的三要素

一个正弦量只要确定下列三个量，这个正弦量的数学表达式或波形图就可以写出或画出了。这三个量常称为正弦量的三要素。

（1）最大值（幅值）E_m。E_m 是正弦电动势在变化过程中达到的最大值。当 $\omega t+\Psi=90°$时，$e=E_m$。

（2）角频率 ω。ω 是正弦交流电每秒钟所经历的电角度，也是两极发电机转子旋转的角速度。由于在一个周期 T 的时间内，正弦量经历了 2π 弧度，所以

$$\omega=\frac{2\pi}{T}=2\pi f \tag{5-2}$$

它的单位是 rad/s（弧度/秒），可简写为 1/s（1/秒）。

角速度 ω 与频率 f 只差一个常数 2π，所以常将 ω 称为角频率。ω 与 T、f 一样，都反映正弦量变化的快慢。直流电的大小和方向都不随时间变化，可以看成 $\omega=0$（即 $f=0$ 或 $T=\infty$）的正弦交流电。

【例 5 - 2】 已知正弦交流电的频率 $f=50$Hz，求其角频率 ω。

解　$\omega=2\pi f=2\pi\times50=100\pi=314\ (\text{rad/s})$

（3）初相位 Ψ。$\omega t+\Psi$ 是随时间变化的电角度，它决定了正弦量变化的进程，是正弦量随时间变化的核心部分，称为正弦量的相位或相角。$t=0$ 时的相位为 Ψ，称为初相位，

简称初相。初相 Ψ 决定了正弦量的初始值，即 $t=0$ 时刻的值

$$e(0)=E_m\sin\Psi$$

初相 Ψ 的单位应与 ωt 一样为 rad。但工程上习惯以（°）为单位，在计算时需将 ωt 与 Ψ 变换成相同的单位。

【例 5-3】 正弦交流电流的最大值 $I_m=10\text{A}$，频率 $f=50\text{Hz}$，初相位 $\Psi=30°$。求：

(1) $t=0$ 时，电流 i 的瞬时值。

(2) $t=10\text{ms}$ 时，电流 i 的瞬时值。

解 (1) $t=0$ 时，$i=I_m\sin\Psi=10\sin30°=5\ (\text{A})$

(2) $t=10\text{ms}$，$\omega t=2\pi ft=2\pi\times50\times10\times10^{-3}=\pi=180°$

$$\omega t+\Psi=\pi+30°=180°+30°=210°$$

所以 $$i=I_m\sin(\omega t+\Psi)=10\sin210°=-5\ (\text{A})$$

初相 Ψ 的大小与计时起点的选择有关。计时起点选得不同，初相就不同。初相可以为正值，也可以为负值，如果正弦量的零值（由负变正）在坐标原点的左侧，则初相 Ψ 为正值，如果零值（由负变正）在坐标原点的右侧，则初相 Ψ 为负值。初相 Ψ 的绝对值规定不超过 180°，即 $|\Psi|\leqslant180°$。

四、相位差

设有两个同频率的正弦量

$$e_1=E_m\sin(\omega t+\Psi_1)$$
$$e_2=E_m\sin(\omega t+\Psi_2)$$

如图 5-3（a）所示。显然，它们不是同时达到正最大值、零值或负最大值。说明它们变化的进程不一样，在相位上有差别。两个同频正弦量的相位之差称为相位差，用 φ 表示。e_1 和 e_2 的相位差为

$$\varphi=(\omega t+\Psi_1)-(\omega t+\Psi_2)=\Psi_1-\Psi_2 \tag{5-3}$$

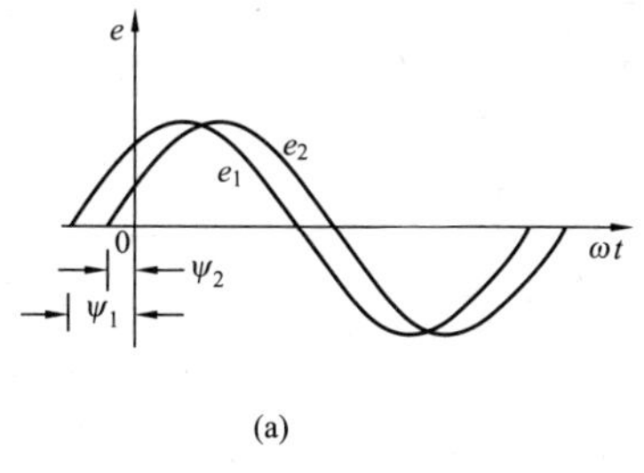

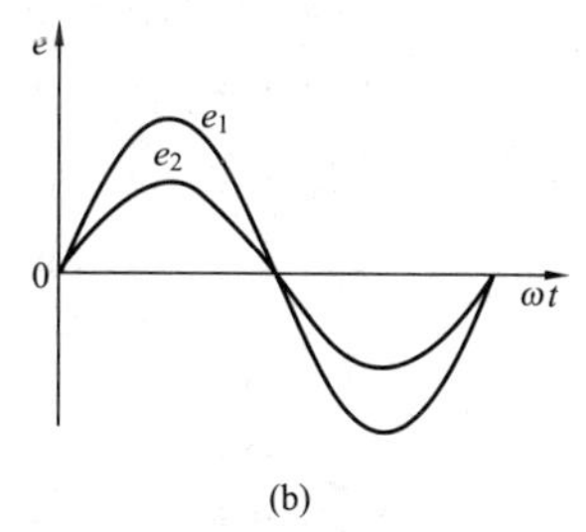

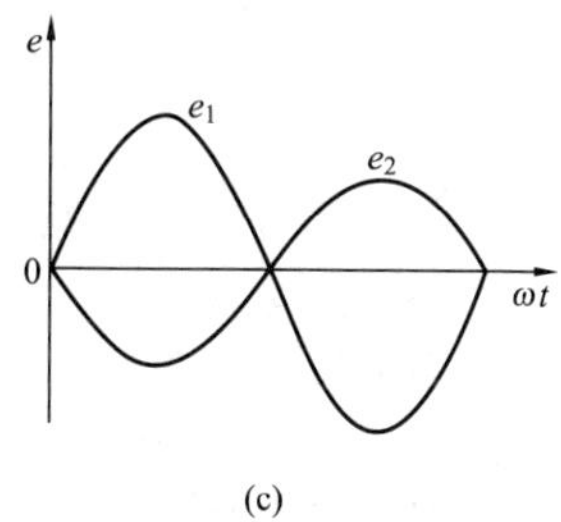

图 5-3　同频率正弦量的相位差

(a) $\Psi_1>\Psi_2$；(b) 同相；(c) 反相

可见，相位差等于初相位之差。正弦量的相位是随时间变化的，但同频正弦量的相位差是一个常数，与时间无关。

在图 5-3（a）中，由于 $\Psi_1>\Psi_2$，所以 e_1 较 e_2 先达到正最大值，这种情况称为在相位上 e_1 比 e_2 超前 φ 角或者称 e_2 比 e_1 滞后 φ 角。

如果 $\varphi=\Psi_1-\Psi_2=0$，称 e_1 和 e_2 同相。同相时，两个正弦量同增、同减、同回零，如图 5-3（b）所示。

如果 $\varphi=\Psi_1-\Psi_2=\pm180°$，称为 e_1 和 e_1 反相。反相时，两个正弦量一个为正时，另一个为负，如图 5-3（c）所示。

对于正弦量而言，计时起点不同，初相就不同。但同频率正弦量的相位差与计时起点的选择无关，它始终是一个常数。相位差是区别两个同频率正弦量的重要标志。

应当注意，只有同频率的正弦量才能对相位进行比较。不同频率的两个正弦量之间的相位差不是一个常数，而是随时间在变动，所以没有确定的意义。今后所指的相位差都是对同频率的正弦量而言。

相位差的绝对值也规定不超过 180°或 π。

【例 5-4】 求下列两正弦电流的相位差。

$$i_1=10\sin(\omega t+90°)\ (\mathrm{A})$$

$$i_2=10\sin(\omega t-120°)\ (\mathrm{A})$$

解　i_1 与 i_2 的相位差

$$\varphi_{12}=\Psi_1-\Psi_2=90°-(-120°)=210°$$

因相位差的绝对值规定不得大于 180°，所以采用

$$\varphi_{12}=210°-360°=-150°$$

即 i_1 滞后 i_2 150°，或 i_2 超前 i_1 150°。

练习与思考题

1. 已知一工频正弦电压的最大值 $U_m=100\mathrm{V}$，初相为 $-30°$。试求：

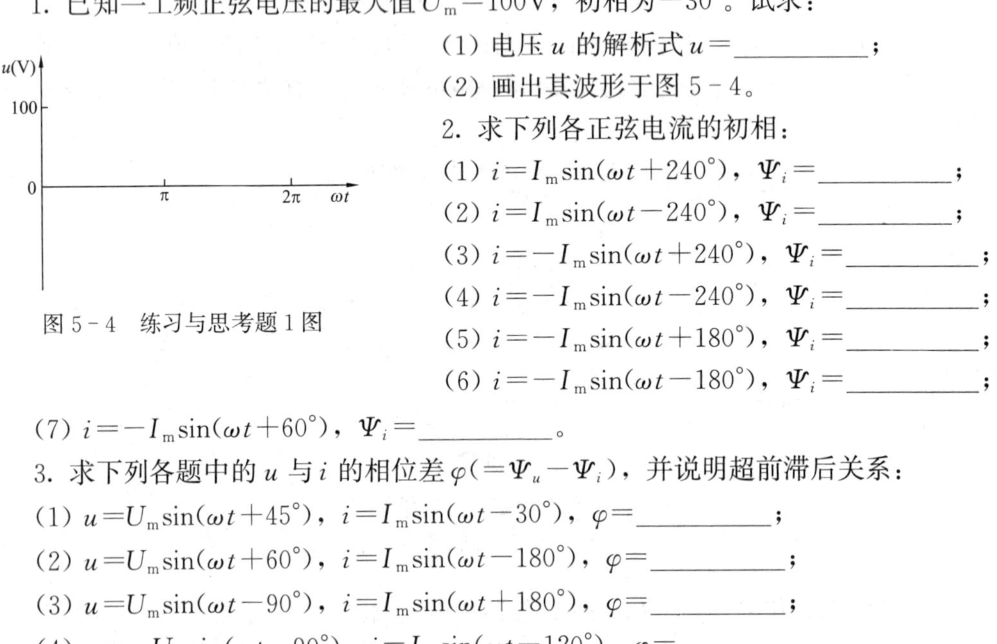

图 5-4　练习与思考题 1 图

(1) 电压 u 的解析式 $u=$________；

(2) 画出其波形于图 5-4。

2. 求下列各正弦电流的初相：

(1) $i=I_m\sin(\omega t+240°)$，$\Psi_i=$________；

(2) $i=I_m\sin(\omega t-240°)$，$\Psi_i=$________；

(3) $i=-I_m\sin(\omega t+240°)$，$\Psi_i=$________；

(4) $i=-I_m\sin(\omega t-240°)$，$\Psi_i=$________；

(5) $i=-I_m\sin(\omega t+180°)$，$\Psi_i=$________；

(6) $i=-I_m\sin(\omega t-180°)$，$\Psi_i=$________；

(7) $i=-I_m\sin(\omega t+60°)$，$\Psi_i=$________。

3. 求下列各题中的 u 与 i 的相位差 $\varphi(=\Psi_u-\Psi_i)$，并说明超前滞后关系：

(1) $u=U_m\sin(\omega t+45°)$，$i=I_m\sin(\omega t-30°)$，$\varphi=$________；

(2) $u=U_m\sin(\omega t+60°)$，$i=I_m\sin(\omega t-180°)$，$\varphi=$________；

(3) $u=U_m\sin(\omega t-90°)$，$i=I_m\sin(\omega t+180°)$，$\varphi=$________；

(4) $u=-U_m\sin(\omega t-90°)$，$i=I_m\sin(\omega t-120°)$，$\varphi=$________。

4. 一正弦电流 $i=10\sin(\omega t+30°)\mathrm{A}$，若将其参考方向反过来，则 $i=$________。

5. i_1 超前 i_2 120°，i_2 超前 i_3 120°，则 i_1 和 i_3 的关系是________超前________，超前的角度是________。

6. 已知 $i_1=10\sin(\omega t-30°)$ A，i_1 和 i_2 反相，则 i_2 的初相为________。

5-2 有 效 值

一、有效值

交流电流的瞬时值是随时间变化的，而用一只交流电流表来测量某一周期交流电流时，却可以读得一个确定的数值，例如5A。这个5A反映的是有效值。

所谓有效值，是指热效应相同的直流电流的数值。如图5-5所示，当周期电流 i 和直流电流 I 分别通过同样的电阻 R 时，如果在相同的通电时间内，两者产生的热量相等，那么这个直流电流 I 的数值就称为周期电流 i 的有效值。

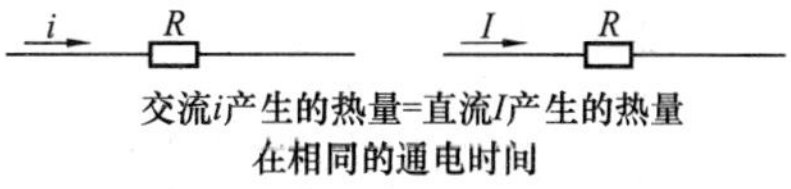

i R I R
交流 i 产生的热量=直流 I 产生的热量
在相同的通电时间

图5-5 有效值

二、正弦量的有效值

对于正弦电流，其有效值与最大值之间有一定关系，即

$$\text{正弦电流的有效值 } I=\frac{1}{\sqrt{2}}\text{ 正弦电流的最大值 } I_{\mathrm{m}}$$

或

$$I_{\mathrm{m}}=\sqrt{2}I \tag{5-4}$$

对于正弦电压和正弦电动势，分别有

$$U=\frac{1}{\sqrt{2}}U_{\mathrm{m}}=0.707U_{\mathrm{m}} \quad \text{或} \quad U_{\mathrm{m}}=\sqrt{2}U$$

$$E=\frac{1}{\sqrt{2}}E_{\mathrm{m}}=0.707E_{\mathrm{m}} \quad \text{或} \quad E_{\mathrm{m}}=\sqrt{2}U$$

对于一些有规则的非正弦电流，如三角波、锯齿波，其有效值与最大值的关系均有表可查。

在实际应用中，有效值远比瞬时值或最大值使用得普遍。通常所说的交流电压220V就是指有效值，其最大值 $U_{\mathrm{m}}=\sqrt{2}U=\sqrt{2}\times220=311$（V）。各种电气设备铭牌上的电流、电压也是指有效值。交流电流表、交流电压表都是按有效值来刻度的。如不加说明，交流量的大小均指的是有效值。

根据正弦量的有效值和最大值的关系，正弦电流和电压的三角函数式也可写为

$$i=\sqrt{2}I\sin(\omega t+\Psi_i)$$
$$u=\sqrt{2}U\sin(\omega t+\Psi_u)$$

练习与思考题

1. 一正弦交流电压的有效值 $U=220$V，$f=50$Hz，初相 $\Psi_i=90°$，试写出它的瞬时值表示式。

2. 对于正弦电流，其有效值与最大值之间的关系如何？

5-3 正弦量的相量表示

一个正弦量可以用三角函数式表示，也可以用波形图表示。但在分析计算正弦电路时，

经常遇到同频正弦量的加减运算，而直接应用三角函数式或波形图来运算却很麻烦。目前，普遍采用一种简化的方法，即用相量来表示正弦量，这种方法的基础是复数。

一、复数

在数学中，$\sqrt{-1}$是虚数单位，用 i 表示，因 i 在电工中已表示电流，故改用 j，即 $\mathrm{j}=\sqrt{-1}$。可以把 j 和实数放在一起进行各种运算。如果 a 和 b 都是实数，则 $a+\mathrm{j}b$ 这样的数便称为复数，a 称为复数的实部，b 称为复数的虚部。复数有几种表示形式。

1. 代数形式

$$A=a+\mathrm{j}b$$

2. 三角形式

复数可以在复平面上用相量（矢量）来表示，如图 5－6 所示，相量的长度 r 称为复数的模，相量与横轴正方向的夹角 Ψ 称为复数的幅角。因为

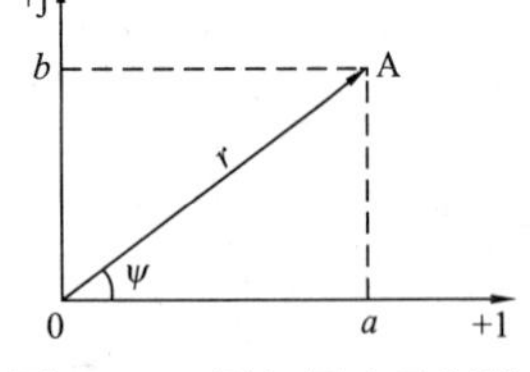

图 5－6　用相量表示复数

$$a=r\cos\Psi,\quad b=r\sin\Psi$$

所以可得复数的三角形式

$$A=r\cos\Psi+\mathrm{j}r\sin\Psi=r(\cos\Psi+\mathrm{j}\sin\Psi)$$

式中

$$r=\sqrt{a^2+b^2},\quad \tan\Psi=\frac{a}{b}$$

3. 指数形式

由欧拉公式

$$\mathrm{e}^{\mathrm{j}\Psi}=\cos\Psi+\mathrm{j}\sin\Psi$$

可得复数的指数形式

$$A=r\mathrm{e}^{\mathrm{j}\Psi}$$

4. 极坐标形式

电工中常把指数形式简写为

$$A=r\angle\Psi$$

称为复数的极坐标形式，简称极标形式。

以上几种形式可以相互转换，进行加减运算可用代数形式，进行乘除运算可用指数形式或极标形式。

二、正弦量的相量表示

对于一个正弦量

$$i=I_{\mathrm{m}}\sin(\omega t+\Psi)$$

它的三个要素中，角频率 ω 往往是已知的，因而只要知道幅值（或有效值）和初相角，这个正弦量就确定了。如果取幅值（或有效值）为复数的模，初相角为复数的幅角构成一个复数 $I_{\mathrm{m}}\angle\Psi$（或 $I\angle\Psi$），这样用来表示正弦量的复数称为相量，用大写字母并在上面打一小圆点来表示，如：

$\dot{I}_{\mathrm{m}}=I_{\mathrm{m}}\angle\Psi$，称为电流的最大值相量；

$\dot{I}=I\angle\Psi$，称为电流的有效值相量。

复数 $\dot{I}_{\mathrm{m}}$（或 $\dot{I}$）表示出正弦电流的两个要素（大小和初相位）。给出一个正弦量，就可

以写出一个与其对应的复数；反之，给出一个复数，也可以写出对应的正弦量，它们之间是一一对应的关系，下面用符号“↔”表示这种关系，即

$$i=10\sin(\omega t+30^\circ)\text{A}\leftrightarrow\dot{I}\text{m}=10\angle30^\circ\text{A}$$

$$i=5\sqrt{2}\sin(\omega t-37^\circ)\text{A}\leftrightarrow\dot{I}=5\angle-37^\circ\text{A}$$

$$u=220\sqrt{2}\sin(\omega t+90^\circ)\text{V}\leftrightarrow\dot{U}=220\angle90^\circ=\text{j}220\text{V}$$

相量简洁明了，便于进行正弦量的运算。相量以图形表示时，称为相量图。在正弦电路的分析中，常用复数来运算，配合作相量图进行定性分析。

相量只是用来表示正弦量，它仅是一种数学变换。相量是复数，而正弦量是时间的工弦函数，两者不是相等的关系。

【例 5-5】 已知 $i=10\sqrt{2}\sin(\omega t+37^\circ)\text{A}$，求其相量表示式，并画相量图。

解
$$\dot{I}=10\angle37^\circ=8+\text{j}6\text{A}$$

相量图如图 5-7 所示。

【例 5-6】 已知电压相量 $\dot{U}=220\angle-143^\circ\text{V}$，试写出它的三角函数表示式，并画出相量图。

解
$$u=220\sqrt{2}\sin(\omega t-143^\circ)\text{V}$$

相量图如图 5-8 所示。

下面来讨论一下虚数单位 j 在相量分析中的意义。

因 $\text{j}=0+\text{j}1=1\angle90^\circ$，故任一相量乘以 j，等于该相量的模不变，而辐角增加 90°，相当于使该相量在复平面上朝逆时针方向旋转了 90°。若电流相量 $\dot{I}=I\angle\Psi$，则 $\text{j}\dot{I}$ 在复平面上的位置就在 $\dot{I}$ 前面（逆时针方向）90°处，如图 5-9 所示，所以 j 称为旋转 90°的算子。

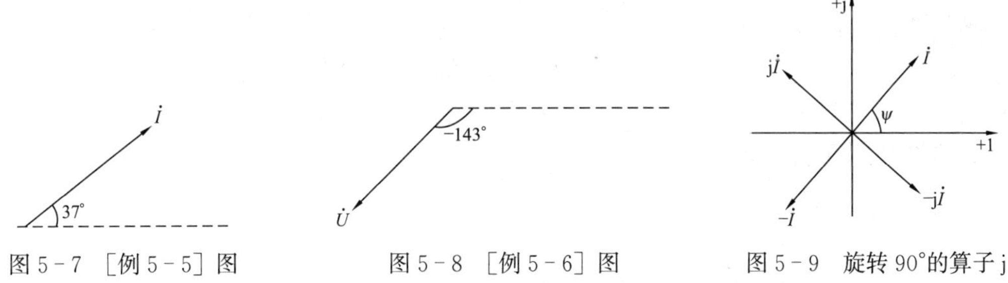

图 5-7 ［例 5-5］图　　图 5-8 ［例 5-6］图　　图 5-9 旋转 90°的算子 j

同样，$-\text{j}=0-\text{j}1=1\angle-90^\circ$。电流相量 $\dot{I}$ 乘以 $-\text{j}$，相当于使 $\dot{I}$ 朝后（顺时针方向）旋转 90°。所以 $-\text{j}$ 是旋转 -90° 的算子。

而 $\text{j}^2=\text{j}\cdot\text{j}=-1=1\angle180^\circ$，$-1$ 则是旋转 180°的算子，故 $-\dot{I}$ 就在 $\dot{I}$ 的反方向。

【例 5-7】 设电压相量 $\dot{U}=220\angle-30^\circ\text{V}$，试写出 $\text{j}\dot{U}$、$-\text{j}\dot{U}$ 和 $-\dot{U}$，并画它们的相量图。

解
$$\text{j}\dot{U}=1\angle90^\circ\times220\angle-30^\circ=220\angle60^\circ\ (\text{V})$$

$$-\text{j}\dot{U}=1\angle-90^\circ\times220\angle-30^\circ=220\angle-120^\circ\ (\text{V})$$

$$-\dot{U}=1\angle180^\circ\times220\angle-30^\circ=220\angle150^\circ\ (\text{V})$$

相量图如图 5－9 所示。

三、同频率正弦量的加、减

设有两个同频率的正弦电流

$$i_1 = I_{1m}\sin(\omega t + \Psi_1)$$
$$i_2 = I_{2m}\sin(\omega t + \Psi_2)$$

它们之和仍为一同频率的正弦电流

$$i = i_1 + i_2 = I_m\sin(\omega t + \Psi)$$

合成电流 i 的最大值 I_m 和初相 Ψ 是待定的。

确定 I_m 和 Ψ 可用曲线相加法。方法是先画出 i_1 和 i_2 的波形，而后将同一时刻的瞬时值相加，逐点画出合成电流 i 的波形，如图 5－10 所示；再量出其最大值 I_m 和初相 Ψ。这种方法比较直观，但作图不便，结果也欠准确。

应用相量来加减则比较方便，方法是：

第一步，将正弦量转换为复数的代数式。

第二步，进行复数加减。

第三步，将复数的和差转换为正弦量。

【例 5－8】 已知 $i_1 = 10\sin\omega t$ A，$i_2 = 10\sin(\omega t + 90°)$ A，试求 $i_1 + i_2$ 和 $i_1 - i_2$，并画出相量图。

解 先将 i_1 和 i_2 转换为相量

$$\dot{I}_{1m} = 10\angle 0° = 10 \text{ (A)}$$
$$\dot{I}_{2m} = 10\angle 90° = \mathrm{j}10 \text{ (A)}$$

再求和、差

$$\dot{I}_{1m} + \mathrm{j}_{2m} = 10 + \mathrm{j}10 = 10\sqrt{2}\angle 45° \text{ (A)}$$
$$\dot{I}_{1m} - \mathrm{j}_{2m} = 10 - \mathrm{j}10 = 10\sqrt{2}\angle -45° \text{ (A)}$$

转换成三角函数

$$i_1 + i_2 = 10\sqrt{2}\sin(\omega t + 45°)\text{A}$$
$$i_1 - i_2 = 10\sqrt{2}\sin(\omega t - 45°)\text{A}$$

相量图如图 5－11 所示。

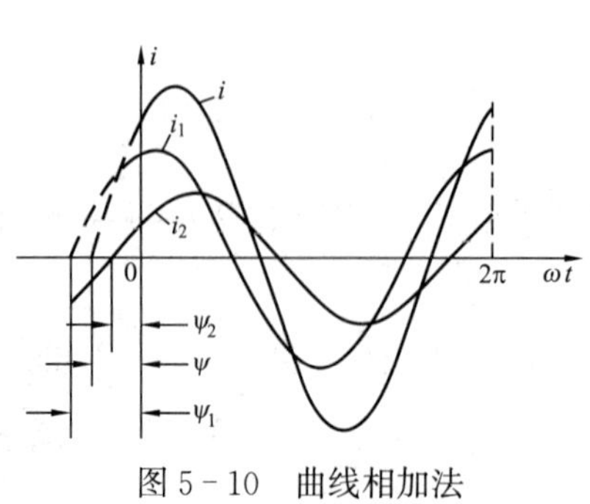

图 5－10 曲线相加法

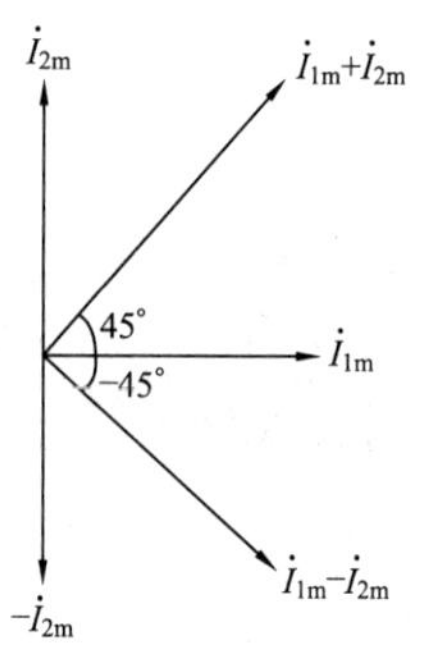

图 5－11 ［例 5－8］图

【例 5－9】 已知 $i_1 = 10\sqrt{2}\sin\omega t$ A，$i_2 = 10\sqrt{2}\sin(\omega t + 60°)$ A，试求 $i_1 + i_2$ 和 $i_1 - i_2$，并画相量图。

解　i_1 和 i_2 的相量为

$$\dot{I}_1 = 10\angle 0° = 10\ (\text{A})$$

$$\dot{I}_2 = 10\angle 60° = 5 + \text{j}5\sqrt{3}\ (\text{A})$$

它们的相量和、差

$$\dot{I}_1 + \dot{I}_2 = 10 + (5 + \text{j}5\sqrt{3}) = 15 + \text{j}5\sqrt{3} = 10\sqrt{3}\angle 30°\ (\text{A})$$

$$\dot{I}_1 - \dot{I}_2 = 10 - (5 + \text{j}5\sqrt{3}) = 5 - \text{j}5\sqrt{3} = 10\angle -60°\ (\text{A})$$

转换为三角函数式

$$i_1 + i_2 = 10\sqrt{3}\sqrt{2}\sin(\omega t + 30°) = 17.3\sqrt{2}\sin(\omega t + 30°)\ (\text{A})$$

$$i_1 - i_2 = 10\sqrt{2}\sin(\omega t - 60°)\text{A}$$

相量图如图 5-12 所示。本题所给数据（有效值和初相）较为整齐和特殊，故加、减的结果可直接从图形获知。

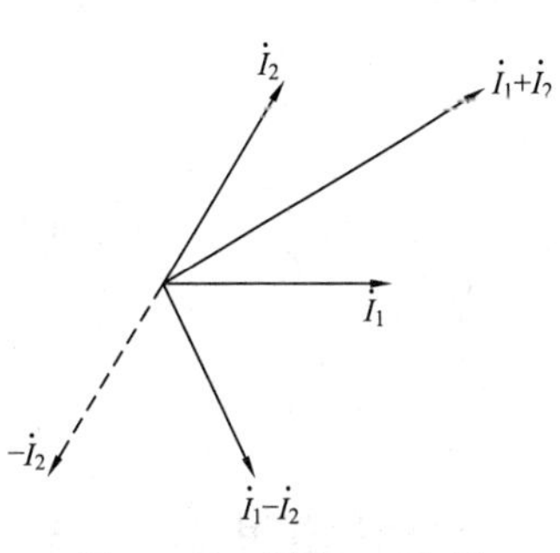

图 5-12 ［例 5-9］图

下面给出一些特殊角度三角形的边、角数据，方便于计算。

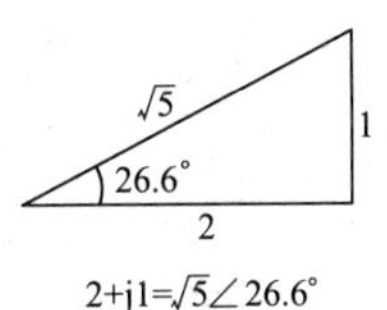

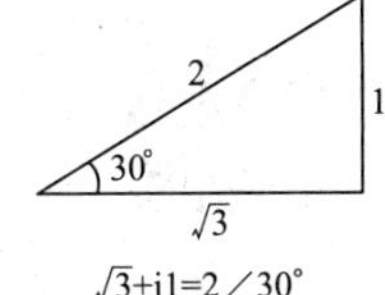

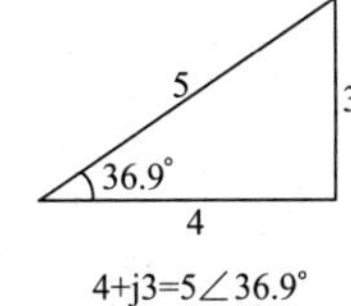

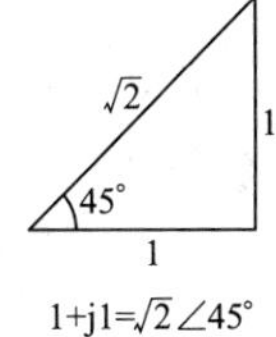

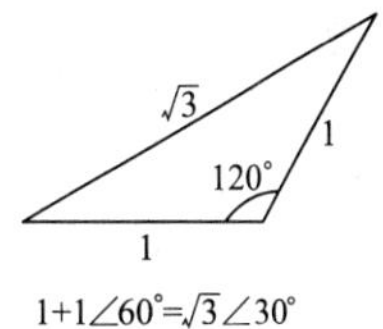

图 5-13　一些特殊角的三角形

【例 5-10】　已知 $i_1 = 8\sqrt{2}\sin(\omega t + 60°)\text{A}$，$i_2 = 6\sqrt{2}\sin(\omega t - 30°)\text{A}$，试求 $i = i_1 + i_2$，并画相量图。

解　i_1 和 i_2 的相量表示式分别为

$$\dot{I}_1 = 8\angle 60° = 4 + \text{j}4\sqrt{3} = 4 + \text{j}6.9$$

$$\dot{I}_2 = 6\angle -30° = 3\sqrt{3} - \text{j}3 = 5.2 - \text{j}3$$

两电流相量之和

$$\dot{I} = \dot{I}_1 + \dot{I}_2 = (4 + \text{j}6.9) + (5.2 - \text{j}3) = 9.2 + \text{j}3.9 = 10\angle 23.1°\ (\text{A})$$

对应的正弦电流

$$i = 10\sqrt{2}\sin(\omega t + 23.1°)\text{A}$$

相量图如图 5-14 所示，因 $\dot{I}_1$ 与 $\dot{I}_2$ 正交，故

$$I = \sqrt{I_1^2 + I_2^2} = \sqrt{8^2 + 6^2} = 10\ (\text{A})$$

$\dot{I}$ 的初相 Ψ 为

$$\Psi = 60° - 36.9° = 23.1°$$

图 5-14 ［例 5-10］图

可见，对一些特殊角度的相量，用作图方法求解更简单。相量图

可以清楚地表示各正弦量之间的相互关系，所以是分析正弦电路的重要工具。

四、基尔霍夫定律的相量形式

基尔霍夫定律对任何电路都适用，也必然包括正弦电路。因此，对于正弦电流和电压的瞬时值，根据 KCL 和 KVL，有

$$\sum i(t)=0$$
$$\sum u(t)=0$$

用相量表示时，为

$$\sum \dot{I}=0 \tag{5-5}$$

$$\sum \dot{U}=0 \tag{5-6}$$

式（5－5）和式（5－6）即为 KCL 和 KVL 的相量形式。

5－4　正弦电路中的电阻元件

一、电压和电流的关系

图 5－15（a）所示为一电阻元件 R，其上电压和电流服从欧姆定律，在关联参考方向下，电压和电流的关系式为

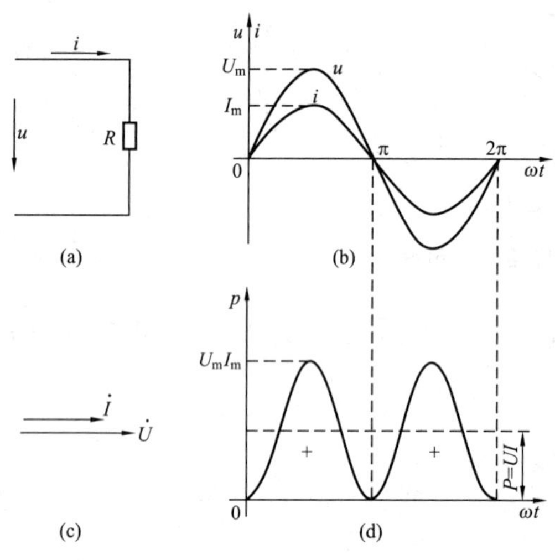

图 5－15　正弦电路中的电阻元件

（a）电阻元件；（b）电压和电流的正弦波形；（c）相量图；（d）功率波形

$$u=Ri$$

上式适用于任意电压和电流。

若通入正弦电流 $i=I_m\sin\omega t$

则 $$u=RI_m\sin\omega t=U_m\sin\omega t$$

也是一个同频率的正弦量，式中

$$U_m=RI_m \quad 或 \quad U=RI \tag{5-7}$$

即电压和电流的最大值或有效值之间也服从欧姆定律，且电压和电流同相位。

电流和电压的波形示于图 5－15（b）中。

电流和电压写成相量形式，即

$$\dot{I}=I\angle 0°,\quad \dot{U}=U\angle 0°$$

而 $U=RI$

故 $$\dot{U}=U\angle 0°=RI\angle 0°=R\dot{I}$$

不论 i 的初相为多少，均有

$$\dot{U}=R\dot{I} \tag{5-8}$$

式（5－8）是电阻元件电压和电流关系的相量形式，它既表明了电压和电流的大小关系，又表明了它们的同相关系。图 5－15（c）画出了电压、电流的相量图。

【例 5－11】 已知电阻元件为 $R=3\Omega$，通过正弦电流 $\dot{I}=2\angle 30°$A。求关联参考方向下的电压 $\dot{U}$，并画出相量图和波形图。

解　根据式（5－5）

$$\dot{U}=R\dot{I}=3\times 2\angle 30°=6\angle 30°(\text{V})$$

电流和电压的波形图和相量图如图 5-16 所示。

二、功率

在交流电路中，任一时刻的电压瞬时值和电流瞬时值的乘积称为瞬时功率，用小写字母 p 表示，即

$$p = ui$$

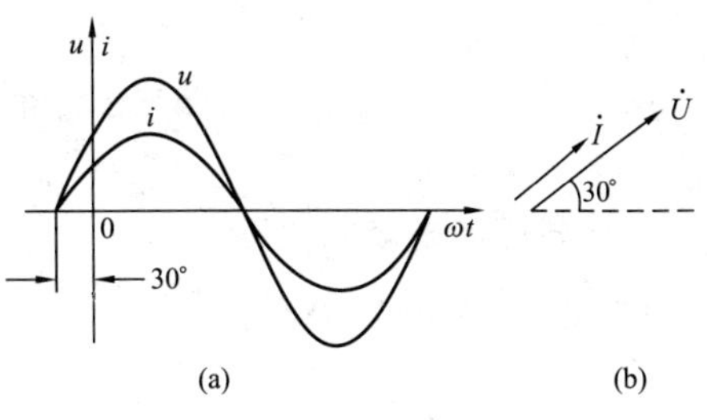

图 5-16 ［例 5-11］图

(a) 波形图；(b) 相量图

在电阻元件中，通入正弦电流 $i = I_m \sin\omega t$ 时，电阻吸收（消耗）的瞬时功率

$$p = ui = U_m \sin\omega t I_m \sin\omega t - 2UI\sin^2\omega t$$

利用三角学中积化和差的公式 $\sin^2 A = \frac{1}{2}(1-\cos 2A)$，可得

$$p = UI(1-\cos 2\omega t) \tag{5-9}$$

p 随 t 变化的曲线如图 5-15（d）所示。p 始终为正值，表明电阻元件始终在消耗电能。这是因为电阻元件中的电压和电流的实际方向总是相同的，电源总是向电阻元件提供电能，并转换为热能消耗掉。

瞬时功率只表明各瞬间电能转换的情况，在实用上意义不大。在电工技术中，常用平均功率来表明元件或电路实际吸收或消耗的功率。所谓平均功率，是指瞬时功率在一个周期内的平均值，用大写字母 P 表示。

由图 5-15（d）所示 p 的曲线可看出，因 p 的最大值为 $U_m I_m$，而 p 的曲线在 $\frac{1}{2}U_m I_m = UI$ 上下波动，故 p 的平均值为 UI，即

$$P = UI \tag{5-10}$$

式（5-10）也可写成

$$P - UI = I^2 R = \frac{U^2}{R} \tag{5-11}$$

式（5-11）与直流情况下电阻消耗功率的公式完全相同，式中 U 和 I 为有效值，这也是采用有效值的优点。

【例 5-12】 一只 220V、100W 的灯泡，接到 $u = 311\sin\omega t$ V 的电源上，求通过灯泡电流的有效值。

解 根据式（5-9）

$$I = \frac{P}{U} = \frac{100}{220} = 0.455\ (\text{A})$$

练习与思考题

1. 指出下列各式哪些对，哪些不对？

$i = \frac{u}{R}$，$I = \frac{U}{R}$，$I_m = \frac{U_m}{R}$，$\dot{I} = \frac{U}{R}$，$p = UI$，$p = i^2 R = \frac{u^2}{R}$，$P = ui = I^2 R = \frac{U^2}{R}$。

2. 一电阻元件的 $R = 10\Omega$，通过正弦电流 $i = \sqrt{2}\sin\omega t$ A，试指出下列式子的错误（u 与

i 为关联参考方向）：$u=R\dot{I}=10\sqrt{2}\sin\omega t$（V）。

5－5　正弦电路中的电感元件

一、电压和电流的关系

图 5－17（a）所示为一电感元件 L，其电压和电流的关系为

$$u=L\frac{\mathrm{d}i}{\mathrm{d}t}$$

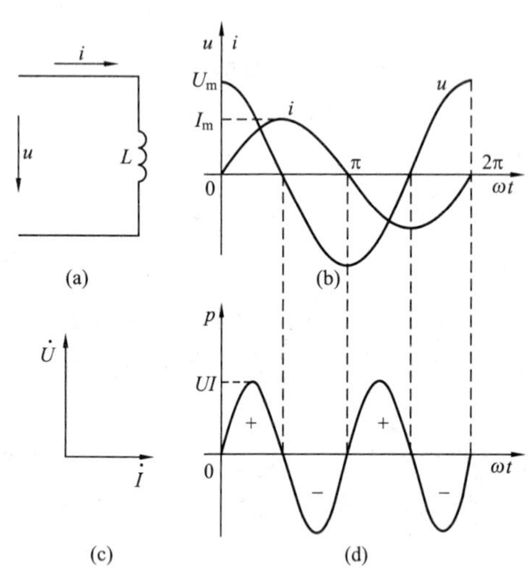

图 5－17　正弦电路中的电感元件
（a）电感元件；（b）电压和电流的正弦波形；（c）相量图；（d）功率波形

电压 u 决定于电流的变化率$\frac{\mathrm{d}i}{\mathrm{d}t}$，当电流按正弦规律变化时，由观察可知，正弦电流在零值（由负变正）处变化率最大。然后随时间的增加，变化率逐渐减小，在电流为最大值时，变化率为零。应用高等数学可以证明，电感电压 u 也是按正弦规律变化的，且 u 在相位上超前 i 90°。图 5－17（b）画出了以 i 为参考正弦量时 i 和 u 的波形，它们的三角函数表示式为

$$\left.\begin{aligned} i&=I_m\sin\omega t\\ u&=U_m\sin(\omega t+90°)\end{aligned}\right\}$$

式中：U_m 为正弦电压的最大值，它与电流的最大值 I_m 成正比变化，因而可写为

$$U_m=X_LI_m$$

或

$$\frac{U_m}{I_m}=\frac{U}{I}=X_L \tag{5－12}$$

式中：X_L 为电感的感抗，Ω（欧）。

由实验和数学可以证明

$$X_L=\omega L=2\pi fL \tag{5－13}$$

由式（5－10）可知，当电压 U 一定时，X_L 越大，则电流 I 越小，因而 X_L 具有阻碍正弦电流的作用，但它与电阻对电流的阻碍作用有着本质的区别，电阻是由于电荷在物体中移动时，与原子、分子发生碰撞等因素引起的，而感抗则是由于正弦电流通过电感元件时，产生的自感电动势（它总是阻碍电流的变化）而引起。感抗只在正弦电路中才有意义。感抗只是正弦电压与正弦电流的最大值或有效值之比值，而不是电压和电流瞬时值的比值，因而 $X_L\neq\frac{u}{i}$。

感抗 X_L 与角频率 ω 成正比，这是因为频率越高，电流变化越快，自感电动势越大，对电流的阻碍作用就越大。

感抗又与电感成正比，这是因为电流 I 一定时，电感越大，产生的磁链越多，自感电动势也就越大。频率和电感这两个因素对正弦电流的限制作用，都通过感抗 $X_L=\omega L=2\pi fL$ 反映出来。

下面有两种极端情况：

（1）当频率 $f\to\infty$ 时，$X_L\to\infty$，电感元件相当于开路。

（2）当频率 $f=0$（即直流）时，$X_L=0$，电感元件在直流情况下相当于短路。

【例5-13】 一个 $L=100\text{mH}$ 的电感元件，接于 $U=220\text{V}$ 的正弦电源上，求下列两种电源频率下的感抗和电流。

（1）工频；

（2）$f=5000\text{Hz}$。

解 （1）工频时的感抗

$$X_L=\omega L=314\times100\times10^{-3}=31.4\ (\Omega)$$

电感元件中的电流有效值

$$I=\frac{U}{X_L}=\frac{220}{31.4}=7\ (\text{A})$$

（2）$f=5000\text{Hz}$ 时的感抗

$$X_L=\omega L=2\pi fL=2\times3.14\times5000\times100\times10^{-3}=3140\ (\Omega)$$

电感元件中的电流有效值

$$I=\frac{U}{X_L}=\frac{220}{3140}=0.07\text{A}=70\ (\text{mA})$$

图5-17（c）画出了电压、电流的相量图。在关联参考方向下，电感电压总是超前电流90°，当电流的初相为 Ψ_i，电感电压的初相 $\Psi_u=\Psi_i+90°$，电压与电流之间的相位差 $\varphi=\Psi_u-\Psi_i=90°$。

【例5-14】 一电感元件的 $L=127\text{mH}$，外加电压 $u=220\sqrt{2}\sin(314t+30°)\text{V}$，求关联参考方向下的电流 i，并画出电压、电流的相量图。

解 感抗为

$$X_L=\omega L=314\times127\times10^{-3}=40\ (\Omega)$$

电流有效值

$$I=\frac{U}{X_L}=\frac{220}{40}=5.5\ (\text{A})$$

电流瞬时值表示式

$$\begin{aligned}i&=\sqrt{2}I\sin(314t+30°-90°)\\&=5.5\sqrt{2}\sin(314t-60°)\ (\text{A})\end{aligned}$$

相量图如图5-18所示。

用相量表示电压和电流的关系，设 $\dot{I}=I\angle\Psi_i$，则 $\dot{U}=U\angle\Psi_i+90°$，因 $U=X_LI$

所以

$$\dot{U}=\text{j}\omega L\dot{I} \tag{5-14}$$

这是电感元件的电压、电流关系的相量形式，它表明：

电感电压相量等于电流相量乘以 $\text{j}\omega L$。

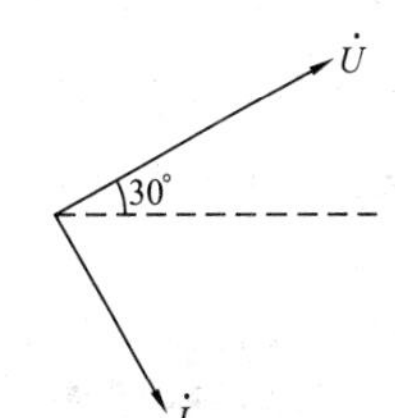

图5-18 ［例5-14］图

相量形式既表明了电感电压和电流的大小关系，又表明了电压超前电流 90°的关系。

式（5－12）也可写成

$$\dot{I}=\frac{\dot{U}}{\mathrm{j}\omega L}=-\mathrm{j}\frac{\dot{U}}{\omega L} \tag{5-15}$$

这是电感电压和电流关系的又一种相量形式。

【例 5－15】 试用相量式表示［例 5－14］中的电压，并计算电流。

解 电压相量为

$$\dot{U}=220\angle 30^\circ\ (\mathrm{V})$$

根据式（5－13），电流相量为

$$\dot{I}=\frac{\dot{U}}{\mathrm{j}\omega L}=\frac{220\angle 30^\circ}{\mathrm{j}40}=-\mathrm{j}5.5\angle 30^\circ=5.5\angle 30^\circ-90^\circ=5.5\angle-60^\circ\ (\mathrm{A})$$

二、功率

在电感元件中，通入正弦电流 $i=I_m\sin\omega t$ 时，其吸收的瞬时功率

$$p=ui=U_m\sin(\omega t+90^\circ)I_m\sin\omega t=\frac{U_m I_m}{2}\sin 2\omega t=UI\sin 2\omega t \tag{5-16}$$

式（5－16）表明，p 是一个幅值为 UI，以 2ω 的角频率变化的正弦量。p 的波形如图 5－17（d）所示。由图 5－17（d）可见，在第一个 1/4 周期内，u 和 i 均为正值，故 $p>0$，表明电感元件吸收功率。在此期间，i 从零增至 I_m，磁场储能也从零增至最大值 $\frac{1}{2}LI_m^2$，电感元件吸收电能并将它转换为磁能储藏起来。在第二个 1/4 周期内，u 为负值，i 为正值，故 $p<0$，表明电感元件发出功率。在此期间，i 从 i_m 降至零，磁场储能也从 $\frac{1}{2}LI_m^2$ 降至零，电感元件放出磁能并将它转变为电能还给电源。后两个 1/4 周期，除因电流方向改变而产生相反方向的磁场外，能量转换情况与前两个 1/4 周期相同。

瞬时功率 p 的曲线与时间轴 t 所包围的面积代表电感元件吸收的能量，在一个周期 T 内，正面积正好等于负面积，说明电感元件吸收的能量正好等于它所放出的能量。因此，电感元件在一周期内的平均功率为零，电感元件不消耗电能，所以是个储能元件。

电感元件虽不消耗电能，但与电源总是不断地交换能量，为了衡量这种能量交换的规模，定义：

电感元件与电源交换功率的最大值为电感元件的无功功率，用 Q_L 表示。

由式（5－16）可见

$$Q_L=UI=I^2X_L=\frac{U^2}{X_L} \tag{5-17}$$

无功功率与平均功率有相同的量纲，为了区别，无功功率的单位用 var（乏）。

【例 5－16】 求［例 5－14］中电感元件的无功功率。

解 根据式（5－14）

$$Q_L=UI=220\times 5.5=1210\ (\mathrm{var})=1.21\mathrm{kvar}$$

练习与思考题

1. 电感元件的 u 和 i 取关联参考方向时，它们的基本关系式是下列中的哪一个？

(1) $u=Li$；(2) $i=L\dfrac{du}{dt}$；(3) $u=L\dfrac{di}{dt}$。

2. 感抗 X_L 反映了电感元件对下列哪一种电流起限制作用？

(1) 直流电流；(2) 交变电流；(3) 正弦电流。

3. 一纯电感线圈的感抗 $X_L=10\Omega$，已知电流瞬时值 i 的表示式如下，试写出端电压瞬时值 u 的表示式（u 和 i 取关联参考方向）。

(1) $i=\sin\omega t$ A，$u=$________；

(2) $i=\sqrt{2}\sin(\omega t+30°)$A，$u=$________；

(3) $i=5\sin(\omega t+90°)$A，$u=$________。

4. 已知上题电感线圈的端电压瞬时值 u 的表示式如下，求电感线圈中电流 i 的表达式（u 和 i 取关联参考方向）。

(1) $u=\sin\omega t$ V，$i=$________；

(2) $u=\sqrt{2}\sin(\omega t+30°)$V，$i=$________；

(3) $u=10\sin(\omega t+90°)$V，$i=$________。

5. 纯电感正弦交流电路的感抗 $X_L=10\Omega$，给定下列各值，求未知电流相量或电压相量：

(1) $\dot{I}=10\angle 0°$ A，$\dot{U}=$________；

(2) $\dot{I}=\mathrm{j}10$A，$\dot{U}=$________；

(3) $\dot{I}=$________，$\dot{U}=220\angle 60°$V。

6. 下列各式，哪些是对的，哪些是错的？

$\dfrac{u}{i}=X_L$，$\dfrac{\dot{U}}{\dot{I}}=X_L$，$\dfrac{U}{I}=X_L$，$\dfrac{\dot{U}}{\dot{I}}=\mathrm{j}X_L$，$u=X_Li$，$u=\mathrm{j}X_Li$，$U=\omega LI$，$\dot{U}=\mathrm{j}\omega L\dot{I}$

。

7. 一电感元件的感抗 $X_L=10\Omega$，电压 $\dot{U}=220\angle 60°$V，试指出电流表达式 $i=\dfrac{\dot{U}}{\mathrm{j}X_L}=22\sqrt{2}\sin(\omega t-30°)$(A) 的错误（$u$ 与 i 为关联参考方向）。

5-6　正弦电路中的电容元件

一、电压和电流的关系

图 5-19 (a) 所示为一电容元件，在关联参考方向下，电压和电流的关系为

$$i=C\frac{du}{dt}$$

电流 i 决定于电压的变化率$\dfrac{du}{dt}$。当电压按正弦规律变化时，应用高等数学可以证明，电流 i 也是按正弦规律变化的，且 i 在相位上超前 u 90°。图 5-19 (b) 画出了以 u 为参考正弦量的 u 和 i 的波形。若用三角函数表示，为

$$\left.\begin{aligned}u&=U_m\sin\omega t\\ i&=I_m\sin(\omega t+90°)\end{aligned}\right\}$$

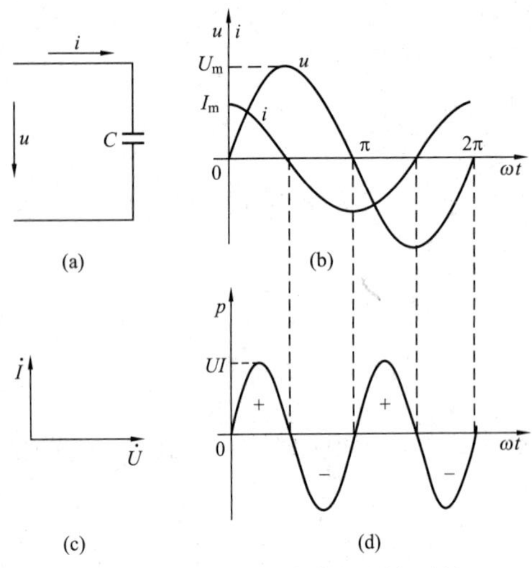

图 5-19 正弦电路中的电容元件
（a）电容元件；（b）电压和电流的正弦波形；（c）相量图；（d）功率波形

式中：I_m 为正弦电流的最大值，它与电压的最大值 U_m 成正比变化，因而可以写为

$$U_m = X_C I_m$$

$$\frac{U_m}{I_m} = \frac{U}{I} = X_C \qquad (5-18)$$

式中：X_C 称为容抗，Ω（欧）。

由实验和数学可以证明

$$X_C = \frac{1}{\omega C} = \frac{1}{2\pi f C} \qquad (5-19)$$

由式（5－18）可知，当电压 U 一定时，X_C 越大，则电流 I 越小，因而 X_C 具有阻碍正弦电流的作用。

要注意，容抗只是电压与电流的最大值或有效值之比，而不是瞬时值之比，即 $X_C \neq \frac{u}{i}$。

容抗与电容、频率成反比，这是因为电压 U 的大小一定时，电容越大，容纳的电荷越多，每次充放电的电流就越大；而频率越高，充放电的频率也越高，单位时间内电荷移动量多，电流也就越大。所以，当电容和频率增加时，表现出的容抗就越小。电容和频率这两个因素对正弦电流的限制作用，都通过容抗 $X_C = \frac{1}{\omega C} = \frac{1}{2\pi f C}$ 反映出来。下面有两种极端情况：

（1）当 $f \to \infty$ 时，$X_C \to 0$，电容元件相当于短路。

（2）当 $f=0$（即直流）时，$X_C = \infty$，电容元件相当于开路。也就是说，直流电流不能通过电容元件，电容元件具有“隔直”作用。

在关联参考方向下，电容电流总是超前电压 90°，这是因为电容电流与电压对时间的变化率成正比，即 $i = C\frac{\mathrm{d}u}{\mathrm{d}t}$。图 5-19（c）画出了电压、电流的相量图。当电压的初相为 Ψ_u 时，电容电流的初相 $\Psi_i = \Psi_u + 90°$，电压与电流之间的相位差 $\varphi = \Psi_u - \Psi_i = -90°$。

【例 5-17】 一个 $C=100\mu\text{F}$ 的电容元件，接于 $u=220\sqrt{2}\sin(314t+30°)\text{V}$ 的电源上。求：

（1）容抗；

（2）关联方向下的电流 i；

（3）画出电压、电流的相量图。

解 （1）容抗

$$X_C = \frac{1}{\omega C} = \frac{1}{314 \times 100 \times 10^{-6}} = 31.8\,(\Omega)$$

（2）电流有效值

$$I = \frac{U}{X_C} = \frac{220}{31.8} = 6.9\,(\text{A})$$

电流瞬时值表示式

$$i=\sqrt{2}I\sin(314t+30^\circ+90^\circ)=6.9\sqrt{2}\sin(314t+120^\circ)\text{ (A)}$$

(3) 相量图如图5-20所示。

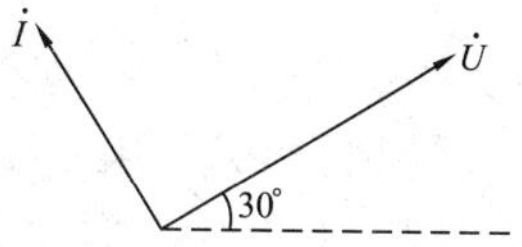

图5-20 [例5-17]图

电压和电流写成相量的形式，为

$$\dot{U}=U\angle 0^\circ,\quad \dot{I}=I\angle 90^\circ$$

所以

$$\dot{I}=\mathrm{j}\omega C\dot{U} \tag{5-20}$$

这是电容元件的电压、电流关系的相量形式，它表明：

电容电流相量等于电压相量乘以 $\mathrm{j}\omega C$。

所以相量形式既表明了电容电流和电压的大小关系，又表明了电流超前电压90°的关系。式（5-20）也可写成

$$\dot{U}=\frac{\dot{I}}{\mathrm{j}\omega C}=-\mathrm{j}\frac{1}{\omega C}\dot{I} \tag{5-21}$$

这是电容元件电压电流关系的又一种相量形式。

【例5-18】 试用相量式表示［例5-17］中的电压并计算电流。

解 电压相量为

$$\dot{U}=220\angle 30^\circ\text{ (V)}$$

根据式（5-20），电流相量为

$$\begin{aligned}\dot{I}&=\mathrm{j}\omega C\dot{U}=\mathrm{j}314\times 10\times 10^{-6}\times 220\angle 30^\circ\\&=\mathrm{j}6.9\angle 30^\circ=6.9\angle 30^\circ+90^\circ=6.9\angle 120^\circ\text{ (A)}\end{aligned}$$

二、功率

在电容元件两端，加上正弦电压 $u=U_\mathrm{m}\sin\omega t$ 时，其吸收的瞬时功率

$$\begin{aligned}p&=ui=U_\mathrm{m}\sin\omega t\cdot I_\mathrm{m}\sin(\omega t+90^\circ)\\&=\frac{U_\mathrm{m}I_\mathrm{m}}{2}\sin 2\omega t=UI\sin 2\omega t\end{aligned} \tag{5-22}$$

式（5-22）表明，p 是一个幅值为 UI，以 2ω 的角频率变化的正弦量。p 的波形如图5-19（d）所示。

由图可见，在第一个1/4周期内，u 和 i 均为正值，故 $p>0$，表明电容元件吸收功率。在此期间，u 从零增至 U_m，电场储能也从零增至最大值 $\frac{1}{2}CU_\mathrm{m}^2$，电容元件吸收电能并将它转换为电场能储藏起来。在第二个1/4周期内，u 为正值，i 为负值，故 $p<0$，表明电容元件发出功率。在此期间，u 从 U_m 降至零，电场储能也从 $\frac{1}{2}CU_\mathrm{m}^2$ 降至零，电容元件放出电场能并将它转变为电能还给电源。后两个1/4周期，除因电压方向改变而产生相反方向的电场外，能量转换情况与前两个1/4周期相同。

在一个周期 T 内，瞬时功率 p 的曲线与时间轴 t 所包围的面积，恰好正、负面积相等，说明电容元件吸收和放出的能量相等。因此，在正弦电路中，电容元件在一周期内的平均功率为零，即 $P=0$。电容元件不消耗电能，所以也是一个储能元件。

电容元件虽不消耗电能，但与电源不断地交换能量，为了衡量这种能量交换的规模，定义：

电容元件与电源交换功率的最大值（即交换能量的最大速率）为电容元件的无功功率，用 Q_C 表示。

由式（5－22）可见

$$Q_C = UI = I^2 X_C = \frac{U^2}{X_C} \tag{5-23}$$

【例 5－19】 求［例 5－17］中电容元件的无功功率。

解　根据式（5－23）

$$Q_C = UI = 220 \times 6.9 = 1520\ (\text{var}) = 1.52\text{kvar}$$

练习与思考题

1. 电容元件的 u 和 i 取关联参考方向时，它们的基本关系式是下列中的哪一个？

（1）$u = Ci$；（2）$i = C\dfrac{du}{dt}$；（3）$u = C\dfrac{di}{dt}$。

2. 容抗 X_C 反映了电容元件对下列哪一种电流起限制作用？

（1）直流电流；（2）交变电流；（3）正弦电流。

3. 已知通过 $X_C = 10\Omega$ 的电流瞬时值 i 如下所列，试写出端电压瞬时值 u 的表示式（u 和 i 取关联参考方向）。

（1）$i = \sin\omega t$ A，$u =$ __________；

（2）$i = \sqrt{2}\sin(\omega t + 30°)$ A，$u =$ __________；

（3）$i = 5\sin(\omega t + 90°)$ A，$u =$ __________。

4. 已知加在 $X_C = 10\Omega$ 两端的电压瞬时值 u 如下所列，试写出电流瞬时值 i 的表示式（u 和 i 取关联参考方向）。

（1）$u = \sin\omega t$ V，$i =$ __________；

（2）$u = \sqrt{2}\sin(\omega t + 30°)$ V，$i =$ __________；

（3）$u = 10\sin(\omega t + 90°)$ V，$i =$ __________。

5. 一电容 $C = 100\mu$F，给定下列电流或电压，求未知量（u 和 i 取关联参考方向）。

（1）$i = 0.1\sin t$ mA，$u =$ __________；

（2）$i = -3.14\sin 314t$ A，$u =$ __________；

（3）$i =$ __________，$u = 100\sin 100t$ V。

6. 下列各式，哪些是对的，哪些是错的？

$\dfrac{u}{i} = X_C$，$\dfrac{\dot{U}}{\dot{I}} = X_C$，$\dfrac{U}{I} = X_C$，$\dfrac{\dot{U}}{\dot{I}} = -jX_C$，$i = \dfrac{u}{X_C}$，$i = \dfrac{u}{-jX_C}$，$I = \omega CU$，$\dot{I} = j\omega C\dot{U}$。

7. 一电容元件的容抗 $X_C = 10\Omega$，电压 $\dot{U} = 220\angle 60°$V，试指出电流表达式 $i = \dfrac{\dot{U}}{-jX_C} = 22\sqrt{2}\sin(\omega t + 150°)$(A) 的错误（$u$ 与 i 为关联参考方向）。

5－7　RLC 串联电路

一、电压和电流的关系

图 5－21（a）所示为 RLC 串联电路，电流与各电压均取关联参考方向，设电流

$$i = I_m \sin\omega t$$

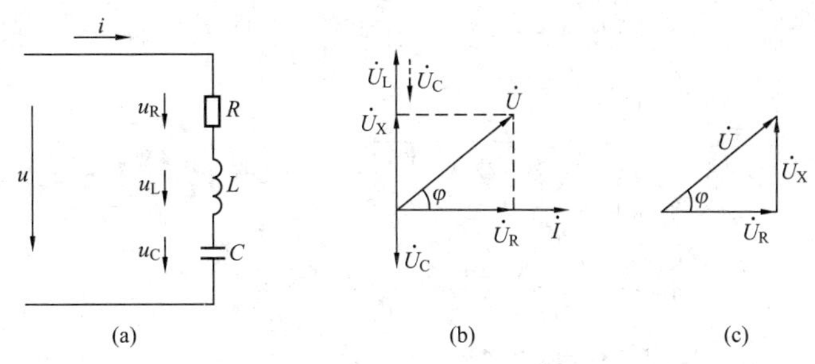

图 5－21 RLC 串联电路

（a）电路图；（b）相量图；（c）电压三角形

为参考正弦量，则 R、L、C 上的电压分别为

$$u_R = RI_m \sin\omega t = U_{Rm} \sin\omega t$$

$$u_L = X_L I_m \sin(\omega t + 90°) = U_{Lm} \sin(\omega t + 90°)$$

$$u_C = X_C I_m \sin(\omega t - 90°) = U_{Cm} \sin(\omega t - 90°)$$

电路的端电压（即总电压）为以上三个电压之和

$$u = u_R + u_L + u_C = U_m \sin(\omega t + \varphi)$$

式中：U_m 为端电压的最大值；φ 为 u 与 i 的相位差。

U_m 和 φ 是待定的，常用作相量图的方法来求解。

先画电流相量 $\dot{I}$，为参考相量，如图 5－21（b）所示；再画三个元件的电压相量 $\dot{U}_R$、$\dot{U}_L$ 和 $\dot{U}_C$，$\dot{U}_R$ 与 $\dot{I}$ 同相，$\dot{U}_L$ 超前 $\dot{I}$ 90°，$\dot{U}_C$ 滞后 $\dot{I}$ 90°，将这三个电压相加，得端电压相量 $\dot{U}$。相加时，可令 $\dot{U}_X = \dot{U}_L + \dot{U}_C$，称为电抗电压，并设 $U_L > U_C$，于是 $\dot{U}_X$ 也超前 $\dot{I}$ 90°。由电压相量 $\dot{U}_R$、$\dot{U}_X$ 和 $\dot{U}$ 组成一个直角三角形，称为电压三角形，如图 5－21（c）所示。由电压三角形可知，端电压的有效值为

$$U = \sqrt{U_R{}^2 + U_X{}^2} = \sqrt{U_R^2 + (U_L - U_C)^2} \tag{5-24}$$

也可求得端电压与电流的相位差，为

$$\varphi = \arctan\frac{U_X}{U_R} = \arctan\frac{U_L - U_C}{U_R} \tag{5-25}$$

所以，在 RLC 串联电路中，端电压有效值和电阻电压、电抗电压有效值之间构成直角三角形（为电压有效值三角形）的关系，底角 φ 即为电压与电流的相位差。

【例 5－20】 图 5－22（a）所示的 RLC 串联电路，已知交流电压表 PV1、PV2 和 PV3 的读数分别为 30、20V 和 10V。试求：

（1）电路端电压有效值；

（2）端电压与电流的相位差；

（3）以电流为参考画出电压、电流相量图。

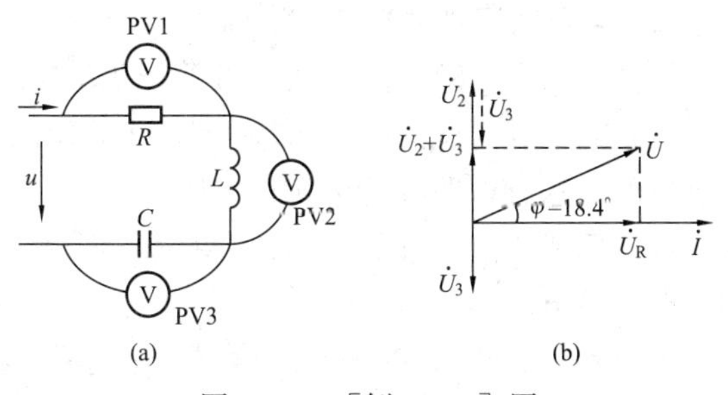

图 5－22 ［例 5－20］图

（a）电路；（b）相量图

解 （1）根据式（5－22），电路端电压有效值

$$U=\sqrt{U_R^2+(U_L-U_C)^2}$$
$$=\sqrt{30^2+(20-10)^2}=31.6\ (\text{V})$$

（2）根据式（5－25），端电压与电流的相位差

$$\varphi=\arctan\frac{U_L-U_C}{U_R}=\arctan\frac{20-10}{30}=18.4°$$

即端电压超前电流 18.4°。电路为电感性。

（3）相量图如图 5－22（b）所示。

如将 $U_R=RI$、$U_L=X_LI$ 和 $U_C=X_CI$ 代入式（5－24）和式（5－25），可得

$$U=\sqrt{U_R^2+(U_L-U_C)^2}=\sqrt{(RI)^2+(X_LI-X_CI)^2}$$
$$=\sqrt{R^2+(X_L-X_C)^2}\,I=\sqrt{R^2+X^2}\,I=|Z|I \tag{5-26}$$

式（5－26）是电路的端电压、电流有效值的关系式，式中

$$|Z|=\sqrt{R^2+X^2}=\sqrt{R^2+(X_L-X_C)^2}=\sqrt{R^2+\left(\omega L-\frac{1}{\omega C}\right)^2}=\frac{U}{I} \tag{5-27}$$

称为阻抗。它是电路的端电压和电流有效值的比值，单位为 Ω。其中 $X=X_L-X_C$，称为电抗，感抗 X_L 和容抗 X_C 总是正的，电抗 X 则是代数量，可正也可负。

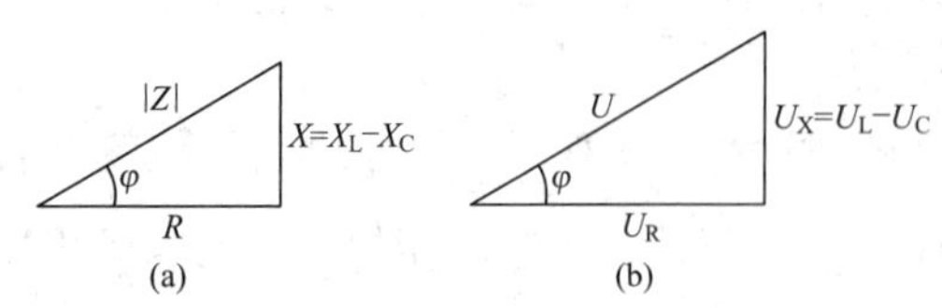

图 5－23 阻抗三角形

（a）阻抗三角形；（b）电压有效值三角形

式（5－27）表明，R、X 和 $|Z|$ 三者之间的关系可用一个直角三角形表示，如图 5－23（a）所示，称为阻抗三角形。它与电压有效值三角形［见图 5－23（b）］是相似三角形，后者比前者大 I 倍。阻抗三角形的底角 φ 称为阻抗角，也就是端电压与电流的相位差，于是可得相位差与电路参数的关系，为

$$\varphi=\arctan\frac{X}{R}=\arctan\frac{X_L-X_C}{R}=\arctan\frac{\omega L-\frac{1}{\omega C}}{R} \tag{5-28}$$

由上所述可见：

RLC 串联电路的端电压与电流有效值之比值等于阻抗 $|Z|$，$|Z|$ 与 R、X_L-X_C 构成阻抗三角形，它与电压三角形是相似三角形。阻抗角 φ 决定于电路的参数，它反映了端电压与电流的超前或滞后关系。

二、电路的三种情况

根据式（5－28），随着 X_L 和 X_C 的值不同，RLC 串联电路有三种情况：

（1）$X_L>X_C$。此时 $\varphi>0$，表明电压超前于电流。图 5－21（b）的相量图就是按这种情况画出的，这种电路称为电感性电路。

（2）$X_L<X_C$。此时 $\varphi<0$，表明电压滞后于电流。其相量图如图 5－24 所示，这种电路称为电容性电路。

（3）$X_L=X_C$。此时 $\varphi=0$，表明电压和电流同相位。其相量图如图 5－25 所示，这种电路称为电阻性电路。由于电路在这种情况下发生谐振，有其特殊的一些性质，将在以后专门进行讨论。

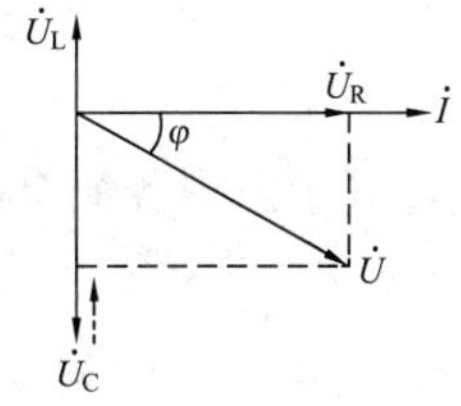

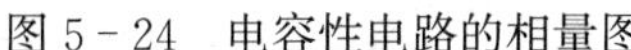
图 5-24 电容性电路的相量图

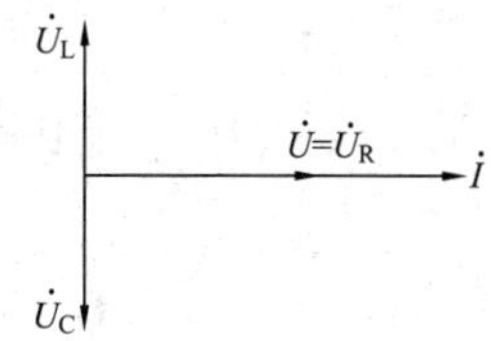

图 5-25 电阻性电路的相量图

【例 5-21】 已知 RLC 串联电路的 $R=8\Omega$、$X_L=10\Omega$、$X_C=4\Omega$，通过 $I=2A$ 的正弦电流。试完成：

(1) 求电路端电压的有效值；

(2) 以电流 i 为参考正弦量，写出电路端电压 u 的表示式；

(3) 以端电压为参考正弦量，写出电流 i 的表示式。

解 (1) 电路的阻抗

$$|Z|=\sqrt{R^2+(X_L-X_C)^2}=\sqrt{8^2+(10-4)^2}=10\ (\Omega)$$

端电压有效值

$$U=|Z|I=10\times 2=20\ (V)$$

(2) 以电流为参考正弦量，即设电流的初相为零，则

$$i=I_m\sin\omega t=2\sqrt{2}\sin\omega t\ (A)$$

而阻抗角

$$\varphi=\arctan\frac{X_L-X_C}{R}=\arctan\frac{10-4}{8}=36.9^\circ$$

$\varphi>0$，表明电路为电感性，即 u 超前 i 36.9°，故

$$u=U_m\sin(\omega t+\varphi)=20\sqrt{2}\sin(\omega t+36.9^\circ)\ (V)$$

(3) 以端电压 u 为参考正弦量，即设电压的初相为零，则

$$u=U_m\sin\omega t=20\sqrt{2}\sin\omega t\ (V)$$

因 u 超前 i 36.9°，也就是 i 滞后于 u 36.9°，故 $i=I_m\sin(\omega t-\varphi)=2\sqrt{2}\sin(\omega t-36.9^\circ)\ (A)$。

练习与思考题

1. RLC 串联正弦电路，$U_R=2U_L=3U_C=6V$，则端电压 $U=$__________。
2. RLC 串联正弦电路，$R=2\omega L=3/\omega C$，则阻抗角 $\varphi=$__________。
3. RLC 串联正弦电路，$U=100V$，$U_R=80V$，$U_L=100V$，则 $U_C=$__________。
4. RL 串联正弦电路，已知 $U=2U_L$，则电压与电流的相位差 $\varphi=$__________。
5. RC 串联正弦电路，已知 $U=2U_C$，则电压与电流的相位差 $\varphi=$__________。
6. LC 串联正弦电路，已知 $U_L=50V$，$U_C=100V$，则 $U=$__________。
7. 对于 RLC 串联的正弦电路，下列哪些式子是对的？哪些式子是错的？

$u=u_R+u_L+u_C$，$U=U_R+U_L+U_C$，$\dot{U}=\dot{U}_R+\dot{U}_L+\dot{U}_C$，$|Z|=R+X_L+X_C$，$|Z|=\sqrt{R^2+(X_L-X_C)^2}$，$|Z|=\sqrt{R^2+(X_L+X_C)^2}$，$i=\frac{u}{|Z|}$，$I=\frac{U}{|Z|}$，$\dot{I}=\frac{\dot{U}}{|Z|}$，$\tan\varphi=$

$\frac{X_L+X_C}{R}$，$\tan\varphi=\frac{X_L-X_C}{R}$，$\tan\varphi=\frac{X_C-X_L}{R}$。

8. 阻抗角 φ 即为端电压 u 与电流 i 的相位差，试说明 φ 等于下列各值时，u 和 i 的超前或滞后关系。

(1) $\varphi=30^\circ$表示__________超前__________ 30°，或__________滞后__________ 30°，电路呈__________性；

(2) $\varphi=-30^\circ$表示__________超前__________ 30°，或__________滞后__________ 30°，电路呈__________性；

(3) $\varphi=0^\circ$表示 u 与 i 同相位，电路呈__________性。

9. 已知 RLC 串联电路的阻抗角 $\varphi=30^\circ$。

(1) 当 $u=U_m\sin\omega t$ 时，$i=I_m\sin$（　　）；

(2) 当 $i=I_m\sin\omega t$ 时，$u=U_m\sin$（　　）。

10. 已知 RLC 串联电路的阻抗角 $\varphi=-30^\circ$。试写出：

(1) 当 $u=U_m\sin\omega t$ 时，$i=I_m\sin$（　　）；

(2) 当 $i=I_m\sin\omega t$ 时，$u=U_m\sin$（　　）。

5-8 复　阻　抗

一、RLC 串联电路的复阻抗

前面讨论了 R、L、C 三个基本元件伏安关系的相量形式，它们是：

电阻元件　$\dot{U}=R\dot{I}$

电感元件　$\dot{U}=\mathrm{j}\omega L\dot{I}$

电容元件　$\dot{U}=\frac{1}{\mathrm{j}\omega C}\dot{I}=-\mathrm{j}\frac{1}{\omega C}\dot{I}$

它们在形式上与欧姆定律相似，为了反映上述关系，在电路图上直接用电流相量和电压相量标注，且在元件旁分别标注 R、$\mathrm{j}\omega L$、$\frac{1}{\mathrm{j}\omega C}\left(或-\mathrm{j}\frac{1}{\omega C}\right)$，这样的电路图称为原电路的相量模型，如图 5-26 所示。

RLC 串联电路的相量模型如图 5-27（a）所示，其端电压

$$\dot{U}=\dot{U}_R+\dot{U}_L+\dot{U}_C=R\dot{I}+\mathrm{j}\omega L\dot{I}-\mathrm{j}\frac{1}{\omega C}\dot{I}=\left[R+\mathrm{j}\left(\omega L-\frac{1}{\omega C}\right)\right]\dot{I}=Z\dot{I} \tag{5-29}$$

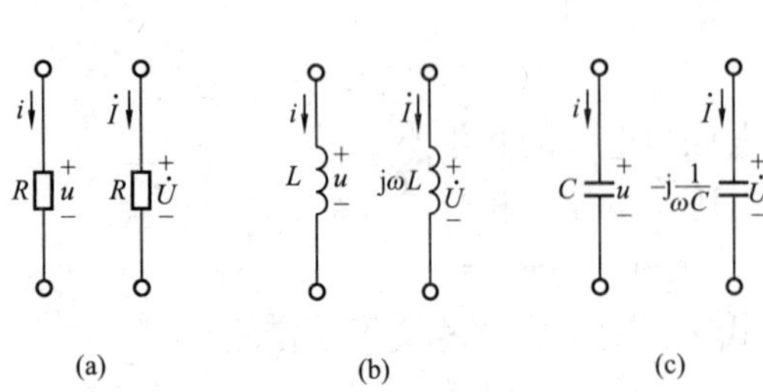

图 5-26　三种元件的原电路及相量模型

（a）电阻元件；（b）电感元件；（c）电容元件

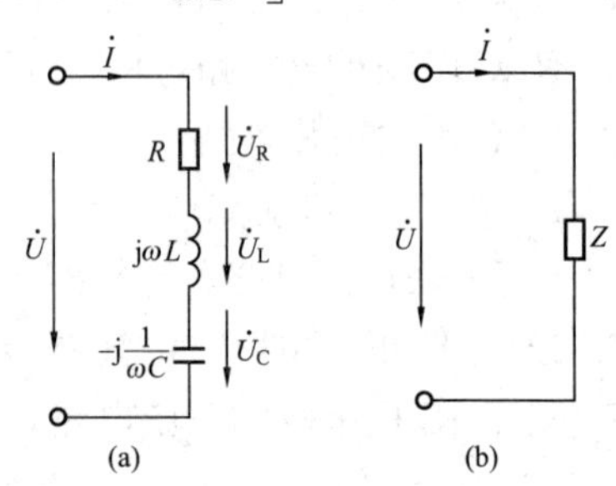

图 5-27　RLC 串联电路的相量模型

式中 $$Z=R+\mathrm{j}\left(\omega L-\frac{1}{\omega C}\right)=R+\mathrm{j}(X_L-X_C)=R+\mathrm{j}X=|Z|\angle\varphi$$

称为复阻抗。其中，$|Z|=\sqrt{R^2+\left(\omega L-\frac{1}{\omega C}\right)^2}$，即为上节RLC串联电路的阻抗，也就是复阻抗 Z 的模。$\varphi=\arctan\frac{\omega L-\frac{1}{\omega C}}{R}$ 与式（5-28）一致。R 是复阻抗的实部，其虚部 $X=X_L-X_C$ 为电抗。

复阻抗虽为复数，但它与表示正弦量的复数——相量不同。为了与相量区别，Z 上不加小圆点。复阻抗的图形符号与电阻元件的图形符号相同，如图5-27（b）所示。

实际电路中没有一个电压或电流是复数，也没有一个参数含有虚部，复阻抗是一种数学表示，是一种模型。

【例5-22】 一RLC串联电路，已知 $R=40\Omega$，$X_L=80\Omega$，$X_C=50\Omega$，外施电压 $\dot{U}=220\angle 20°\mathrm{V}$。试求：(1) 电路的复阻抗；(2) 电流 $\dot{I}$ 和 i；(3) 各元件的电压相量；(4) 画电压和电流相量图。

解 (1) 电路的复阻抗

$$Z=R+\mathrm{j}(X_L-X_C)=40+\mathrm{j}(80-50)=40+\mathrm{j}30=50\angle 36.9°\ (\Omega)$$

(2) 电流

$$\dot{I}=\frac{\dot{U}}{Z}=\frac{220\angle 20°}{50\angle 36.9°}=4.4\angle -16.9°\ (\mathrm{A})$$

$$i=4.4\sqrt{2}\sin(\omega t-16.9°)\ (\mathrm{A})$$

(3) 各元件电压相量

$$\dot{U}_R=R\dot{I}=40\times 4.4\angle -16.9°=176\angle -16.9°\ (\mathrm{V})$$

$$\dot{U}_L=\mathrm{j}X_L\dot{I}=\mathrm{j}80\times 4.4\angle -16.9°=\mathrm{j}352\angle -16.9°=352\angle 73.1°\ (\mathrm{V})$$

$$\dot{U}_C=-\mathrm{j}X_C\dot{I}=-\mathrm{j}50\times 4.4\angle -16.9°=-\mathrm{j}220\angle -16.9°=220\angle -116.9°\ (\mathrm{V})$$

(4) 电压和电流相量图如图5-28所示。

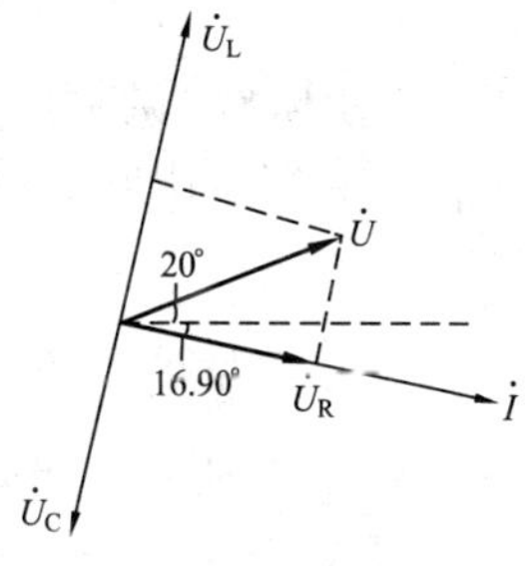

图5-28 [例5-22] 的相量图

二、无源二端网络的复阻抗

任一无源二端网络，在关联参考方向下，端口电压与端口电流相量之比值，称为网络的复阻抗，以 Z 表示，即

$$Z=\frac{\dot{U}}{\dot{I}} \tag{5-30}$$

以 $\dot{U}=U\angle\Psi_n$、$\dot{I}=I\angle\Psi_i$ 代入时，可得

$$Z=\frac{U\angle\Psi_u}{I\angle\Psi_i}=\frac{U}{I}\angle(\Psi_u-\Psi_i)=|Z|\angle\varphi \tag{5-31}$$

式中：$|Z|=\frac{U}{I}$ 为复阻抗的模，即为阻抗。它反映了电压与电流的大小（有效值）的关系。

$\varphi=\Psi_u-\Psi_i$ 是端电压与电流的相位差角，也就是网络的阻抗角。由 φ 角的正负，可以判断网络的性质。

复阻抗用代数形式表示时，为

$$Z=R+\mathrm{j}X$$

其实部 $R=|Z|\cos\varphi$ 为网络的等效电阻，虚部 $X=|Z|\sin\varphi$ 为网络的等效电抗。$|Z|$、R、X 之间的关系是 $|Z|=\sqrt{R^2+X^2}$，$\varphi=\arctan\dfrac{X}{R}$。显然，它们构成直角三角形关系。

R 恒为正值，X 则可正可负，当 $\varphi>0$，$X>0$，网络为感性；当 $\varphi<0$，$X<0$，网络为容性。

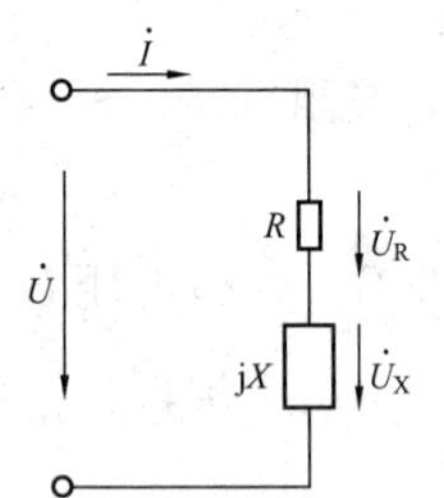

图 5-29　等效复阻抗

因 $\dot{U}=Z\dot{I}=(R+\mathrm{j}X)\dot{I}$，$R$ 和 $\mathrm{j}X$ 被同一电流 $\dot{I}$ 流过，所以两个等效元件是串联的，如图 5-29 所示。因 X 可为感性，也可为容性，所以 $\mathrm{j}X$ 以小方框表示。

【例 5-23】 一工频无源二端网络的复阻抗 $Z=4+\mathrm{j}3\Omega$，求其等效电路。

解　等效电路由 $R=4\Omega$ 和 $\mathrm{j}X=\mathrm{j}3\Omega$ 串联构成，电抗部分为感抗，其电感 L 为

$$L=\frac{X}{\omega}=\frac{3}{314}=0.009\,55\ (\mathrm{H})=9.55\mathrm{mH}$$

5-9　复阻抗的串联和并联

一、复阻抗的串联

两个复阻抗串联的电路如图 5-30（a）所示，根据 KVL 可列得

$$\dot{U}=\dot{U}_1+\dot{U}_2=Z_1\dot{I}+Z_2\dot{I}=(Z_1+Z_2)\dot{I}$$

两个复阻抗的串联可用一个复阻抗 Z 等效代替，如图 5-30（b）所示。等效的条件是，在相同电压 $\dot{U}$ 的作用下，电流 $\dot{I}$ 保持不变。由图 5-30（b）可列得

$$\dot{U}=Z\dot{I}$$

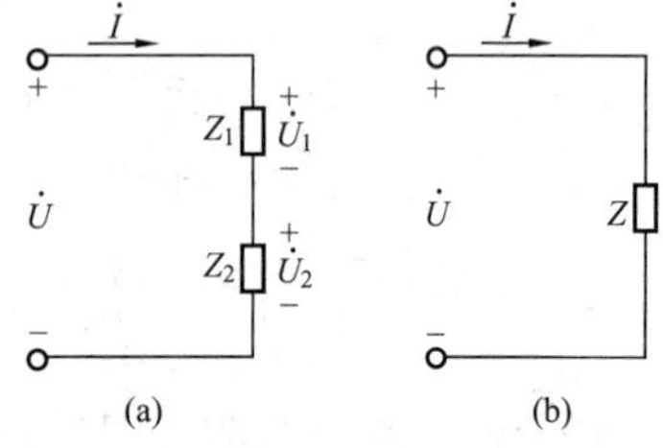

图 5-30　复阻抗的串联
（a）串联电路；（b）等效复阻抗

比较上列两式，可得

$$Z=Z_1+Z_2 \tag{5-32}$$

即等效复阻抗等于串联各复阻抗之和。

各复阻抗的电压 $\dot{U}_1$ 和 $\dot{U}_2$ 为

$$\left.\begin{aligned}\dot{U}_1&=Z_1\dot{I}=\frac{Z_1}{Z_1+Z_2}\dot{U}\\\dot{U}_2&=Z_2\dot{I}=\frac{Z_2}{Z_1+Z_2}\dot{U}_2\end{aligned}\right\} \tag{5-33}$$

式（5-33）也即复阻抗串联时分压公式的相量形式。

【例 5-24】 $Z_1=6+\mathrm{j}8\Omega$ 和 $Z_2=2-\mathrm{j}2\Omega$ 串联，试求：（1）等效复阻抗 Z；（2）外施电压 $20\angle0°\mathrm{V}$ 时，各复阻抗的电压为多少？

解　(1) 串联复阻抗

$$Z = Z_1 + Z_2 = 6 + j8 + 2 - j2 = 8 + j6 = 10\angle 36.9^\circ(\Omega)$$

(2) 应用式 (5-33)，得各复阻抗的电压

$$\dot{U}_1 = \frac{Z_1}{Z_1 + Z_2}\dot{U} = \frac{6 + j8}{8 + j6} \times 20\angle 0^\circ = 20\angle 16.2^\circ(V)$$

$$\dot{U}_2 = \frac{Z_2}{Z_1 + Z_2}\dot{U} = \frac{2 - j2}{8 + j6} \times 20\angle 0^\circ = 4\sqrt{2}\angle -81.9^\circ(V)$$

即 $U_1 = 20V$，$U_2 = 4\sqrt{2} = 5.66V$。

可应用 KVL 验算计算结果。

二、阻抗的并联

两个复阻抗并联的电路，如图 5-31 (a) 所示。根据 KCL 可列得

$$\dot{I} = \dot{I}_1 + \dot{I}_2 = \frac{\dot{U}}{Z_1} + \frac{\dot{U}}{Z_2} = \left(\frac{1}{Z_1} + \frac{1}{Z_2}\right)\dot{U}$$

两复阻抗的并联可用一个复阻抗 Z 等效代替，如图 5-31 (b) 所示，对此等效复阻抗，可列得

$$\dot{I} = \frac{\dot{U}}{Z}$$

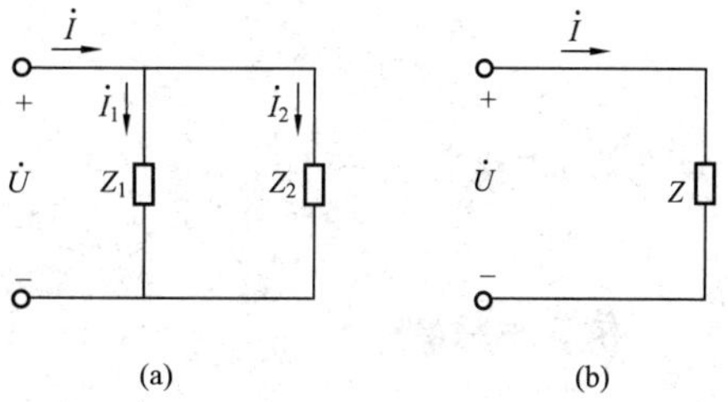

(a)　(b)

图 5-31　复阻抗的并联

(a) 并联电路；(b) 等效复阻抗

比较以上两式，可得

$$\frac{1}{Z} = \frac{1}{Z_1} + \frac{1}{Z_2} \qquad (5-34)$$

即等效复阻抗的倒数等于各个并联复阻抗倒数之和。

由式 (5-34) 也可得

$$Z = \frac{Z_1 Z_2}{Z_1 + Z_2} \qquad (5-35)$$

两复阻抗并联时的分流公式为

$$\left.\begin{aligned} \dot{I}_1 &= \frac{\dot{U}}{Z_1} = \frac{Z_2}{Z}\dot{I} \\ I_2 &= \frac{\dot{U}}{Z_2} = \frac{Z_1}{Z}\dot{I} \end{aligned}\right\} \qquad (5-36)$$

由上所述可知，直流电路中电阻串、并联的等效电阻公式及分压、分流公式与正弦交流电路中复阻抗串、并联的同类公式的相量形式完全一致。

【例 5-25】　[例 5-24] 的两个复阻抗并联时，试求：(1) 等效复阻抗 Z；(2) 总电流 $\dot{I} = 10\angle 0^\circ$时，各复阻抗中的电流为多少？

解　(1) 根据式 (5-35)，等效复阻抗

$$Z = \frac{Z_1 Z_2}{Z_1 + Z_2} = \frac{(6 + j8)(2 - j2)}{6 + j8 + 2 - j2} = 2 - j2 = 2\sqrt{2}\angle -45^\circ(\Omega)$$

(2) 根据式 (5-36)，各复阻抗中的电流

$$\dot{I}_1 = \frac{Z_2}{Z_1 + Z_2}\dot{I} = \frac{2 - j2}{8 + j6} \times 10\angle 0^\circ = 0.4 - j2.8 = 2\sqrt{2}\angle -81.3^\circ(A)$$

$$\dot{I}_2=\frac{Z_1}{Z_1+Z_2}\dot{I}=\frac{6+j8}{8+j6}\times 10\angle 0^\circ=9.6+j2.8=10\angle 16.3^\circ\ (\text{A})$$

可应用 KCL 验证计算结果。

【例 5－26】 求图 5－32（a）、（b）两电路的复阻抗。

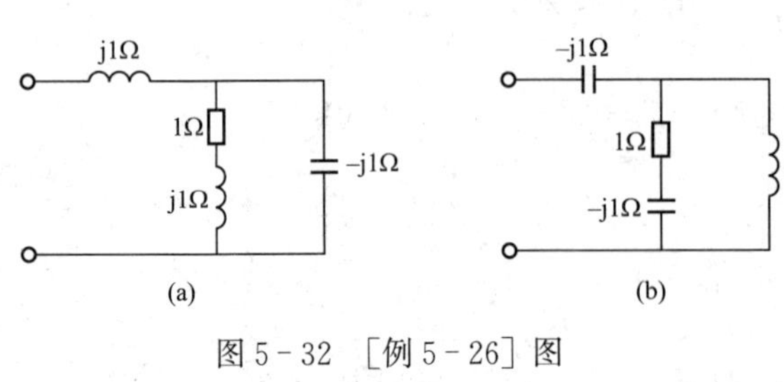

图 5－32 ［例 5－26］图

解 电路如图 5－32（a）所示，先求并联部分的等效复阻抗

$$Z_{/\!/}=\frac{(1+j)(-j)}{1+j-j}=1-j\ (\Omega)$$

等效复阻抗

$$Z=j1+Z_{/\!/}=j+1-j=1\ (\Omega)$$

电路如图 5－32（b）所示，并联部分的等效复阻抗

$$Z_{/\!/}=\frac{(1-j)j}{1-j+j}=1+j\ (\Omega)$$

等效复阻抗

$$Z=-j+Z_{/\!/}=-j+1+j=1\ (\Omega)$$

练习与思考题

1. 三个复阻抗 Z_1、Z_2 和 Z_3 串联，试写出等效复阻抗公式和分压公式。
2. 三个复阻抗 Z_1、Z_2 和 Z_3 并联，试写出等效复阻抗公式和分流公式。
3. 三个复阻抗串联，什么情况下 $|Z|=|Z_1|+|Z_2|+|Z_3|$？

5－10 正弦电路的功率

一、瞬时功率

图 5－33（a）所示为一正弦无源二端网络，设

$$i=I_m\sin\omega t$$
$$u=U_m\sin(\omega t+\varphi)$$

式中：φ 由电路性质决定。

网络吸收的瞬时功率

$$\begin{aligned}p&=ui=U_m\sin(\omega t+\varphi)I_m\sin\omega t\\&=2UI\sin(\omega t+\varphi)\sin\omega t\\&=UI\cos\varphi-UI\cos(2\omega t+\varphi)\\&=UI\cos\varphi(1-\cos2\omega t)+UI\sin\varphi\sin2\omega t\\&=p_1+p_2\end{aligned}\tag{5-37}$$

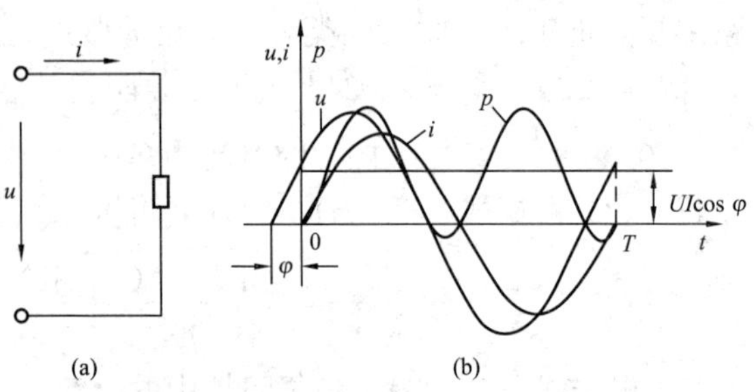

图 5－33 无源二端网络及其瞬时功率

（a）交流无源二端网络；（b）瞬时功率曲线

p 的曲线如图 5－33（b）所示，在 i 和 u 为零值处，p 值为零。当 i 和 u 同向时，$p>0$；当 i 和 u 反向时，$p<0$。p 有时为正，有时为负。正值表示负荷从电

源吸收能量，负值表示负荷向电源返回能量。负荷与电源之间有能量交换，表明负荷中有储能元件。由于 p 曲线与时间轴所围的正面积大于负面积，所以电路的平均功率不为零。

二、有功功率、无功功率和视在功率

式（5－37）表明，瞬时功率 p 可以人为地分成两项：第一项 p_1 的变化规律决定于 $1-\cos 2\omega t$，p_1 随时间变化的曲线如图 5－34（a）所示，曲线在 $UI\cos\varphi$ 上下波动，其在一周期内的平均值等于 $UI\cos\varphi$。第二项 p_2 的变化曲线如图 5－34（b）所示，其曲线是以 2ω 角频率变化的正弦量，幅值为 $UI\sin\varphi$。

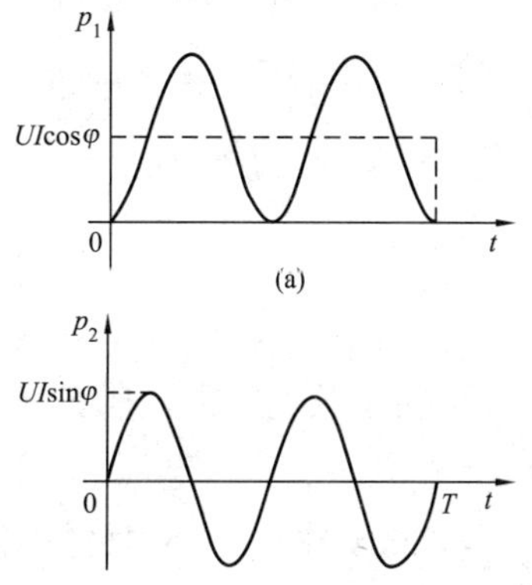

图 5－34　无源二端网络瞬时功率的分解

（a）p_1 曲线；（b）p_2 曲线

1. 有功功率

由式（5－37）可知，无源二端网络的瞬时功率 p 的平均值应等于 p_1 的平均值和 p_2 的平均值之和，而后者为零，故平均功率

$$P=UI\cos\varphi \tag{5-38}$$

平均功率是电路中实际消耗或做功的功率，所以又称为有功功率，式（5－38）表明：

无源二端网络的有功功率，等于电压、电流有效值的乘积，再乘以 $\cos\varphi$。

2. 无功功率

式（5－37）的第二个分量 $p_2=UI\sin\varphi\sin 2\omega t$ 是随时间交变的，其最大值 $UI\sin\varphi$ 反映了二端网络与电源交换功率的规模，定义为二端网络吸收的无功功率，即

$$Q=UI\sin\varphi \tag{5-39}$$

φ 有正有负，Q 也有正有负。如果把负荷电路看作 RX 串联电路。当 $\varphi>0$ 时，等效电抗 $X>0$，$U_X=XI=U\sin\varphi$ 为电感电压，因此 $Q>0$ 为电感性无功功率。当 $\varphi<0$ 时，等效电抗 $X<0$，$U_X=XI=U\sin\varphi$ 为电容电压，因此 $Q<0$ 为电容性无功功率。在电力工程，习惯上将负荷吸收感性无功功率看作“消耗”无功功率，而将吸收容性无功功率看作“发出”感性无功功率。

式（5－39）也可写作

$$Q=U_X I=I^2 X=\frac{{U_X}^2}{X} \tag{5-40}$$

3. 视在功率

电路的端电压和电流有效值的乘积称为视在功率，即

$$S=UI \tag{5-41}$$

其单位为 V·A（伏安）

P、Q、S 三者的关系为

$$P=UI\cos\varphi=S\cos\varphi,\quad Q=UI\sin\varphi=S\sin\varphi,\quad S=\sqrt{P^2+Q^2}$$

即三者构成直角三角形关系。这个三角形称为功率三角形，它与电压三角形、阻抗三角形为相似三角形，底角均为 u 和 i 的相位差角，也就是阻抗角。为便于分析和记忆，把三个三角形都画在图 5－35 中，把阻抗三角形的每边乘以电流 I，可得电压有效值三角形，电压有效值三角形的每边乘以电流 I，可得功率三角形。φ 可表示为

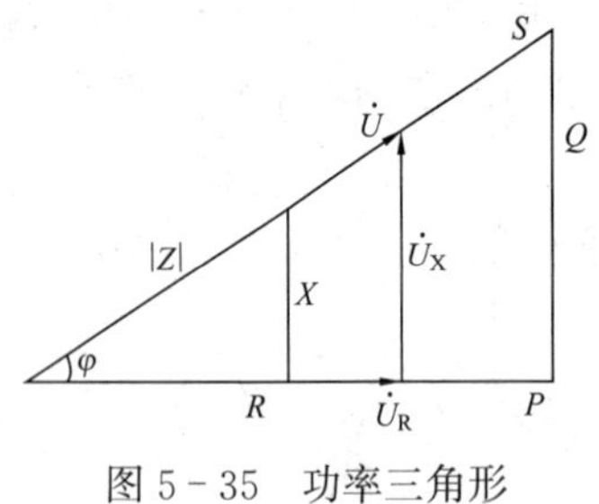

图 5-35 功率三角形

$$\varphi = \arctan\frac{X}{R} = \arctan\frac{U_X}{U_R} = \arctan\frac{Q}{P} \qquad (5-42)$$

视在功率并不仅仅是一个形式上的量，而是具有其实用意义，如电力变压器就是根据额定视在功率来表示的。

三、功率因数

电路的有功功率与视在功率的比值称为功率因数，用 λ 表示，即

$$\lambda = \frac{P}{S} \qquad (5-43)$$

因在正弦电路中，$P/S=\cos\varphi$，所以常称 $\cos\varphi$ 为功率因数，φ 也称为功率因数角，即

$$\lambda = \cos\varphi \qquad (5-44)$$

【例 5-27】 一无源二端网络的电压 $u=220\sqrt{2}\sin\omega t\,\text{V}$，关联参考方向下的电流 $i=4.4\sqrt{2}\sin(\omega t-36.9°)\,\text{A}$。求 P、Q、S 和 λ。

解 由已知条件，$\varphi=36.9°$（电感性），根据式（5-38）~式（5-39），有

$$P = UI\cos\varphi = 220\times4.4\times\cos36.9° = 774.4\,(\text{W})$$
$$Q = UI\sin\varphi = 220\times4.4\times\sin36.9° = 580.8\,(\text{var})$$
$$S = UI = 220\times4.4 = 968\,(\text{V}\cdot\text{A})$$
$$\lambda = \cos\varphi = \cos36.9° = 0.8\,(\text{电感性})$$

练习与思考题

一 RL 串联电路的功率因数 $\lambda=0.8$，有功功率 $P=8\text{kW}$，求无功功率 Q 和视在功率 S 各等于多少？

5-11 功率因数的提高

电力系统的负荷，大部分是异步电动机等电感性负荷，这些负荷的功率因数一般都不高，如异步电动机满载时的功率因数约 0.7~0.9，空载时仅为 0.2~0.3，日光灯的功率因数约为 0.3~0.5。负荷的功率因数低，会引起下面两个问题。

1. 电源设备的容量不能充分利用

交流负荷吸取的功率

$$P = UI\cos\varphi$$

当电压一定（为额定电压），有功功率也一定时，功率因数越低，负荷所需的电流就越大。负荷的电流是由变压器等电源设备供给的，而电源输出的电流受额定电流的限制，因此，相同功率的负荷，功率因数低，占用电源设备的容量就大，电源设备的供电能力得不到充分利用。

2. 增加送、配电线路的电能损耗和电压损失

由于线路有电阻，当电流通过时会产生电能损耗，其值与电流的平方成正比。线路不仅有电阻还有电抗，当电流通过线路时，会使始端电压与终端电压有差值，这就是线路电压损

失，其值与电流成正比。因而，负荷的功率因数低，需要的电流大，导致线路电能损耗和电压损失都增大。

因此，供电部门要求用户提高功率因数，根据功率因数调整电费。提高功率因数，无论对整个电力系统，还是对用户本身，都是大有好处的。

提高功率因数的一种方法是安装移相电容器，电容器应与感性负荷并联，如图 5-36（a）所示。

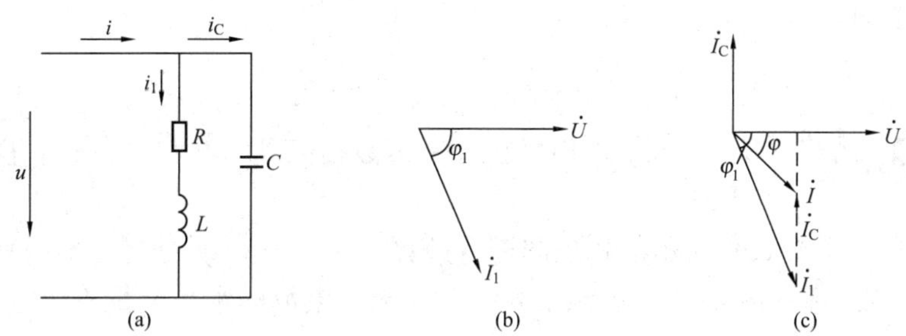

图 5-36　功率因数提高

（a）移相电容器与感性负荷并联；（b）电感负荷的电压、电流相量图；（c）并联电容器后的相量图

设感性负荷的功率因数为 $\cos\varphi_1$，其电压和电流的相量图如图 5-36（b）所示。并联电容器后，由于电源电压和负荷参数均未改变，因而负荷电流 $\dot{I}_1$ 也不变化。但增加的电容电流 $\dot{I}_C$ 使得电路的总电流由原来未并电容时的 $\dot{I}_1$ 变为 $\dot{I}$，即

$$\dot{I}=\dot{I}_1+\dot{I}_C$$

它们的相量图如图 5-36（c）所示。由于 $\dot{I}_C$ 抵消（补偿）了一部分负荷电流 $\dot{I}_1$ 的垂直分量（称为无功分量），使得 $I<I_1$，同时 φ 角也小于负荷的 φ_1 角，所以 $\cos\varphi>\cos\varphi_1$，达到了提高电路功率因数的目的。

应该指出，并联电容器后，提高的是整个电路的功率因数，减少的也是整个电路的总电流，而负荷的电流 I_1、功率因数 $\cos\varphi_1$ 以及功率均未发生变化。由于电容器不消耗电能，所以电源供给的有功功率也未改变。用并联电容器的方法来提高功率因数，简便有效，是目前广大电力用户普遍采用的措施。

【例 5-28】 有一单相电动机，输入功率为 1.11kW，电流为 10A，电压为 220V。试求

（1）此电动机的功率因数；

（2）并联 100μF 电容器，总电流为多少？功率因数提高到多少？

解　（1）电动机的功率因数

$$\lambda=\cos\varphi_1=\frac{P_1}{UI_1}=\frac{1.11\times10^3}{220\times10}=0.5$$

功率因数角　$\varphi_1=60^\circ$

（2）电容电流

$$I_C=\omega CU=314\times100\times10^{-6}\times220=6.9\,(\text{A})$$

根据图 5-36（c）所示的相量图，并联电容器后，总电流的水平分量（有功分量）仍等于电动机电流的水平分量（有功分量），即

$$I\cos\varphi = I_1\cos\varphi_1 = 10\times0.5 = 5\ (\text{A})$$

总电流的垂直分量（无功分量）为

$$I\sin\varphi = I_1\sin\varphi_1 - I_C = 10\times\sin60^\circ - 6.9 = 10\times0.866 - 6.9 = 1.76\ (\text{A})$$

总电流

$$I = \sqrt{(I\cos\varphi)^2 + (I\sin\varphi)^2} = \sqrt{5^2 + 1.76^2} = 5.3\ (\text{A})$$

电路的功率因数

$$\lambda = \cos\varphi = \frac{5}{5.3} = 0.94$$

【例 5－29】 若将［例 5－28］的电动机功率因数提高到 0.9 和 1，各需并联多少电容的电容器？

解 根据图 5－36（c）所示的相量图进行计算：

（1）功率因数提高到 0.9（即 $\varphi=25.8^\circ$）时，因总电流的水平分量等于电动机电流的水平分量，即

$$I\cos\varphi = I_1\cos\varphi_1$$

$$I = \frac{I_1\cos\varphi_1}{\cos\varphi} = \frac{10\times0.5}{0.9} = 5.56\ (\text{A})$$

$$I_C = I_1\sin\varphi_1 - I\sin\varphi = 10\times\sin60^\circ - 5.56\sin25.8^\circ = 8.66 - 2.42 = 6.25\ (\text{A})$$

需要并联的电容量

$$C = \frac{I_C}{\omega U} = \frac{6.24}{314\times220} = 90.28\ (\mu\text{F})$$

（2）功率因数提高到 1（即 $\varphi=0$）时，有

$$I = I_1\cos\varphi_1 = 10\times0.5 = 5\ (\text{A})$$

所需的电容电流为

$$I_C = I_1\sin\varphi_1 = 10\times\sin60^\circ = 8.66\ (\text{A})$$

需要并联的电容量

$$C = \frac{I_C}{\omega U} = \frac{8.66}{314\times220} = 125.36\ (\mu\text{F})$$

练习与思考题

1. 能否用与感性负荷串联电容器的方法来提高功率因数？为什么？

2. 用并联电容器的方法提高电路的功率因数时，电路的总电流减小了，电路的有功功率是否也减小了？为什么？

3. 试说明什么是负荷电流的有功分量和无功分量，电容电流是补偿哪一个电流分量的？

4. 如果与感性负荷并联的电容量太大，会不会反而使电路的功率因数降低？试画相量图分析。

5－12 电路的谐振

在一般情况下，含有电感和电容的交流电路的端电压和电流是有相位差的。但在一定的

条件下，端电压和电流可能出现同相位的现象，称电路发生谐振。谐振在电信工程中有着广泛的应用，但在有些场合也可能造成某种危害，因而研究谐振有着重要的实用意义。

一、串联谐振

发生在 RLC 串联电路中的谐振称为串联谐振。

1. 串联谐振的条件

如图 5－37 所示的 RLC 串联正弦电路，电压和电流的相位差

$$\varphi=\arctan\frac{\omega L-\frac{1}{\omega C}}{R}$$

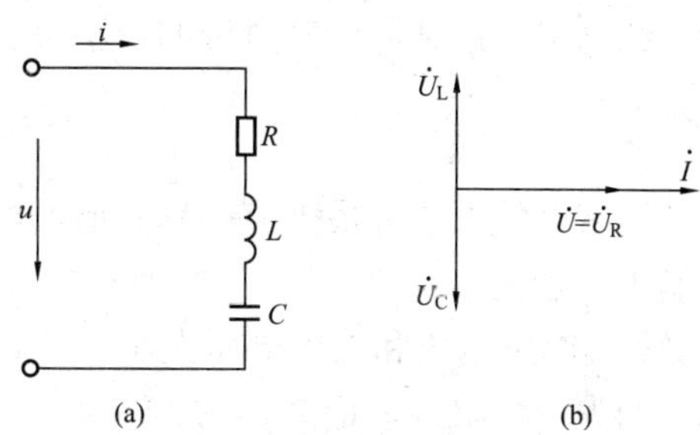

图 5－37　RLC 串联谐振电路

(a) 串联谐振电路；(b) 相量图

如果外加电压的频率可变，当 ω 从零逐渐增加时，感抗 ωL 也从零逐渐增加，而容抗$\frac{1}{\omega C}$则从无限大逐渐减小。在某一频率下，如果出现

$$\omega L=\frac{1}{\omega C} \tag{5-45}$$

时，$\varphi=0$，电压和电流同相位，电路即发生谐振。所以，发生串联谐振的条件是电路的感抗与容抗应相等。

谐振时的角频率称为谐振角频率，记为 ω_0，其值可由 $\omega_0 L=\frac{1}{\omega_0 C}$求得

$$\omega_0=\frac{1}{\sqrt{LC}} \tag{5-46}$$

对应的谐振频率

$$f_0=\frac{1}{2\pi\sqrt{LC}} \tag{5-47}$$

由式（5－47）可见，f_0 决定于电路的参数 L 和 C，而与 R 无关，只要 L 和 C 一定，就有一个与之对应的谐振频率 f_0。所以 f_0 反映了电路的一种固有性质，也称它为电路的固有频率。只有当外加电压的频率 $f=f_0$ 时，电路才发生谐振。

如果外加电压的频率一定，也可以通过改变 L 或 C 来使电路达到谐振。在收音机电路中，就是通过调节可变电容器来使电路达到谐振的。调节谐振的过程称为调谐。

【例 5－30】 一收音机的输入电路中，电感 $L=0.233\text{mH}$ 与可调电容 $C=42.5\sim360\text{pF}$ 串联，求谐振的频率范围。

解　$C=42.5\text{pF}$ 时的谐振频率

$$f_0=\frac{1}{2\pi\sqrt{LC}}=\frac{1}{2\pi\sqrt{0.233\times10^{-3}\times42.5\times10^{-12}}}$$
$$=1600\times10^3\text{Hz}=1600\ (\text{kHz})$$

$C=360\text{pF}$ 时的谐振频率

$$f_0=\frac{1}{2\pi\sqrt{LC}}=\frac{1}{2\pi\sqrt{0.233\times10^{-3}\times360\times10^{-12}}}$$
$$=550\times10^3\text{Hz}=550\ (\text{kHz})$$

频率范围为　550～1600kHz。

2. 串联谐振的特征

（1）电路的阻抗最小，电流最大。串联谐振时，电路的阻抗

$$|Z|=\sqrt{R^2+\left(\omega L-\frac{1}{\omega C}\right)^2}=R$$

为一纯电阻，达到调谐时阻抗的最小值。此时电路中的电流

$$I_0=\frac{U}{|Z|}=\frac{U}{R}$$

达到调谐时的电流为最大值，称为谐振电流。实际电路中，常以出现谐振电流 I_0 来判断是否发生了谐振。

（2）电感电压和电容电压大小相等，相位相反，互相抵消。谐振时的感抗和容抗相等，称它们为特性阻抗，记为 ρ，即

$$\rho=\omega_0 L=\frac{1}{\omega_0 C}=\frac{1}{\sqrt{LC}}L=\sqrt{\frac{L}{C}} \tag{5-48}$$

特性阻抗 ρ 与电阻 R 的比值，用 Q 表示

$$Q=\frac{\rho}{R}=\sqrt{\frac{L}{C}}\Big/R \tag{5-49}$$

称为品质因数，用来表示谐振电路的性能，工程上简称 Q 值。

谐振时的电感电压和电容电压分别为

$$U_L=\omega_0 L I_0=\frac{\omega_0 L}{R}U=\frac{\rho}{R}U=QU$$

$$U_C=\frac{1}{\omega_0 C}I_0=\frac{1}{\omega_0 CR}U=\frac{\rho}{R}U=QU$$

因此

$$U_L=U_C=QU$$

Q 值一般可达几十至几百，因而谐振时电感电压和电容电压可高出外加电压几十倍以上。这是串联谐振的一个重要特征，所以串联谐振又称为电压谐振。在电信电路中，将微弱的电信号输入到串联谐振电路，而从电容两端提取比输入高 Q 倍的电压。在电力电路中，则要避免出现谐振现象，否则产生的局部高电压可能将电气设备的绝缘击穿。

谐振时电感电压和电容电压大小相等，但相位相反，因而电感电压相量 $\dot{U}_L$ 和电容电压相量 $\dot{U}_C$ 之和为零。外加电压全部作用于电阻两端，即 $\dot{U}=\dot{U}_R$。谐振时的相量图如图 5－37（b）所示。

（3）谐振时，电路与电源之间不发生能量交换，能量互换只在电感和电容之间进行。

3. 频率特性

频率特性是指电路的感抗、容抗和阻抗随频率而变化的特性。

由 $X_L=\omega L$、$X_C=\frac{1}{\omega C}$、$X=X_L-X_C$、$|Z|=\sqrt{R^2+X^2}$，可画出各量随 ω（或 f）变化曲线，如图 5－38（a）所示。

电流 I 随频率 ω（或 f）的变化曲线可由 $I=\frac{U}{|Z|}$ 作出，如图 5－38（b）所示，这条曲

线又称谐振曲线。在 $\omega=\omega_0$ 时，$I=I_0=\dfrac{U}{R}$，称为谐振电流。当电源电压 U 一定时，$I_0=\dfrac{U}{R}$ 是定值，R 越小，I_0 越大，谐振曲线就越尖锐。曲线尖锐，说明电源角频率 ω 偏离电路的谐振角频率（即固有振荡角频率）ω_0 时，电流将很快减小。如果 RLC 串联电路受到多个幅值相同而频率不同的电源（信号）同时作用时，在电路中产生的各种频率的电流中，角频率与 ω_0 相同的电流为最大（即达谐振电流），偏离 ω_0 越远的电流将越小。这表明，RLC 电路对非谐振频率的信号具有较强的抑制作用，而对谐振频率的信号则使之显著突出，这种性质称为“选择性”。谐振曲线尖锐程度，和 R 有关，也就是和 Q 值有关。R 越小，Q 值越大，谐振曲线就越尖锐，选择性也就越好。所以 Q 值是反映串联谐振电路性质的一个重要指标。Q 值称为品质因数，原因也在于此。

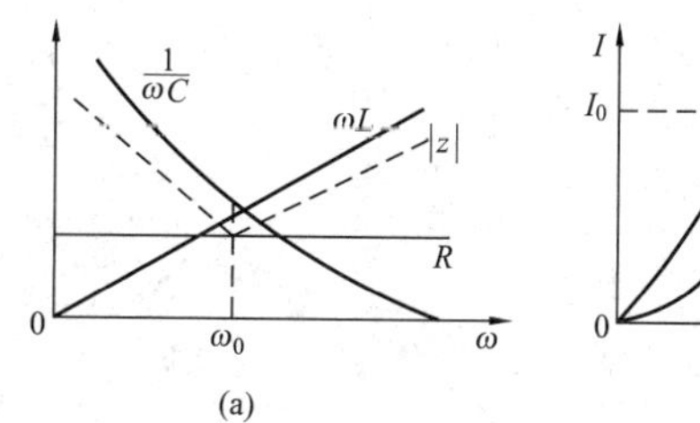

图 5-38 频率特性

（a）频率特性；（b）谐振曲线

二、并联谐振

串联谐振电路只有当电源的内阻较小时，才能得到较高的 Q 值，也才能获得较好的选择性。如果电源的内阻较大，选择性就会降低，此时就应采用并联谐振电路。

发生在 RLC 并联电路中的谐振称为并联谐振。

1. 并联谐振的条件

图 5-39（a）所示的 RLC 并联电路，在正弦电压 u 的作用下，三个元件中的电流有效值分别为

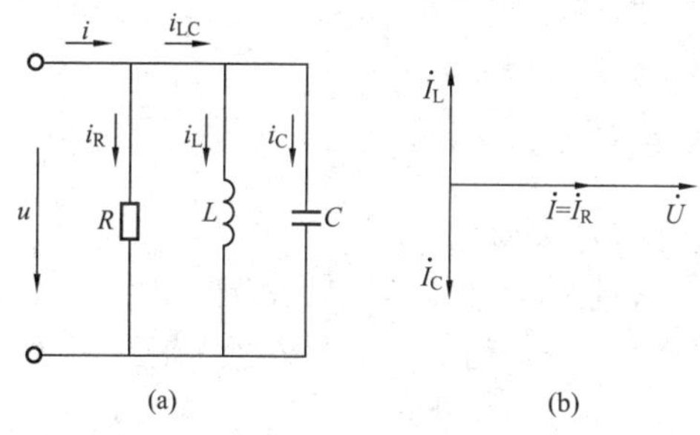

图 5-39 RLC 并联谐振电路和相量图

（a）并联谐振电路；（b）相量图

$$I_R=\frac{U}{R},\quad I_L=\frac{U}{\omega L},\quad I_C=\omega CU$$

当电路发生谐振时，u 与 i 同相，电路呈电阻性。电压和电流的相量图如图 5-39（b）所示，此时，I_L 应当与 I_C 相等，而总电流

$$\dot{I}=\dot{I}_R+\dot{I}_L+\dot{I}_C=\dot{I}_R$$

因而：

RLC 并联电路发生谐振的条件是电容电流与电感电流大小相等，也即应有

$$\frac{1}{\omega L}=\omega C$$

这就是该电路发生谐振的具体条件。由此可求得谐振角频率为

$$\omega_0=\frac{1}{\sqrt{LC}} \tag{5-50}$$

与 RLC 串联电路的谐振角频率相同。

2. 并联谐振的特征

（1）谐振时，电路的阻抗最大，电流最小。并联谐振时，L 和 C 并联的总电流 $\dot{I}_{L,C}=\dot{I}_L+\dot{I}_C=0$，并联部分如同开路。因而电路可以等效为电阻支路，电路的阻抗 $|Z|=R$，为最大值。电路的电流 $I=\frac{U}{|Z|}=\frac{U}{R}$，为最小值。如果电阻支路开路，只有 L、C 并联部分，则电路阻抗 $|Z|=\infty$，$I=0$。

（2）谐振时，虽然 L 和 C 并联的总电流 $I_{LC}=0$，但 L 和 C 支路中的电流并不等于零。它们的有效值分别为

$$I_L=\frac{U}{X_L}=\frac{R}{X_L}I$$

$$I_C=\frac{U}{X_C}=\frac{R}{X_C}I$$

如果 $X_L=X_C\ll R$，则 $I_L=I_C\gg I$，即 L 和 C 支路中的电流将远大于电路的总电流。由于这一特征，并联谐振又称为电流谐振。

并联谐振时 I_L 或 I_C 与总电流 I 的比值称为 RLC 并联电路的品质因数 Q，即

$$Q=\frac{I_L}{I}=\frac{I_C}{I}$$

练习与思考题

1. RLC 串联电路，若 L 增为原来的 2 倍，则 C 变为原来的__________倍时，此电路仍在原频率下谐振。

2. RLC 串联电路，谐振时，有 $\omega_0 L=\frac{1}{\omega_0 C}=R$ 的关系，当电源频率为 $3\omega_0$，电路阻抗 $|Z|=$__________R。

3. RLC 并联电路，若 L 增为原来的 2 倍，则 C 变为原来的__________倍时，此电路仍在原频率下谐振。

4. RLC 并联电路，谐振时，有 $I_R=I_L=I_C$ 的关系，当电源频率为 $2\omega_0$ 时，电路的总电流等于__________I_R。

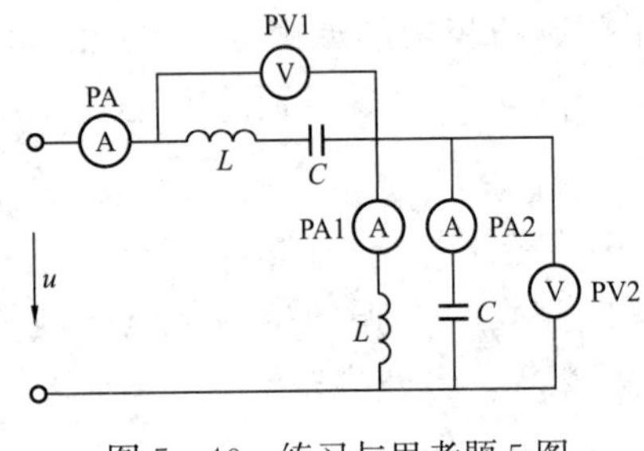

图 5－40　练习与思考题 5 图

5. 图 5－40 所示电路，已知 $\omega L=1/\omega C=10\Omega$，$U=100$V，求各电压表和电流表的读数。

自　检　题

1. 周期交流电变化一次所需的时间 T 称为__________。在 1s 内交流电变化的次数 f 称为__________，它们之间的关系是 $f=$__________。

2. 正弦交流电完成一次变化要经历________的角度，这样规定的角度称为________。

3. 正弦交流电的三要素是________、________、________。

4. 角频率ω和频率f的关系是$\omega=$________，角频率的单位是________。工频交流电的角频率$\omega=$________。直流电可看作频率$f=$________，或周期$T=$________的正弦交流电。

5. 最大值$I_m=10\text{A}$，初相$\Psi=-30°$的工频正弦电流，其解析式$i=$________，其初始值$i(0)=$________。

6. 一正弦电流$i=10\sin(\omega t+30°)\text{A}$，若将其参考方向反过来，则$i-$________。

7. 交流电的有效值是指在相同的时间内，热效应相等的________的数值。

8. 正弦交流电的有效值等于最大值的________倍，或最大值等于有效值的________。

9. 交流仪表的指示值和电气设备的铭牌值都是指的________值。

10. 用一交流电压表测量$u=-220\sqrt{2}\sin\omega t\text{V}$的电压，读数为________V。

11. 两个相同的灯泡，分别接到220V直流电压和$u=311\sin\omega t\text{V}$的交流电压上，两个灯泡的亮度________。

12. 用相量式表示下列各正弦量：

(1) $i=14.1\sin\omega t\text{A}$，$\dot{I}=$________；

(2) $u=220\sqrt{2}\sin(\omega t-90°)\text{V}$，$\dot{U}=$________。

13. 写出下列各相量所对应的正弦量：

(1) $\dot{I}=5\text{A}$，$i=$________；

(2) $\dot{U}=\text{j}100\text{V}$，$u=$________。

14. 电阻的端电压和电流的相位差为________，它们的大小关系为$U=$________，相量关系为$\dot{U}=$________。

15. 有一电阻$R=10\Omega$，端电压$u=100\sin(\omega t+30°)\text{V}$，则电流$i=$________。

16. 有一电阻$R=2\Omega$，通过电流$\dot{I}=10\angle-30°\text{A}$，则端电压$\dot{U}=$________V。

17. 上题中电阻消耗的功率$P=$________W。

18. 有一电阻$R=10\Omega$，通过正弦电流时瞬时功率的最大值$p_m=1000\text{W}$，则电流$I=$________A，平均功率$P=$________W。

19. 有一电感器的$L=1\text{H}$，当电路频率$f=50\text{Hz}$时，其感抗$X_L=$________Ω；当$f=500\text{Hz}$时，$X_L=$________。

20. $L=1\text{H}$的电感器，通过电流$i=\sqrt{2}\sin 314t\text{A}$，当$u$、$i$参考方向一致时，$u=$________。

21. $L=0.127\text{H}$的电感器，通过工频电流$\dot{I}=10\angle 30°\text{A}$，则关联参考方向下的电压相量$\dot{U}=$________。

22. 有一电感元件，端电压$u=100\sqrt{2}\sin 100t\text{V}$，电流有效值$I=1\text{A}$，则其电感$L=$________。

23. 有一纯电感正弦电路，端电压 $U=100\text{V}$，电流 $I=2\text{A}$，则感抗 $X_L=$__________，瞬时功率的最大值 $p_m=$__________，无功功率 $Q_L=$__________。

24. 有一工频纯电感正弦电路的无功功率 $Q_L=100\text{var}$，电压 $U=100\text{V}$，则电流 $I=$__________，感抗 $X_L=$__________，电感 $L=$__________。

25. 有一电容器的 $C=100\mu\text{F}$，当电路频率 $f=50\text{Hz}$ 时，其容抗 $X_C=$__________，当 $f=500\text{Hz}$ 时，$X_C=$__________。

26. $C=1\mu\text{F}$ 的电容器，端电压 $\mu=100\sqrt{2}\sin 100\pi t\text{V}$，则关联参考方向下的电流 $i=$__________。

27. $C=40\mu\text{F}$ 的电容，通过工频正弦电流 $\dot{I}=2\angle 30^\circ\text{A}$，则关联参考方向下的电压相量 $\dot{U}=$__________。

28. 有一工频纯电容电路的无功功率 $Q_C=100\text{var}$，电压 $U=100\text{V}$，则电流 $I=$__________，容抗 $X_C=$__________，电容 $C=$__________。

29. RL 串联正弦电路，已知 $U=2U_L$，则功率因数 $\lambda=$__________。

30. RL 串联正弦电路，已知功率因数 $\lambda=0.6$，则 $R:X_L=$__________，$P:Q=$__________。

31. RL 串联正弦电路，已知功率因数 $\lambda=0.8$，$Q_L=1\text{kvar}$，则视在功率 $S=$__________。

32. 工频 RL 串联正弦电路，已知 $L=1\text{H}$，$Q_L=1256\text{var}$，则 $I=$__________，$U_L=$__________。

33. RLC 串联正弦电路，$U_R=2U_L=3U_C=6\text{V}$，则端电压 $U=$__________。

34. RLC 串联正弦电路，$R=2\omega L=3/\omega C$，则功率因数 $\lambda=$__________。

35. RLC 串联正弦电路，$S=100\text{V}\cdot\text{A}$，$P=80\text{W}$，$Q_L=100\text{var}$，则 $Q_C=$__________。

36. RC 串联正弦电路，$S=100\text{V}\cdot\text{A}$，$P=60\text{W}$，则 $Q_C=$__________，$\lambda=$__________。

37. RC 串联正弦电路，$R=100\Omega$，$U=100\text{V}$，$U_C=60\text{V}$，则 $I=$__________。

38. LC 串联正弦电路，$U_L=50\text{V}$，$U_C=100\text{V}$，则 $U=$__________。

39. RLC 串联电路，$R=1\Omega$，$L=100\text{mH}$，$C=10\mu\text{F}$。此电路的谐振角频率 $\omega_0=$__________，谐振频率 $f_0=$__________。谐振时，电感电压或电容电压是电阻电压的__________倍，电路的品质因数 $Q=$__________。

40. RLC 串联电路谐振时，电路的功率因数 $\lambda=$__________，电感器的无功功率 Q_L 和电容的无功功率 Q_C 的大小__________，电路的总无功功率为__________。

41. RLC 串联电路，当电源频率 $f>f_0$ 时，电路呈__________性；当 $f<f_0$ 时，电路呈__________性。

42. RLC 并联电路，$R=1\Omega$，$L=100\text{mH}$，$C=10\mu\text{F}$。此电路的谐振角频率 $\omega_0=$__________，谐振频率 $f_0=$__________。谐振时，电感电流和电容电流相等，其值为电阻电流的__________倍。

43. RLC 并联电路谐振时，电路的功率因数 $\lambda=$__________。当电源频率 $f>f_0$ 时，电路呈__________性；当 $f<f_0$ 时，电路呈__________性。

5-3节

5-1 已知 $\dot{I}_1=8\angle 60°\text{A}$，$\dot{I}_2=6\angle -30°\text{A}$，试求：

(1) $\dot{I}=\dot{I}_1+\dot{I}_2$；

(2) $\dot{I}=\dot{I}_1-\dot{I}_2$。

5-4节

5-2 有一电阻元件，$R=10\Omega$，接于 $u=220\sqrt{2}\sin(\omega t+30°)\text{V}$ 的电源上，试求：

(1) 电流的有效值 I 和最大值 I_m；

(2) 电流的瞬时值表示式 i；

(3) 电压相量 $\dot{U}$ 和电流相量 $\dot{I}$。

5-3 有一电阻元件，$R=10\Omega$，通过电流 $\dot{I}=10\angle -30°\text{A}$，试求：

(1) 关联参考方向下的电压相量 $\dot{U}$；

(2) 消耗的功率 P。

5-5节

5-4 将一个 $L=0.127\text{H}$ 的电感元件接在 220V 工频正弦交流电源上，试求：

(1) 电流有效值 I；

(2) 以电压为参考正弦量时，电流的瞬时值表示式和相量表示式；

(3) 无功功率 Q_L。

5-5 一个 $L=0.318\text{H}$ 的电感元件，通过正弦电流 $i=2\sqrt{2}\sin(314t-30°)\text{A}$，试求：

(1) 电感电压有效值 U；

(2) 电感电压的瞬时值表示式和相量表示式；

(3) 无功功率 Q_L。

5-6节

5-6 一个 $C=40\mu\text{F}$ 的电容元件接在 100V 工频正弦电源上，试求：

(1) 电流有效值 I；

(2) 以电压为参考正弦量时，电流的瞬时值表示式和相量表示式；

(3) 无功功率 Q_C。

5-7 一个 $C=31.8\mu\text{F}$ 的电容元件，通过工频正弦电流 $i=2\sqrt{2}\sin(\omega t-30°)\text{A}$，试求：

(1) 电容电压有效值 U；

(2) 电容电压的瞬时值表示式和相量表示式；

(3) 无功功率 Q_C。

5-7节

5-8 一 RLC 串联电路，$R=75\Omega$、$X_L=120\Omega$、$X_C=20\Omega$，端电压有效值 $U=200\text{V}$，试求：

(1) I、U_R、U_L、U_C、U_X；

（2）以电流为参考画出电压、电流相量图。

5-9 一 RLC 串联电路，$R=100\Omega$、$X_L=25\Omega$、$X_C=125\Omega$，通过 $I=2A$ 的正弦电流，试求：

（1）U、U_R、U_L、U_C、U_X；

（2）以电流为参考画出电压、电流相量图。

5-10 一 RL 串联正弦电路，端电压 $U=220V$，电感电压 $U_L=120V$，电流 $I=10A$，求 R、X_L、$|Z|$ 和 φ。

5-11 一无源二端网络的端电压和电流的瞬时值表示式分别为（关联参考方向下）

$$u=100\sqrt{2}\sin(314t+30°)V$$

$$i=5\sqrt{2}\sin(314t-30°)A$$

试求此网络的由两个元件串联的等效电路及元件的参数。

课堂讨论三 单相正弦交流电路

目的：

（1）熟悉参考方向。

（2）掌握单相电路的计算。

一、参考方向的概念

通过一元件的电流 $i=10\sin（\omega t+30°）A$，若将其参考方向改过来，则 i 的瞬时值表示式为

（1）$i=10\sin（\omega t-30°）A$；

（2）$i=-10\sin（\omega t+30°）A$；

（3）$i=10\sin（\omega t+150°）A$；

（4）$i=10\sin（\omega t-150°）A$。

二、RL、RC 和 RLC 串联电路

（1）一 RL 串联电路，已知 $R=10\Omega$，$L=0.1H$，端电压 $u=100\sqrt{2}\sin100tV$，求：

1）$X_L=$________；

2）$|Z|=$________；

3）$\varphi=$________；

4）$I=$________；

5）$i=$________；

6）$Z=$________；

7）$\dot{U}=$________；

8）$\dot{I}=$________；

9）画电路的相量模型；

10）画相量图、阻抗三角形、电压三角形和功率三角形。

（2）一 RC 串联电路，已知 $R=10\Omega$，$C=1000\mu F$，端电压 $u=100\sqrt{2}\sin100tV$，求：

1）X_C=________；

2）$|Z|$=________；

3）φ=________；

4）I=________；

5）i=________；

6）Z=________；

7）$\dot{U}$=________；

8）$\dot{I}$=________；

9）画电路的相量模型；

10）画相量图、阻抗三角形、电压三角形和功率三角形。

（3）一 RLC 串联电路，已知 $R=10\Omega$、$L=0.2\text{H}$、$C=1000\mu\text{F}$，已知 $i=10\sqrt{2}\sin 100t\,\text{A}$，求：

1）X_L=________；

2）X_C=________；

3）$|Z|$=________；

4）Z=________；

5）u=________；

6）$\dot{U}$=________；

7）P=________；

8）Q=________；

9）S=________；

10）$\cos\varphi$=________。

安　全　电　压

GB 26860—2011《电力安全工作规程》规定，对地电压 250V 及以下的电压为低电压，但这个低电压在发生人身触电时并不是安全电压。一般人体电阻按 1000Ω 考虑，而通过人体的危险电流为 50mA，则人体承受的电压不应超过

$$0.05\times1000=50\ (\text{V})$$

根据我国的具体条件和环境，规定安全电压额定值的等级有 42、36、24、12V 和 6V 五种。安全电压的选用，要看生产场地的情况而定，即：

（1）在有触电危险的场所使用的手提式电动工具，电压不大于 42V。

（2）隧道、有导电粉尘或高度低于 2.5m 等场所的照明电压及机床局部照明电压，不大于 36V。

（3）在潮湿和易触及带电体场所使用的移动式灯，电压不大于 24V。

（4）在特别潮湿场所、导电良好的地面、矿井、锅炉内或金属容器内作业的照明电压，不大于12V。

此外，安全电压必须由独立电源（化学电池或与高压无关的柴油发电机）或安全隔离变压器（行灯变压器）供电。安全电压回路应相对独立，与其他电气系统实行电气上的隔离。

第6章　三相正弦交流电路

世界各国均采用三相交流的供电方式，这是因为三相交流电机比单相交流电机的性能好、经济效益高，三相输电比单相输电节省导线材料。在需要直流的地方，如电气化铁道、电车、电解槽等，也都是将交流电经整流而转换为直流的。前面讨论的单相电路实际上是三相电的一相。本章主要讨论对称三相交流的特点和分析方法。

6-1　对称三相电动势的产生

对称三相电动势由三相发电机产生。图6-1（a）是三相发电机的结构示意图，图中AX、BY、CZ是三个相同的绕组，彼此间隔120°，分别称为A相、B相、C相绕组，其中A、B、C是绕组的首端，X、Y、Z是绕组的尾端。由于转子产生的磁场是按正弦规律分布的，因此，当转子匀速旋转时，三个绕组中均感应产生正弦电动势。

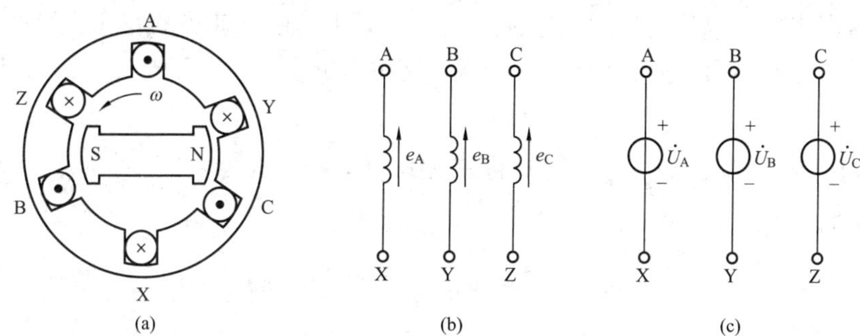

图6-1　三相交流发电机

（a）结构示意图；（b）电动势的参考方向；（c）用电压源表示三相电压

选择电动势的参考方向由绕组的尾端指向首端，即“尾进首出”，当转子以角速度ω逆时针方向旋转时，这三个电动势的幅值相等、频率相同、相位互差120°，称为对称三相电动势。如以A相电动势为参考，可表示为

$$\left.\begin{aligned} e_A &= E_m\sin\omega t \\ e_B &= E_m\sin(\omega t - 120^\circ) \\ e_C &= E_m\sin(\omega t - 240^\circ) = E_m\sin(\omega t + 120^\circ) \end{aligned}\right\} \tag{6-1}$$

也可用相量表示为

$$\left.\begin{aligned} \dot{E}_A &= E\angle 0^\circ = E \\ \dot{E}_B &= E\angle -120^\circ = a^2E \\ \dot{E}_C &= E\angle 120^\circ = aE \end{aligned}\right\} \tag{6-2}$$

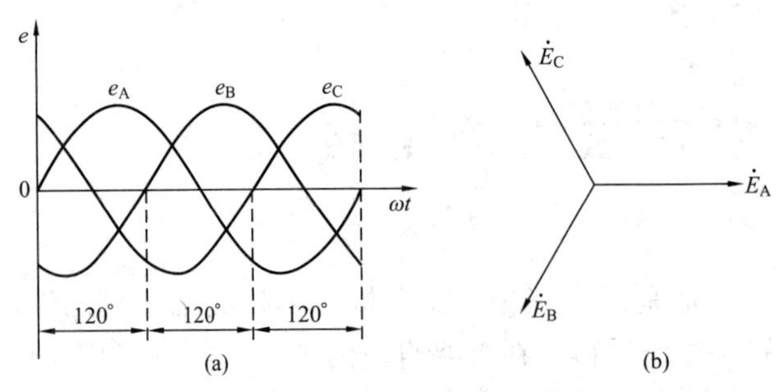

图 6－2　对称三相电动势的波形和相量图

（a）波形图；（b）相量图

式中：a 称为 120°的旋转算子，$a=\angle 120°=-\frac{1}{2}+\mathrm{j}\frac{\sqrt{3}}{2}$。

它们的波形和相量图如图 6－2 所示。

由于

$$1+a+a^2=1+\left(-\frac{1}{2}+\mathrm{j}\frac{\sqrt{3}}{2}\right)+\left(-\frac{1}{2}-\mathrm{j}\frac{\sqrt{3}}{2}\right)=0$$

所以：

对称三相电动势的相量和为零，即

$$\dot{E}_A+\dot{E}_B+\dot{E}_C=0 \tag{6-3a}$$

对称三相电动势瞬时值的和也为零，即

$$e_A+e_B+e_C=0 \tag{6-3b}$$

三相绕组对外提供对称三相电压，用电压源表示三相电压如图 6－1（c）所示。

三相交流电出现正幅值的先后次序称为相序。上述三相电动势的相序为 A→B→C→A，称为正序（或顺序）。若相序为 A→C→B→A，则称为负序（或逆序）。今后若无说明，均指正序而言。

【例 6－1】 $\dot{U}_A$、$\dot{U}_B$、$\dot{U}_C$ 为一组对称三相电压，已知 $\dot{U}_A=220\angle 90°\text{V}$，试写出 $\dot{U}_B$、$\dot{U}_C$ 及各电压的瞬时值表示式。

解 $\dot{U}_B=\dot{U}_A\angle-120°=220\angle(90°-120°)=220\angle-30°$（V）

$\dot{U}_C=\dot{U}_A\angle 120°=220\angle(90°+120°)=220\angle 210°=220\angle-150°$（V）

各相电压的瞬时值表示式为

$$u_A=220\sqrt{2}\sin(\omega t+90°)\ (\text{V})$$

$$u_B=220\sqrt{2}\sin(\omega t-30°)\ (\text{V})$$

$$u_C=220\sqrt{2}\sin(\omega t-150°)\ (\text{V})$$

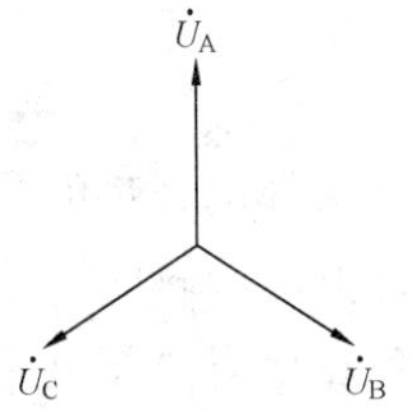

相量图如图 6－3 所示。

图 6－3 ［例 6－1］图

【例 6－2】 $\dot{I}_{A2}$、$\dot{I}_{B2}$、$\dot{I}_{C2}$ 为一组三相负序电流，已知 $\dot{I}_{A2}=5\angle 30°\text{A}$，试写出 $\dot{I}_{B2}$、$\dot{I}_{C2}$ 及各电流的瞬时值表示式。

解 负序为 A→C→B，故

$$\dot{I}_{B2}=\dot{I}_{A2}\angle 120°=5\angle(30°+120°)=5\angle 150°\ (\text{A})$$

$$\dot{I}_{C2}=\dot{I}_{A2}\angle-120°=5\angle(30°-120°)=5\angle-90°\ (\text{A})$$

各负序电流的瞬时值表示式为

$$i_{A2}=5\sqrt{2}\sin(\omega t+30°)\ (\text{A})$$

$$i_{B2}=5\sqrt{2}\sin(\omega t+150°)\ (A)$$

$$i_{C2}=5\sqrt{2}\sin(\omega t-90°)(A)$$

相量图如图 6-4 所示。

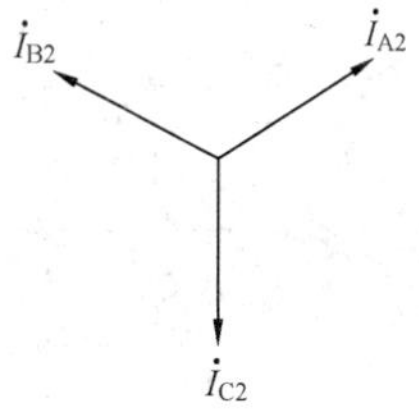

图 6-4 ［例 6-2］图

发电厂、变电站的三相电气设备，通常涂有黄、绿、红三种颜色，分别表示 A、B、C 三相，以示区别。在用电部门，以哪一相作为 A 相是任意的，确定了 A 相之后，滞后于 A 相 120°的一相为 B 相，滞后于 B 相 120°的一相为 C 相。相序对照明用电没有影响，但对三相电动机的旋转方向有影响，相序接反时，电动机要反转。确定相序可用示相器。

已知一组对称三相电压的有效值为 100V，试以 A 相电压为参考：

（1）写出各相电压的瞬时值表示式。

（2）写出相量式。

（3）画出波形图和相量图。

结果填入以下相应的空白中。

（1）各相电压的瞬时值表示式

$u_A=$____________________，

$u_B=$____________________，

$u_C=$____________________。

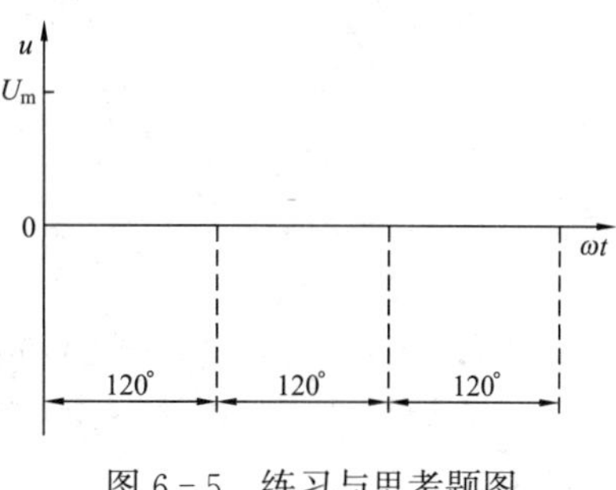

图 6-5 练习与思考题图

（2）各相电压的相量式（复数式）

$\dot{U}_A=$________，$\dot{U}_B=$________，$\dot{U}_C=$________。

（3）在图 6-5 中画出三相电压的波形图和相量图。

6-2 三相电源绕组的连接

一、星形（Y）连接

三相电源绕组的尾端 X、Y、Z 连接在一起，形成一个公共端点，称作中性点，记为 N，把三个首端 A、B、C 作为对外连接的端点，这样的连接称为绕组的星形连接或Y连接。从首端 A、B、C 引出的三根导线称为相线，俗称火线。从中性点 N 也可引出导线，称为中性线，中性线接地时，又称零线或地线。

由三根相线和一根零线构成的供电系统，称为三相四线制。低压配电线路通常采用这种形式，住宅用电的两根导线，就是其中的一根相线和一根零线。没有中线的三相供电系统称为三相三线制，动力用电都是三相三线制。三相高压输电则都采用三线制。

图 6-6（a）所示为三相电源的Y连接，在理想情况下，绕组可用电压源代替，如图 6-6（b）所示。Y连接有两种电压：每相绕组首端与尾端之间的电压，也即相线与中线之间的电压，称为相电压，如 U_A、U_B、U_C；两相绕组首端之间的电压，也即相线之间的电压，称为线电压，如 U_{AB}、U_{BC}、U_{CA}。相电压的参考方向由首端指向尾端，线电压的参考方向由下角标确定，如 U_{AB} 由 A 指向 B 等。由图可见，各线、相电压的关系为

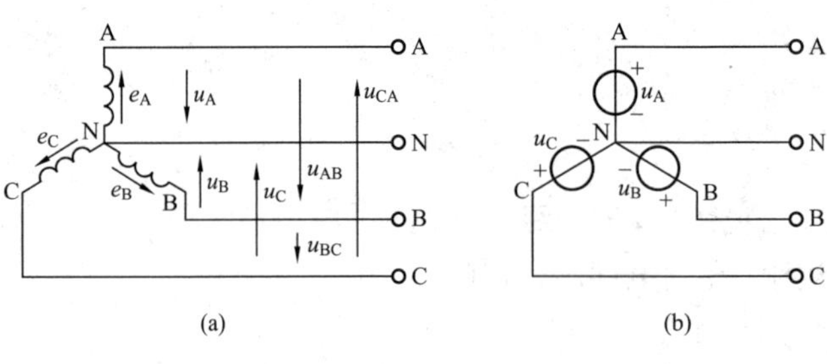

图 6-6　三相电源Y连接

(a) Y连接电路；(b) 理想情况下的电路模型

$$\left.\begin{aligned}u_{AB}&=u_A-u_B\\u_{BC}&=u_B-u_C\\u_{CA}&=u_C-u_A\end{aligned}\right\}\quad(6-4)$$

它们的相量关系为

$$\left.\begin{aligned}\dot{U}_{AB}&=\dot{U}_A-\dot{U}_B\\\dot{U}_{BC}&=\dot{U}_B-\dot{U}_C\\\dot{U}_{CA}&=\dot{U}_C-\dot{U}_A\end{aligned}\right\}\quad(6-5)$$

即：线电压的瞬时值（或相量）等于相应两个相电压的瞬时值（或相量）之差。

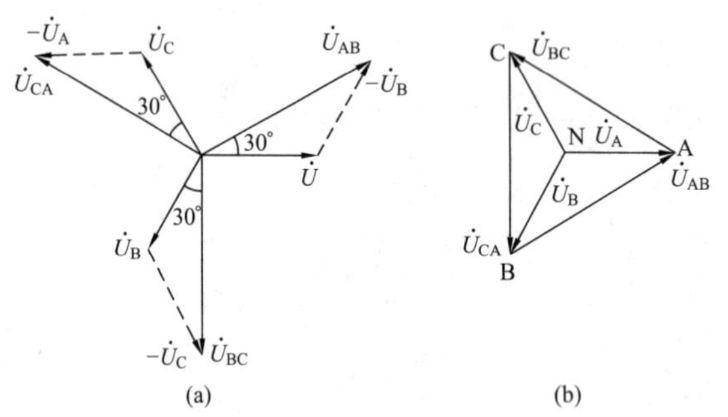

图 6-7　对称三相Y连接电源的相电压和线电压的关系

(a) 相电压和线电压的相量图；(b) 图 (a) 的另一种画法

由于三相电动势是对称的，所以三相相电压也是对称的。图 6-7 (a) 画出了相电压和线电压的相量图，相电压 $\dot{U}_A$、$-\dot{U}_B$ 和线电压 $\dot{U}_{AB}$ 构成一个底角为 30°的等腰三角形，由三角知识可知，这样的等腰三角形，底长为腰长的 $\sqrt{3}$ 倍，故

$$U_{AB}=\sqrt{3}U_A,\quad U_{BC}=\sqrt{3}U_B,\quad U_{CA}=\sqrt{3}U_C$$

写成一般式为

$$U_l=\sqrt{3}U_p \quad (6-6)$$

即：对称三相Y连接电源的线电压等于相电压的 $\sqrt{3}$ 倍。

在相位上，线电压 $\dot{U}_{AB}$ 超前相电压 $\dot{U}_A$30°，$\dot{U}_{BC}$ 超前 $\dot{U}_B$30°，$\dot{U}_{CA}$ 超前 $\dot{U}_C$30°，即：线电压超前相应的相电压 30°。

将图 6-7 (a) 中的三个线电压平移，可得图 6-7 (b) 的正三角形相量图，这样画法有时更方便。

【例 6-3】 已知对称三相Y连接电源线电压的 $\dot{U}_{AB}=380$V，试写出 $\dot{U}_{BC}$、$\dot{U}_{CA}$ 及各相电压的相量式。

解　因 $\dot{U}_{BC}$ 滞后 $\dot{U}_{AB}$120°，$\dot{U}_{CA}$ 超前 $\dot{U}_{AB}$120°，故

$$\dot{U}_{BC}=380\angle-120°\ (\text{V}),\quad \dot{U}_{CA}=380\angle 120°\ (\text{V})$$

因相电压为线电压的 $1/\sqrt{3}$，相位滞后相应线电压 30°，故

$$\dot{U}_A=\frac{1}{\sqrt{3}}\dot{U}_{AB}\angle-30°=\frac{1}{\sqrt{3}}380\angle-30°=220\angle-30°\ (\text{V})$$

同理　$$\dot{U}_B=220\angle-150°\ (\text{A}),\quad \dot{U}_C=220\angle 90°\ (\text{V})$$

二、三角形（△）连接

把一相绕组的末端与另一相绕组的始端依次相连（即 X 与 B，Y 与 C，Z 与 A 相连），

构成一个闭合三角形，而把三个连接点作为对外连接的端点，这样的连接称为三角形连接，又称为△连接，如图 6-8（a）所示。在理想情况下，又可以用电压源代替绕组，如图 6-8（b）所示。

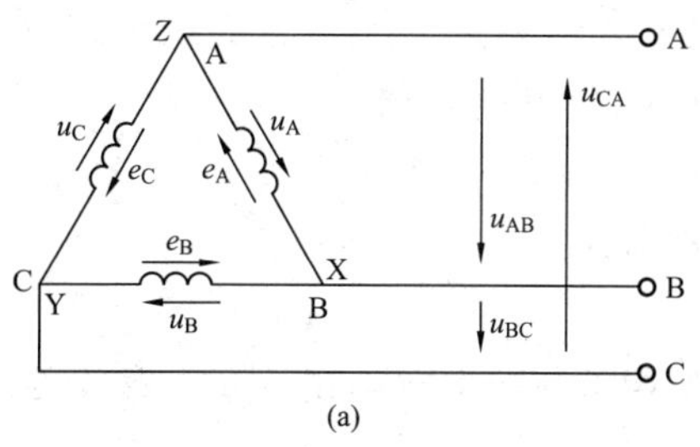

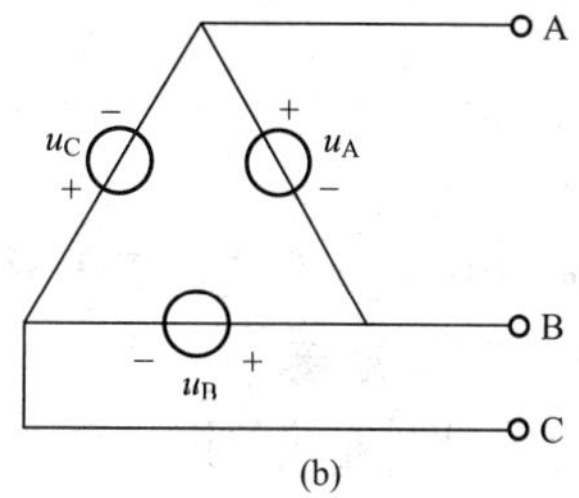

图 6-8　三相电源的三角形连接

（a）三角形连接的接线图；（b）用电压源代替绕组

三角形连接没有中性线，由图 6-8（a）可见：

三角形连接的电源，其线电压等于相应的相电压，即

$$u_{AB}=u_A,\quad u_{BC}=u_B,\quad u_{CA}=u_C$$

它的相量关系是

$$\dot{U}_{AB}=\dot{U}_A,\quad \dot{U}_{BC}=\dot{U}_B,\quad \dot{U}_{CA}=\dot{U}_C$$

由于各相电压对称，所以各相电压的有效值均为 U_p，各线电压的有效值均为 U_l，因而可得

$$U_l=U_p \tag{6-7}$$

三相电源作三角形连接时，三相绕组连接成一个闭合回路，但此回路中总的电动势为零，即

$$\dot{E}_A+\dot{E}_B+\dot{E}_C=0$$

所以不会在回路中产生电流。但是，若误将某一相绕组接反，如将 B 相绕组接反，见图 6-9（a），则此时在三角形回路中的总电动势为

$$\dot{E}_A-\dot{E}_B+\dot{E}_C=-2\dot{E}_B$$

相量图如图 6-9（b）所示。三角形回路内出现大小为每相电动势 2 倍的电动势，由于绕组本身的阻抗很小，回路中将会产生很大的电流，称为环流，会把三相绕组烧坏。为了使三角形连接正确，可以先连接成开口三角形，在开口处接一电压表，通电时如电压表的读数为零或接近于零，说明连接正确。如读数为每相电动势的 2 倍，说明一相绕组接反，应予改正。

实际的三相电源很难使电动势的波形保持严格的正弦波，因而即使三角形连接正确，三角形回路内仍有环流，从而引起能量损耗。所以三相发电机绕组均不作三角形连接。

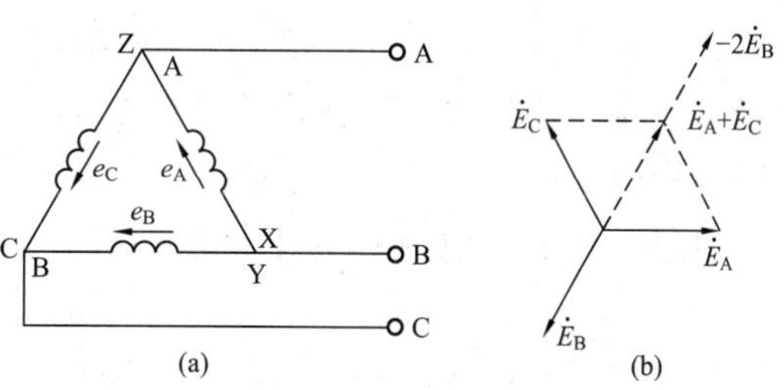

图 6-9　△连接电源 B 相接反时的电路和相量图

(a) B 相接反时的电路；(b) 相量图

练习与思考题

三相电源Y连接，已知$\dot{U}_A=220\angle 90°V$，试写出$\dot{U}_B$、$\dot{U}_C$及$\dot{U}_{AB}$、$\dot{U}_{BC}$、$\dot{U}_{CA}$。

6-3 三相负荷的连接

三相负荷也有星形连接和三角形连接两种形式。

一、星形（Y）连接

三相负荷的星形连接如图6-10所示，各相负荷的末端连在一起，形成负荷的中点N′，各始端与三相电源相连。

负荷的电压也有相电压和线电压之分，每相负荷两端的电压为相电压，其参考方向规定由始端指向负荷中心N′。各相始端之间或端线之间的电压为线电压，其参考方向为A至B、B至C、C至A，一般以双下角标表示。三相电气设备的额定电压，如无特殊说明，均指线电压。

负荷中性点N′与电源中性点N之间的电压称为中性点电压，其参考方向规定由N′指向N。如果中性点之间有连线，即中性线，则中性点电压$U_{N'N}=0$。

有中性线时，星形负荷有四根导线与电源相连，为三相四线制，如图6-11所示。这种情况下，各相负荷直接接到电源的相电压上，所以负荷的相电压等于电源的相电压。只要电源是对称的，不论负荷对称（即三相负荷相同）与否，负荷的相电压总是对称的。

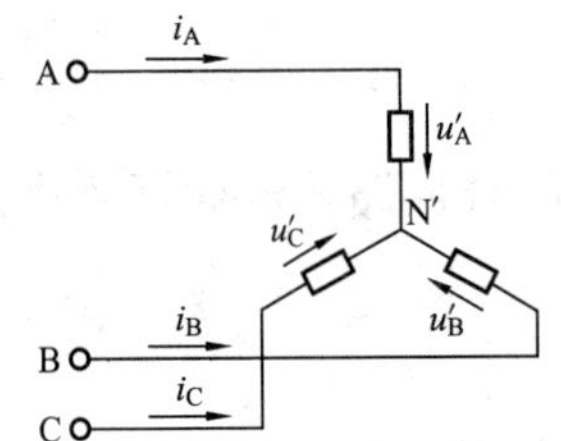

图6-10 三相三线制星形负荷

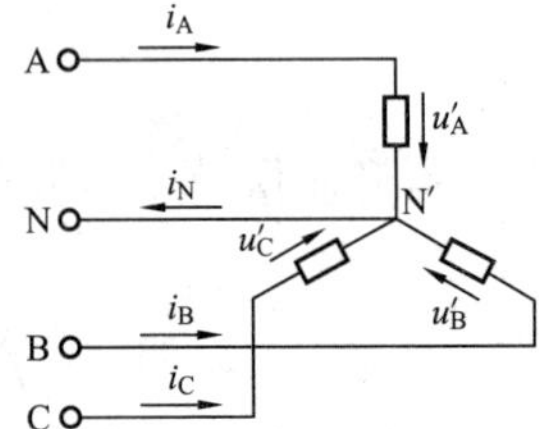

图6-11 三相四线制星形负荷

不论有无中性线，星形负荷的线电压与相电压之间的关系仍服从式（6-4）和式（6-5），即：线电压的瞬时值（或相量）等于相应两个相电压的瞬时值（或相量）之差。

三相负荷对称时，三相相电压必然也对称。因而，与对称三相星形电源一样，线电压与相电压之间也存在$\sqrt{3}$倍的关系，即：对称三相Y连接负荷的线电压等于相电压的$\sqrt{3}$倍。

在三相负荷中，通过每相负荷的电流称为相电流，由于负荷是取用功率的，所以习惯将负荷相电流与负荷相电压取关联的参考方向。通过端线的电流称为线电流，其参考方向规定由电源指向负荷。显然，三相负荷Y连接时，相电流等于线电流。

通过中性线的电流称为中性线电流，记为i_N，规定其参考方向由负荷指向电源。根据KCL

$$i_N=i_A+i_B+i_C \tag{6-8}$$

如果三相电流对称，则$i_N=0$。中性线无电流，可以将中性线去掉，不会对负荷有任何影响，却可节省一根导线。因而，三相电动机、三相电炉等对称负荷，采用三相三线制供电。

二、三角形(△)连接

三相负荷的三角形(△)连接，如图6-12所示。这种连接是将三相负荷的始末端相连，构成一个封闭三角形，再将三个连接点与三相电源相连。

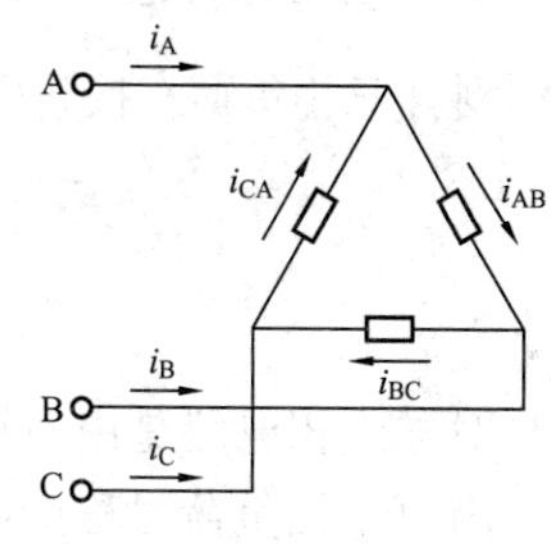

图6-12 三相负荷的三角形(△)连接

由于各相负荷都接在端线之间，所以，三角形连接的负荷，其相电压等于线电压。

因此，不论负荷对称与否，其相电压总是对称的，即

$$U_{AB}=U_{BC}=U_{CA}=U_l=U_p \tag{6-9}$$

在负荷作三角形连接时，相电流和线电流是不同的。根据KCL，它们的关系是

$$\left.\begin{aligned}i_A&=i_{AB}-i_{CA}\\ i_B&=i_{BC}-i_{AB}\\ i_C&=i_{CA}-i_{BC}\end{aligned}\right\} \tag{6-10}$$

或用相量表示

$$\left.\begin{aligned}\dot{I}_A&=\dot{I}_{AB}-\dot{I}_{CA}\\ \dot{I}_B&=\dot{I}_{BC}-\dot{I}_{AB}\\ \dot{I}_C&=\dot{I}_{CA}-\dot{I}_{BC}\end{aligned}\right\} \tag{6-11}$$

即：在△连接的负荷中，线电流的瞬时值(或相量)等于相应的两个相电流的瞬时值(或相量)之差。

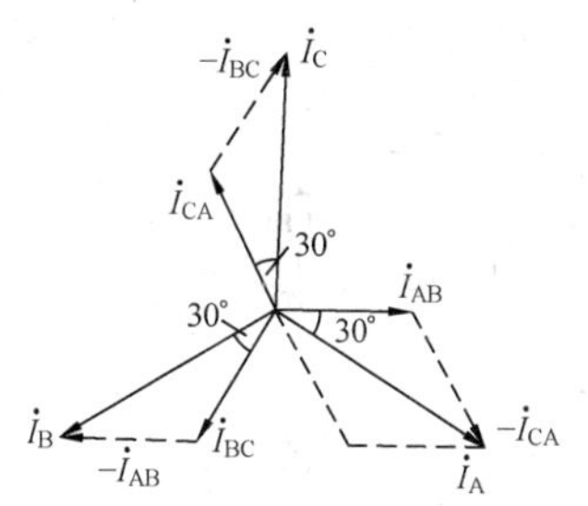

图6-13 对称三相三角形(△)连接负荷的相电流和线电流的关系

如果三个相电流对称，由式(6-11)可作相量图如图6-13所示，从图中不难看出，三个线电流也是对称的，且

$$I_A=\sqrt{3}I_{AB},\quad I_B=\sqrt{3}I_{BC},\quad I_C=\sqrt{3}I_{CA}$$

写成一般式为

$$I_l=\sqrt{3}I_p \tag{6-12}$$

即：对称三相△连接负荷的线电流等于相电流的$\sqrt{3}$倍。

在相位上，线电流$\dot{I}_A$滞后相电流$\dot{I}_{AB}$30°，$\dot{I}_B$滞后$\dot{I}_{BC}$30°，$\dot{I}_C$滞后$\dot{I}_{CA}$30°。即：线电流滞后相应的相电流30°。

【例6-4】 已知对称三相△连接负荷的相电流$\dot{I}_{AB}=10\angle 90°\text{A}$，试写出$\dot{I}_{BC}$、$\dot{I}_{CA}$及各线电流的相量式。

解 根据对称关系，可直接写出

$$\dot{I}_{BC}=10\angle-30°\ (\text{A}),\quad \dot{I}_{CA}=10\angle-150°\ (\text{A})$$

各线电流

$$\dot{I}_A=\sqrt{3}\dot{I}_{AB}\angle-30°=\sqrt{3}\times10\angle 90°\times\angle-30°=10\sqrt{3}\angle 60°\ (\text{A})$$

$$\dot{I}_B=10\sqrt{3}\angle-60°(\text{A}),\quad \dot{I}_C=10\sqrt{3}\angle 180°\ (\text{A})$$

练习与思考题

对称三相负荷△接，已知线电流为17.3A，求相电流；若相电流为17.3A，求线电流。

6-4 对称三相电路的计算

对称三相电路是由对称三相电源和对称三相负荷组成的电路。通常，三相电源总是对称的，因而三相负荷对称的电路就是对称三相电路。

由于三相电源和三相负荷都可以接成Y和△，因此三相电源与三相负荷之间的连接有四种方式，即Y-Y、Y-△、△-△、△-Y。其中，Y-Y接法是典型的三相电路接法，其他各种接法的三相电路都可以等效转换为Y-Y三相电路，所以本节以分析Y-Y三相电路为主。

一、Y-Y三相电路

电源与负荷都是Y连接的电路，又可分为有中性线的三相四线制电路和无中性线的三相三线制电路两种。

图6-14（a）所示为一三相四线制电路，负荷对称，即 $Z_A=Z_B=Z_C=Z$ 电流必然也对称。由于中性线将负荷中性点N′和电源中性点N连在一起，N′和N等电位，所以每相负荷阻抗都直接接到各相电源上，彼此互不影响，各相都是一个独立回路。这样，便可以一相一相分别来计算。图6-15（b）画出了一相（例如A相）的计算电路，得

$$\dot{I}_A=\frac{\dot{U}_A}{Z}$$

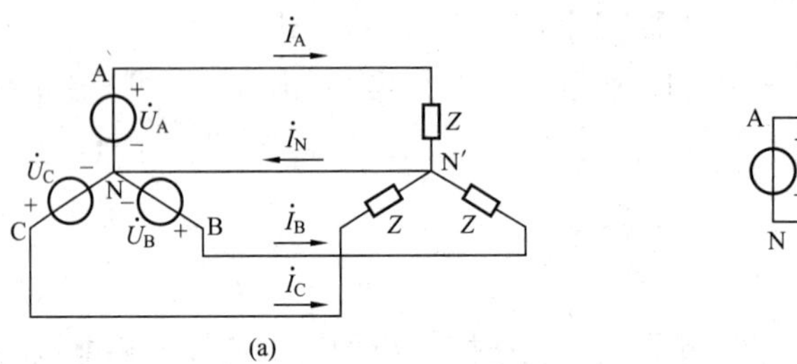

(a)

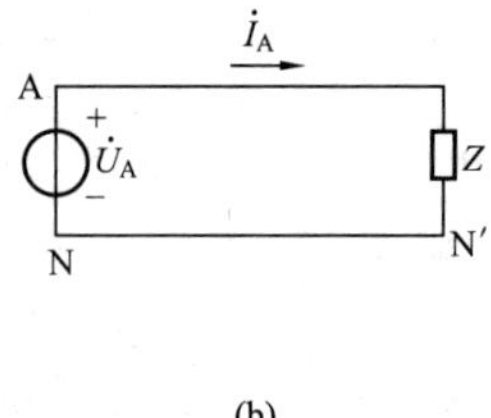

(b)

图6-14 对称三相四线制电路

（a）电路图；（b）一相计算电路

而其他两相可按对称条件直接写出

$$\dot{I}_B=a^2\dot{I}_A,\quad \dot{I}_C=a\dot{I}_A$$

中性线电流

$$\dot{I}_N=\dot{I}_A+\dot{I}_B+\dot{I}_C=0$$

在这种情况下，中性线形同虚设，便可拿掉中性线，成为三相三线电路，如图6-15（a）所示。

这种对称三相三线制Y-Y电路，虽无中性线（或有中性线阻抗），N′仍与N等电位，因而还是可以分相单独计算，图6-15（b）是A相计算电路，虚线相当于假想中性线。

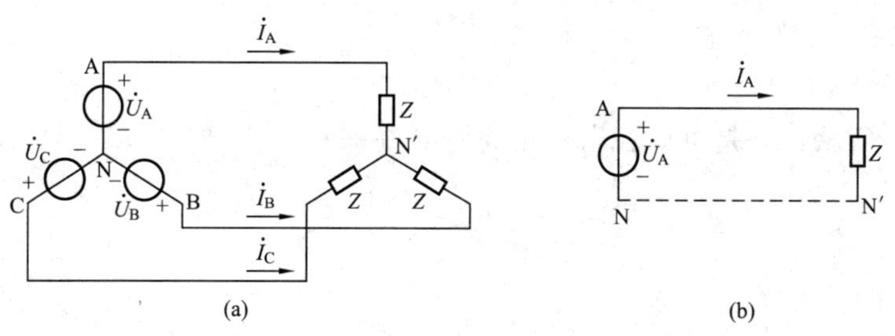

图 6-15　对称三相三线制Y-Y电路

(a) 电路图；(b) A 相计算电路

从以上分析可见：

对称三相Y-Y电路，不论有无中性线（或有无中性线阻抗），都只需任取一相来分析计算。

【例 6-5】 在图 6-15（a）所示对称三相三线制Y-Y电路中，已知每相阻抗 $Z=60+j80\Omega$，电源相电压 $\dot{U}_A=220\angle 0°\text{V}$，试求各相电流。

解　将 N′和 N 用假想中性线相连，求得

$$\dot{I}_A=\frac{\dot{U}_A}{Z}=\frac{220\angle 0°}{60+j80}=\frac{220\angle 0°}{100\angle 53.1°}=2.2\angle -53.1°\ (\text{A})$$

由对称关系得

$$\dot{I}_B=a^2\dot{I}_A=2.2\angle -53.1°\times\angle -120°=2.2\angle -173.1°\ (\text{A})$$

$$\dot{I}_C=a\dot{I}_A=2.2\angle -53.1°\times\angle 120°=2.2\angle 66.9°\ (\text{A})$$

二、有线路阻抗的对称负荷△接法的电路

图 6-16（a）为有线路阻抗的对称负荷△接法电路，如果线路阻抗 Z_L 很小，可以忽略不计，则每相负荷两端的电压为电源线电压，即 $\dot{U}_{A'B'}=\dot{U}_{AB}$，便可方便计算出负荷的相电流和线电流。

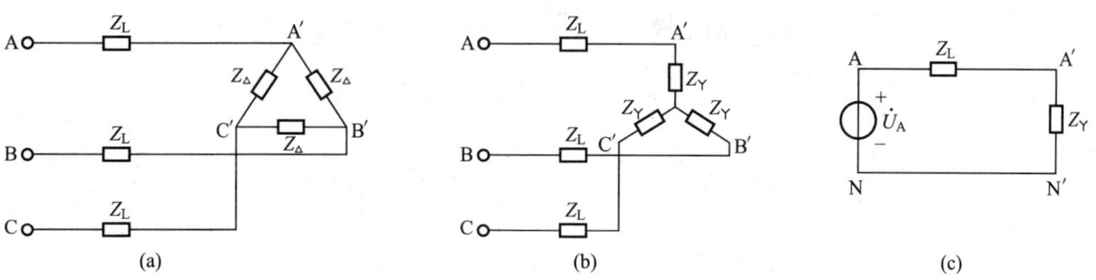

图 6-16　对称负荷△接法电路

(a) 原电路；(b) △-Y变换后；(c) 一相计算电路

如果线路阻抗 Z_l 必须计及，则负荷阻抗的端电压不再等于电源的端电压，即 $U_{A'B'}\neq U_{AB}$，便不能按欧姆定律的相量形式直接求取相电流。此时，应将△连接的负荷变换为Y连接。根据△-Y等效变换原理，在对称情况下，有

$$Z_Y=\frac{1}{3}Z_\triangle$$

再将 Z_l 带入，每相Y接阻抗

$$Z = Z_l + Z_Y$$

如图 6－13（b）所示，于是可计算出一相的线电流

$$I_A = I_B = I_C = I_l = \frac{U_A}{|Z|} = \frac{U_l}{\sqrt{3}\,|Z|}$$

而△接法负荷中的相电流

$$I_{A'B'} = I_{B'C'} = I_{C'A'} = I_p = \frac{I_l}{\sqrt{3}} = \frac{U_{AB}}{3\,|Z|}$$

【例 6－6】 已知对称三相负荷△连接，每相阻抗 $Z_\triangle = 30 + j30\Omega$，线路阻抗 $Z_l = 1 + j1\Omega$，电源线电压 $U_l = 380V$，求负荷中的相电流。

解 将△负荷等效变换为Y负荷，每相等效阻抗

$$Z_Y = \frac{1}{3}Z_\triangle = \frac{1}{3}(30 + j30) = 10 + j10\ (\Omega)$$

每相电路阻抗

$$Z = Z_l + Z_Y = (1 + j1) + (10 + j10) = 11 + j11 = 11\sqrt{2}\angle 45^\circ\ (\Omega)$$

电源等效Y连接的相电压

$$U_A = U_B = U_C = U_l/\sqrt{3} = 380/\sqrt{3} = 220\ (V)$$

电路线电流

$$I_A = I_B = I_C = I_l = \frac{U_A}{|Z|} = \frac{220}{11\sqrt{2}} = 14.1\ (A)$$

△接法负荷中的相电流

$$I_{A'B'} = I_{B'C'} = I_{C'A'} = I_p = \frac{I_l}{\sqrt{3}} = \frac{14.1}{\sqrt{3}} = 8.15\ (A)$$

练习与思考题

试作出图 6－17 所示对称三相电路的单线图（一相计算电路图）。

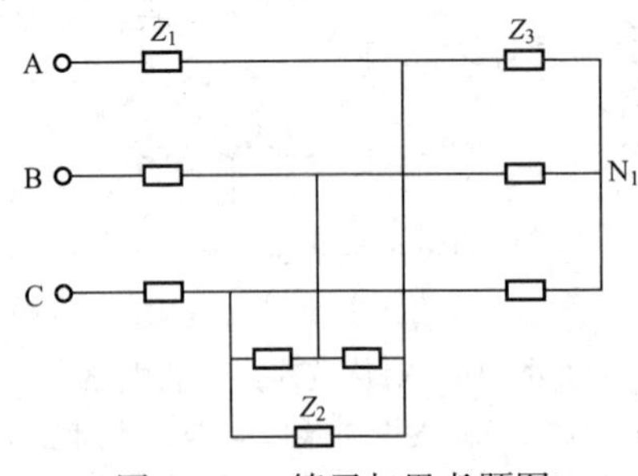

图 6－17 练习与思考题图

6－5 不对称三相四线制电路的计算

在三相四线制电路中，电源通常是对称的，而三相负荷常常是不对称的，特别是低压配

电系统，各相的照明、家电负荷很难做到均衡。此外，负荷和线路发生的断路、短路等故障也是造成三相电路不对称的原因。

图6-18所示为一三相四线制电路，若不计线路阻抗，则各相负荷直接接到电源的相电压上，各相电流分别为

$$\dot{I}_A=\frac{\dot{U}_A}{Z_A}, \dot{I}_B=\frac{\dot{U}_B}{Z_B}, \dot{I}_C=\frac{\dot{U}_C}{Z_C}$$

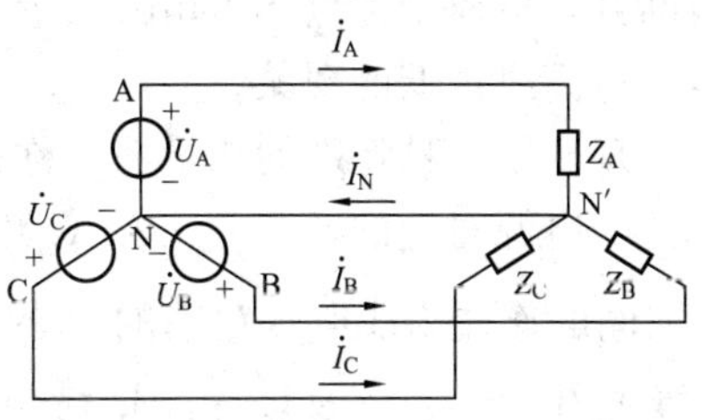

图6-18 不对称三相四线制电路

因各相负荷阻抗不相等，各相电流也就不对称，故中性线有电流，为

$$\dot{I}_N=\dot{I}_A+\dot{I}_B+\dot{I}_C$$

【例6-7】 一三相四线制电路，负荷为电阻性，已知$R_A=22\Omega$、$R_B=R_C=11\Omega$，电源电压对称，相电压为220V，求各相电流和中性线电流。

解 各相电流的有效值

$$I_A=\frac{U_A}{R_A}=\frac{220}{22}=10\ (\text{A})$$

$$I_B=\frac{U_B}{R_B}=\frac{220}{11}=20\ (\text{A})$$

$$I_C=\frac{U_C}{R_C}=\frac{220}{11}=20\ (\text{A})$$

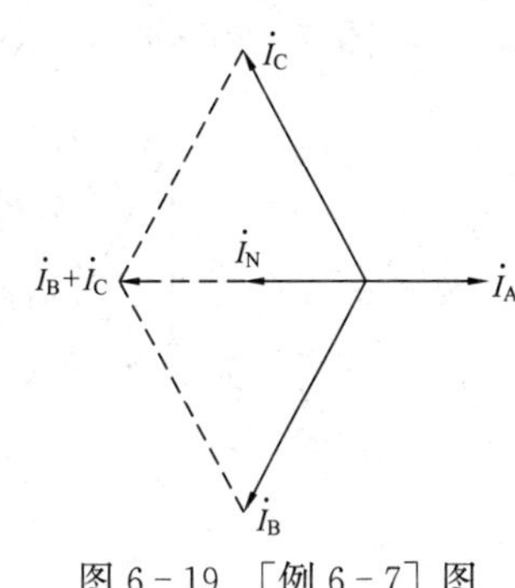

图6-19 ［例6-7］图

以$\dot{I}_A$为参考相量，则中性线电流

$$\dot{I}_N=\dot{I}_A+\dot{I}_B+\dot{I}_C=10\angle 0°+20\angle -120°+20\angle 120°=10\angle 180°=-10\text{A}$$

作各电流的相量图如图6-19所示。

练习与思考题

1. 中性线的作用是什么？
2. 中性线上能不能安装熔丝或开关？

6-6 低压三相电路的故障

1. 一相负荷短路

在低压配电线路中，一相负荷发生短路是常见故障之一，短路时的电流很大（理论上为无限大），导致熔丝烧断、低压断路器动作。除因安装和检修不当导致短路外，灯头、开关因油污或劣质家电因焊点过近等造成短路也时有发生。

2. 一相负荷断开

一些电器因内部故障而停止工作，这时要分析原因，如电风扇不转的原因可能是内置电容器短路或开路；仪器或电热器的冷却电风扇，因绕组导线过细而容易断线，电子产品常因电路板焊接点虚焊或元器件质量问题导致无法使用。找出问题后，小问题可以自己动手解决，大一点的问题需更换元器件。

3. 电压过高或过低

如果电源电压偏离正常值过多，如应为 220V，实测竟达 300V；过低时，只有 100V 左右。这是供电线路的问题——中性点位移。

负荷中性点 N′与电源中性点 N 之间有导线相连，因此中性点电压 $U_{N'N}=0$。如果中性线断开，负荷中性点 N′的电位不受制约，$U_{N'N}\neq 0$。导致三相负荷的相电压不对称，出现相电压过高或过低的现象。

现介绍一种特殊的相量图，称为位形图：重画三相电源Y连接的相量图于图 6－20，并标注与电源对应的各点 A、B、C 和 N，A、B、C 构成一正三角形，N 在重心上。显然，A、B 之间的连线为线电压 U_{AB} 的大小，而 B 至 A 的方向即为 $\dot{U}_{AB}$ 的相位。同样，A、N 之间的矢量代表 $\dot{U}_{AN}$（即 $\dot{U}_{A}$）。由于线电压是对称的，所以 A、B、C 的位置固定不动，在正常情况下，电源中性点 N 在重心位置，也是固定不动的。如果负荷对称，$U_{N'N}=0$，则 N′与 N 重合，如图 6－20（a）所示。

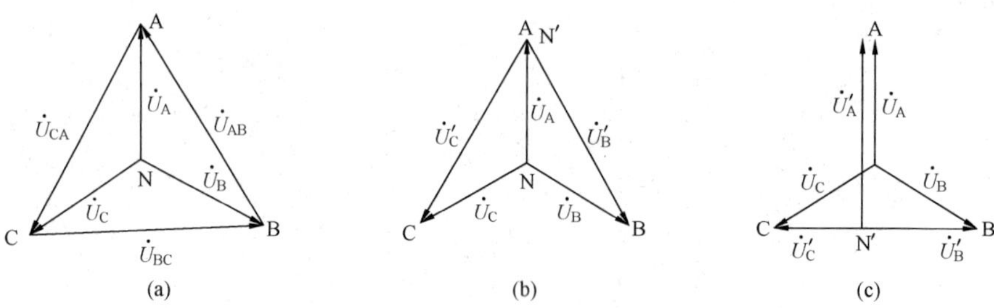

图 6－20　三相Y－Y电路位形图

（a）对称负荷；（b）A 相负荷短路；（c）A 相负荷断开

如果负荷不对称，又无中性线，则 $U_{N'N}\neq 0$，N′与 N 不再重合，称为中性点位移。下面讨论两种情况：

（1）A 相负荷短路。负荷中性点 N′与电源端点 A 直接相连，在位形图中，N′应与 A 重合，如图 6－20（b）所示。因此，负荷各相电压为

$$U'_{A}=U_{AN'}=0$$

$$U'_{B}=U_{BN'}=\sqrt{3}U_{p}$$

$$U'_{C}=U_{CN'}=\sqrt{3}U_{p}$$

即 A 相负荷电压为零，B、C 两种负荷的电压上升为线电压，也就是由 220V 上升到 380V。

（2）A 相负荷断开。此时 B、C 两相负荷阻抗串联接在线电压 U_{BC} 上，如果两个阻抗相同，而 N′处在串联阻抗的中间，在位形图上，N′处在 BC 连线的中点，如图 6－20（c）所示。因此，负荷 B、C 两相的电压为

$$U'_{B}=\frac{1}{2}U_{BC}=\frac{1}{2}U_{l}=\frac{\sqrt{3}}{2}U_{p}$$

$$U'_{C}=\frac{1}{2}U_{BC}=\frac{1}{2}U_{l}=\frac{\sqrt{3}}{2}U_{p}$$

A 相断开处的电压

$$U'_A=\frac{3}{2}U_p=1.5U_p$$

即B、C两相负荷电压下降为正常值的$\sqrt{3}/2$倍，由220V下降到180V，而A相断开处的电压则为330V。

由于中性线断开常不为人所知，特别是架空的中性线有连接点处，因铝线氧化而接触不良，导致中性点位移，所以只要发生一相电压过高，很多家电烧坏，必定是中性线断开造成的后果。

练习与思考题

三相四线制电路中，测得线电流均为10A，试问中性线电流是否一定为零？

6-7　三相电路的功率

一、三相有功功率、无功功率和视在功率

三相负荷吸取的有功功率为各相有功功率之和，即

$$P=P_A+P_B+P_C=U_AI_A\cos\varphi_A+U_BI_B\cos\varphi_B+U_CI_C\cos\varphi_C$$

在对称情况下

$$P=3U_PI_P\cos\varphi$$

不论负荷是Y接还是△接，均有$3U_pI_p=\sqrt{3}U_lI_l$，因此便得到以线量表示的三相功率公式

$$P=\sqrt{3}U_lI_l\cos\varphi \tag{6-13}$$

同理可得对称情况下，三相无功功率的计算式

$$Q=\sqrt{3}U_lI_l\sin\varphi \tag{6-14}$$

三相视在功率的计算式

$$S=\sqrt{3}UI \quad （线量常省去下标 l） \tag{6-15}$$

三相负荷的功率因数

$$\lambda=\frac{P}{S} \tag{6-16}$$

在对称情况下，对称三相负荷的功率因数就是一相负荷的功率因数。

二、三相瞬时功率

三相电路总的瞬时功率为各相瞬时功率之和，即

$$p=p_A+p_B+p_C=u_Ai_A+u_Bi_B+u_Ci_C$$

其中每相瞬时功率都由一项常量$U_pI_p\cos\varphi$和一项交变量组成，相加时交变量相互抵消，总瞬时功率为

$$p=3U_pI_p\cos\varphi=\sqrt{3}U_lI_l\cos\varphi=P$$

正好等于三相有功功率，是一个常量。这是三相电路的一个优点，总的瞬时功率为恒定值，表明三相旋转电机的瞬时转矩也是恒定的，运转就比较平稳，噪声也就小。

【例6-8】 有一台三相电动机，其绕组接成三角形，铭牌值为$U=380$V，$P=7.5$kW，功率因数$\lambda=0.8$，效率$\eta=0.95$。试求额定情况下电动机的线电流和相电流。

解 线电流为

$$I=\frac{P}{\sqrt{3}U\cos\varphi\cdot\eta}=\frac{7.5\times10^{3}}{\sqrt{3}\times380\times0.8\times0.95}=15\ (\mathrm{A})$$

三角形连接绕组的相电流

$$I_{\mathrm{p}}=\frac{I}{\sqrt{3}}=\frac{15}{\sqrt{3}}=8.7\ (\mathrm{A})$$

练习与思考题

$P=\sqrt{3}UI\cos\varphi$ 式中，φ 是线电压与线电流的相位差，还是相电压与相电流的相位差？

6-8 对称分量的概念

一、对称三相正弦量

凡是大小相等、频率相同、相位差彼此相等的三个正弦量，称为对称三相正弦量。满足上述对称条件的对称正弦量共有三种：

（1）正序对称量。用 $\dot{A}_1$、$\dot{B}_1$、$\dot{C}_1$ 表示，其相序是 A→B→C→A，即 $\dot{A}_1$ 超前 $\dot{B}_1$120°，$\dot{C}_1$ 超前 $\dot{A}_1$120°，如图 6-21（a）所示。

（2）负序对称量。用 $\dot{A}_2$、$\dot{B}_2$、$\dot{C}_2$ 表示，其相序是 A→C→B→A，即 $\dot{A}_2$ 超前 $\dot{C}_2$120°，$\dot{C}_2$ 超前 $\dot{B}_2$120°，$\dot{B}_2$ 超前 $\dot{A}_2$120°，如图 6-21（b）所示。

（3）零序对称量。用 $\dot{A}_0$、$\dot{B}_0$、$\dot{C}_0$ 表示，它们的相位差是 0°，即同相位，如图 6-21（c）所示。

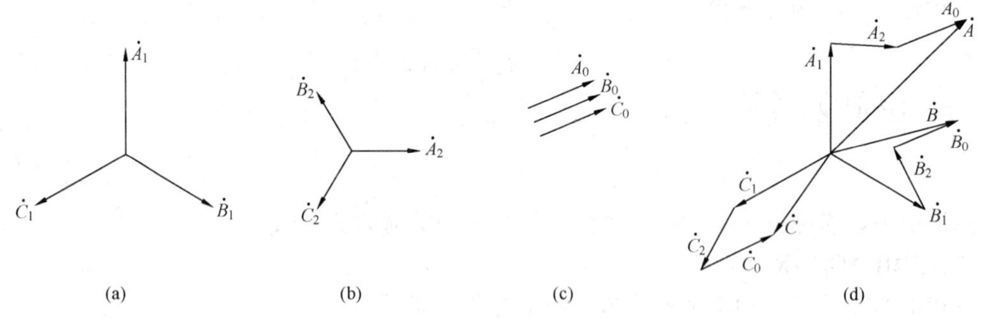

图 6-21 三相对称正弦量

（a）正序对称量；（b）负序对称量；（c）零序对称量；（d）相加为一组不对称量

将上述三组同频率的对称量的各相相加，可以得到一组同频率的不对称量 $\dot{A}$、$\dot{B}$、$\dot{C}$，如图 6-21（d）所示。图中

$$\left.\begin{aligned}\dot{A}&=\dot{A}_1+\dot{A}_2+\dot{A}_0\\\dot{B}&=\dot{B}_1+\dot{B}_2+\dot{B}_0\\\dot{C}&=\dot{C}_1+\dot{C}_2+\dot{C}_0\end{aligned}\right\}\tag{6-17}$$

二、不对称三相正弦量的分解

任意一组不对称三相正弦量能否分解为三组对称正弦量呢？也就是说，给定不对称量 $\dot{A}$、$\dot{B}$、$\dot{C}$ 能否将其分解为 $\dot{A}_1$、$\dot{B}_1$、$\dot{C}_1$，$\dot{A}_2$、$\dot{B}_2$、$\dot{C}_2$ 及 $\dot{A}_0$、$\dot{B}_0$、$\dot{C}_0$ 三组分量呢？

式（6－17）中共有九个未知量，但它们有如下关系

$$\dot{A}_0=\dot{B}_0=\dot{C}_0$$

$$\dot{B}_1=a^2\dot{A}_1,\quad \dot{B}_2=a\dot{A}_2$$

$$\dot{C}_1=a\dot{A}_1,\quad \dot{C}_2=a^2\dot{A}_2$$

代入式（6－17），可得

$$\dot{A}=\dot{A}_1+\dot{A}_2+\dot{A}_0 \tag{6-18a}$$

$$\dot{B}=a^2\dot{A}_1+a\dot{A}_2+\dot{A}_0 \tag{6-18b}$$

$$\dot{C}=a\dot{A}_1+a^2\dot{A}_2+\dot{A}_0 \tag{6-18c}$$

上面三个方程式，只有三个未知量 $\dot{A}_1$、$\dot{A}_2$ 和 $\dot{A}_0$，因而可以解出 $\dot{A}_1$、$\dot{A}_2$ 和 $\dot{A}_0$。求解时，可将三式相加，由于 $1+a^2+a=0$ 则得

$$\dot{A}_0=\frac{1}{3}(\dot{A}+\dot{B}+\dot{C}) \tag{6-19a}$$

即，零序分量等于三个不对称量之相量和的$\frac{1}{3}$。

将式（6－18b）乘以 a，式（6－18c）乘以 a^2，再与式（6－18a）相加，可得

$$\dot{A}_1=\frac{1}{3}(\dot{A}+a\dot{B}+a^2\dot{C}) \tag{6-19b}$$

将式（6－18b）乘以 a^2，式（6－18c）乘以 a，再与式（6－18a）相加，可得

$$\dot{A}_2=\frac{1}{3}(\dot{A}+a^2\dot{B}+a\dot{C}) \tag{6-19c}$$

求得 $\dot{A}_0$、$\dot{A}_1$、$\dot{A}_2$ 后，根据对称关系，也就可以得出 $\dot{B}_0$、$\dot{B}_1$、$\dot{B}_2$ 和 $\dot{C}_0$、$\dot{C}_1$、$\dot{C}_2$。因而任意一组同频率的不对称三相正弦量可以分解为三组频率相同，但相序不同的对称分量。分解时，除正序分量外，负序分量和零序分量不一定都存在。

【例 6－9】 有一三相三线制对称星形负荷，其相电压为 U_p，当发生 A 相负荷短路时，三相负荷的相电压为

$$\dot{U}'_A=0$$

$$\dot{U}'_B=\sqrt{3}U_p\angle-150^\circ=U_l\angle-150^\circ$$

$$\dot{U}'_C=\sqrt{3}U_p\angle150^\circ=U_l\angle150^\circ$$

相量图如图 6－22 所示。试将其分解为对称分量。

解　根据式（6－18），零序分量为

$$\dot{U}_{A0}=\frac{1}{3}(\dot{U}'_A+\dot{U}'_B+\dot{U}'_C)=\frac{1}{3}(0+\dot{U}_l\angle-150^\circ+\dot{U}_l\angle150^\circ)$$

$$=\frac{\sqrt{3}}{3}U_l\angle-180^\circ=U_p\angle-180^\circ$$

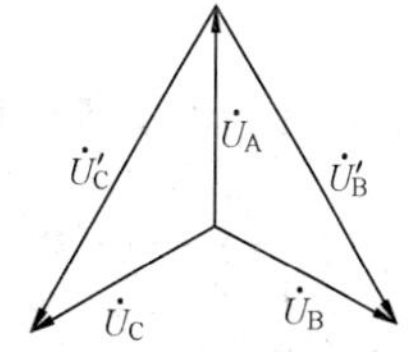

图 6－22　［例 6－9］图

正序分量为

$$\dot{U}_{A1}=\frac{1}{3}(\dot{U}'_A+a\dot{U}'_B+a^2\dot{U}'_C)$$
$$=\frac{1}{3}[0+U_l\angle(-150^\circ+120^\circ)+U_l\angle(150^\circ-120^\circ)]$$
$$=\frac{1}{3}(U_l\angle-30^\circ+U_l\angle30^\circ)$$
$$=\frac{\sqrt{3}}{3}U_l\angle0^\circ=\dot{U}_p\angle0^\circ$$

$$\dot{U}_{A2}=\frac{1}{3}(\dot{U}'_A+a^2\dot{U}'_B+a\dot{U}'_C)$$
$$=\frac{1}{3}[0+U_l\angle(-150^\circ-120^\circ)+U_l\angle(150^\circ+120^\circ)]$$
$$=\frac{1}{3}(U_l\angle90^\circ+U_l\angle-90^\circ)=0$$

图 6－23 画出了零序对称分量和正序对称分量的相量图（没有负序分量）。如将对称分量的各相相量相加，可得原来的不对称三相相电压，如图 6－23（c）所示。

不对称三相正弦量分解为对称分量时，除正序分量外，负序分量和零序分量不一定都存在。如在三相三线制电路中，因为三个线电流之和

$$\dot{I}_A+\dot{I}_B+\dot{I}_C=0$$

所以线电流不对称时，不存在零序分量，也即不对称是由于线电流中含有负序分量的缘故。

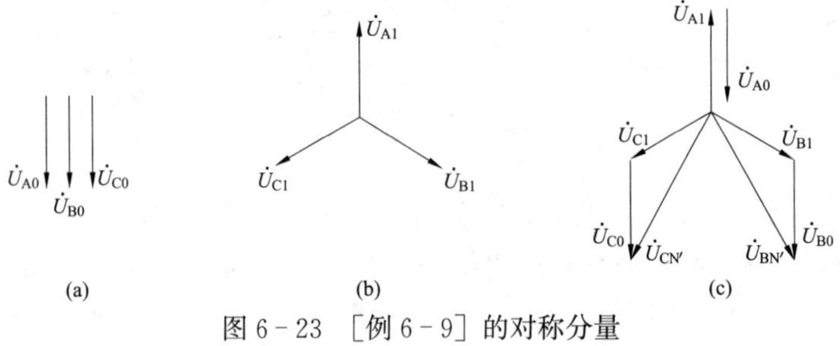

图 6－23 ［例 6－9］的对称分量

（a）零序对称分量；（b）正序对称分量；（c）原不对称三相相电压

自 检 题

1. 已知对称三相正弦电压的相量 $\dot{U}_A=220\angle30^\circ$ V，则 $\dot{U}_B=$__________，$\dot{U}_C=$__________。

2. 已知对称三相正弦电压的解析式 $u_B=100\sin(\omega t-90^\circ)$ V，则 $u_A=$__________，$u_C=$__________，它们的相量 $\dot{U}_A=$__________，$\dot{U}_B=$__________，$\dot{U}_C=$__________。

3. 已知 u_A、u_B、u_C 为一组对称正弦电压，则 $u_A(T/3)+u_B(T/3)+u_C(T/3)=$__________。

4. 三相电源Y接，已知 $\dot{U}_B=220\angle-90°$V，则线电压 $\dot{U}_{BC}=$__________，$\dot{U}_{CA}=$__________，$\dot{U}_{AB}=$__________。

5. 三相四线制电路中，线电流的参考方向由__________指向__________，中性线电流的参考方向由__________指向__________。

6. 三相四线制电路中，中性线电流的相量 $\dot{I}_N=$__________，对称时 $\dot{I}_N=$__________。

7. 三相负荷Y接时，相电流=__________。三相负荷△接时，相电压=__________。

8. 三相负荷△接时，线电流的相量，等于相应两个相电流相量的__________。即 $\dot{I}_A=$__________，$\dot{I}_B=$__________，$\dot{I}_C=$__________。

9. 对称三相负荷△接时，线电流等于__________倍相电流。若相电流 $\dot{I}_{AB}=1\angle0°$A，即线电流 $\dot{I}_A=$__________。

10. 已知三相对称电源的相电压为220V，而Y接对称三相负荷的相电压是127V，则三相电源应作__________连接。

11. 将三相对称电路中的一相取出，画出的电路称为__________，三相电路的计算便可简化为单相电路的计算。

12. 对于对称三相三线制Y电路，可设想在负荷中性点N′和电源中性点N之间连上__________，然后再画出单线图。对于对称三相四线制电路，如果中性线有阻抗 Z_N，画单线图时，应将此阻抗__________。

13. 不对称负荷Y/Y。电路，中性线电流 $\dot{I}_N=$__________。

14. 三相电路中出现中性点电压的现象称为__________。

15. 三相Y接负荷一相开路时，其他两相负荷串联接在__________上。

16. 三相Y接负荷一相负荷短路时，其他两相负荷的电压上升到__________。

17. 中性线的作用是迫使各负荷的相电压__________。

习　题

6-4节

6-1　$R=60\Omega$ 和 $X_L=80\Omega$ 串联的每相阻抗，连接成Y形负荷，接于线电压为380V的对称三相电源上，求各相负荷的电压和电流。

6-2　一对称△连接的负荷，每相阻抗 $Z=100\Omega$，对称三相电压为380V，求负荷相电流和线电流。

6-5节

6-3　一三相四线制电阻电路，已知 $R_A=11\Omega$，$R_B=R_C=22\Omega$，接于线电压为380V的对称三相电源上，试求各相电流和中线电流的有效值，并以A相电压为参考画出相量图。

6-4　一三相四线制电灯电路，已知A相灯泡为2.2kW，B相和C相灯泡均为4.4kW，试求各相电流和中性线电流，并以A相电压为参考画出相量图。

6-5　图6-24所示电路，对称电源线电压为380V，$R=X_L=X_C=22\Omega$，试求各相电流和中性线电流，并画出相量图。

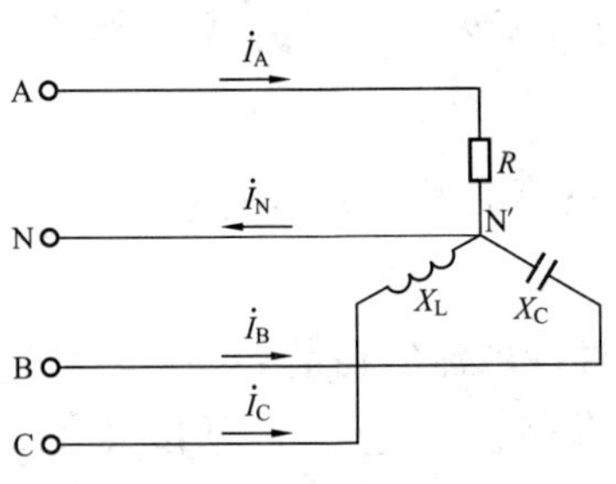

图 6-24 习题 6-5 图

课堂讨论四 三相交流电路

目的：

（1）熟悉对称三相电路线量和相量的关系。

（2）掌握不对称三相电路的计算。

一、对称三相Y接电路

1. 已知 $\dot{U}_A=220\underline{/90°}$ V，求

$\dot{U}_B=$________；$\dot{U}_C=$________。

$\dot{U}_{AB}=$________；$\dot{U}_{BC}=$________；$\dot{U}_{CA}=$________。

2. 对称三相阻抗 $Z=10\underline{/37°}\ \Omega$，接于上题电压，求：

$\dot{I}_A=$________ $\dot{I}_B=$________ $\dot{I}_C=$________。

3. 画出以上电压、电流的相量图。

二、对称三相△接电路

1. 已知 $\dot{U}_{AB}=380\underline{/0°}$ V，求：

$\dot{U}_{BC}=$________；$\dot{U}_{CA}=$________。

2. 对称三相阻抗 $Z=10\underline{/37°}\ \Omega$ 接于上题电源，求：

$\dot{I}_{AB}=$________；$\dot{I}_{BC}=$________；$\dot{I}_{CA}=$________。

$\dot{I}_A=$________；$\dot{I}_B=$________；$\dot{I}_C=$________。

3. 画出以上电压、电流相量图。

三、不对称三相电路

1. 图 6-25 所示电路，对称三相电源线电压为 380V，$R=X_L=X_C=22\Omega$，试求各相电流和中线电流，并画出相量图。

2. 图6-26 所示电路，已知 $R=X_L=X_C=38\Omega$，对称三相电源线电压为 380V，求各线电流。

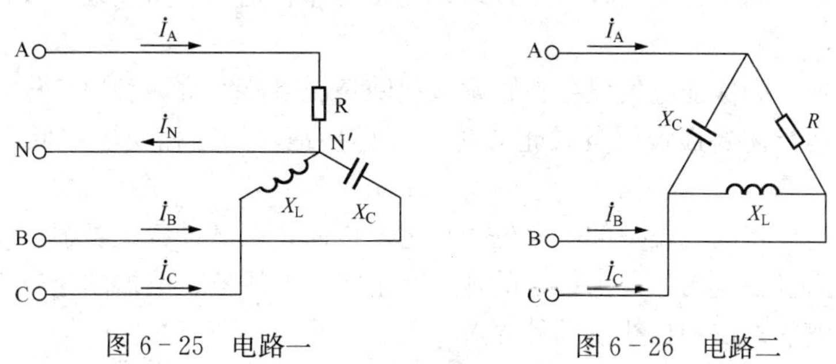

图6-25 电路一　　图6-26 电路二

3. 对于图6-27 所示对称三相△连接的负荷，在正常情况下，三个电流表读数均为 17.3A，试求：

（1）BC 相负荷断开时，三个电流表 PA1、PA2、PA3 的读数；

（2）A 线断开时，三个电流表 PA1、PA2、PA3 的读数。

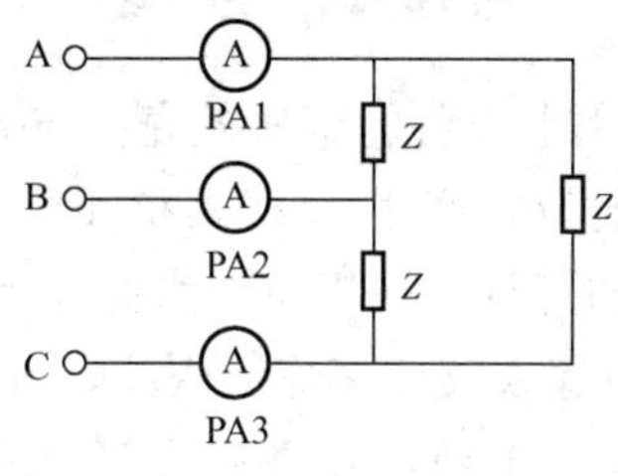

图6-27 电路三

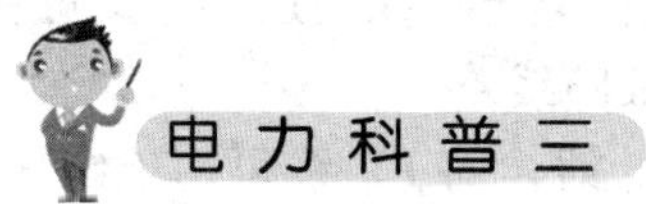

三相送电线路和配电线路

从发电厂到枢纽变电站、地区变电站，以及枢纽变电站之间、地区变电站之间的三相架空电力线路，是专用于输送三相电能的，称为送电线路，又称为输电线路。其电压等级主要为 110、220kV 和 500kV 等，其中 500kV 的也称为超高压送电线路。

从地区变电站到用电单位变电站或城市、乡镇的电力线路，以及从发电厂直接配给用电单位的三相电力线路，称为配电线路。根据电压等级的高低，又分为高压配电线路和低压配电线路。一般 10、35、110kV 和 220kV 为高压配电线路，380V（单相 220V）为低压配电线路。

架空电力线路的电压高低，应根据输送功率和输送距离来选定。一般来说，电压越高，输送的功率越大、输送的距离越远。例如，35kV 架空线路，输送距离为 50km，输送功率为 2 万～5 万 kW；110kV 架空线路，输送距离为 100km，输送功率为 3 万～6 万 kW。

接地和重复接地

接地 电气设备和电力线路杆塔用接地线与接地体相连，称为接地。按目的不同接地可分为三种：

（1）工作接地。为保证电气设备在正常或故障情况下能安全可靠地工作，防止因故障而引起高电压，按运行需要而设置的接地，称为工作接地，如三相变压器低压侧中性点直接接地。

（2）保护接地。将电气设备的金属外壳接地，以防止电气设备绝缘损坏使外壳带电而危及人身安全。电力设备应当作保护接地的地方有电机、变压器、电器的金属底座和外壳，配电盘的框架，电缆的外皮和接线盒的外壳等。

（3）防雷接地。为泄掉雷电流和消除雷击产生的过电压而设置的接地。

重复接地 将零（中性）线的一处或多处通过接地体与大地再次连接，称为重复接地。采用重复接地可以防止零线断线时的触电危险，也可以降低设备绝缘损坏时金属外壳的对地电压。

PE 线和 PEN 线

PE 线就是保护地线。以前，用电设备的金属外壳都与 N 线（即中性线）相连，当三相负荷不平衡时，N 线上有不平衡电流，产生 N 线阻抗压降，使 N 线对地电位升高。这样，与 N 线相连的金属外壳就有麻手的感觉。在棉纺、水泥等具有粉尘或导电尘埃的生产场所，这种带电外壳对地产生的火花会引起火灾或爆炸。因此，自 20 世纪 80 年代初，采用 IEC 标准后，对接零系统的保护地线引起了重视，并将它从 N 线中分连出来。有的自变压器中性点直接引出 PE 线，有的自重复接地点后引出 PE 线，目的是使三相不平衡电流和单相工作电流不流过 PE 线，使 PE 线的电位等于零或接近零，又可在单相接地短路时产生足够大的短路电流使开关动作，及时切断故障线路。

N 线与相线一样，采用绝缘导线，而 PE 线可用绝缘导线或裸导体。与 N 线分开后的 PE 线不再相连。因为 N 线上有对地电压，与 PE 线相连后，形成回路，就有环流，会引起 N 线及 PE 线过热，损坏 N 线的绝缘。同时 PE 线的电位不再是零，又会出现过去接零系统的缺点，造成人身和设备的不安全。

PE 线是通过单相短路电流的，它的阻抗要满足在发生单相接地短路时能按规范要求可靠地使开关动作。据此，它可取与 N 线相同的截面。若几组干线合用一根 PE 线时，可取这些干线中 N 线截面之和。

自变压器低压侧中性点起，N 线及 PE 线合成一线的，称为 PEN 线，永不分开。它适用于三相负荷平衡的冷加工工厂，PEN 线上的电位接近于零。IEC 标准及我国规范规定，PE 线和 PEN 线应采用黄绿相间线以便区别。

变频调速技术

交流电动机以其结构简单、运行可靠、使用方便和价格便宜，在工农业生产中得到广泛应用，但是它有一个缺点，即难以实现调速运行。

由于电子元件和电脑控制技术的迅速发展，出现了用于调速的变频器，它输入三相

50Hz 的交流电，而输出 0.2～400Hz 的交流电，供交流电动机实现调速。

实际使用表明，水泵、风机采用变频调节可节电 30%以上，综合动力设备可节电 50%，而大型变压器的冷却风扇采用变频调节可节电 70%。使用变频器不仅节约电量可观，而且操作方便，只要旋转变频器面板上的旋钮就可以实现变频调速，既可手调，又可遥控，还可以闭环自动调节。调频器体积小、质量轻，10kW 以下的变频器的整体质量只有 10kg 重。

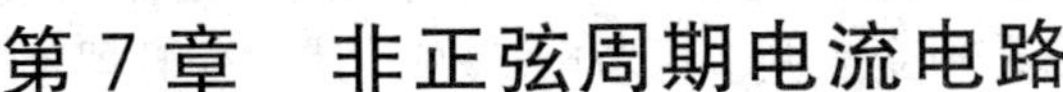

第7章　非正弦周期电流电路

7-1　非 正 弦 交 流 电

前面讨论了正弦电路，在正弦电路中的电压和电流都是按正弦规律变化的。但实际电路，还常常遇到电路中的电压和电流不按正弦规律变化的情况。图7－1给出了几种常见的非正弦电压、电流的波形，它们都是周期性的，称为周期性非正弦电压和电流。

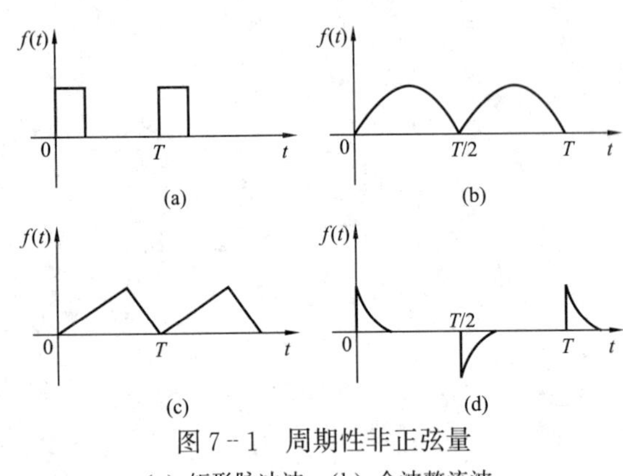

图7－1　周期性非正弦量

（a）矩形脉冲波；（b）全波整流波；（c）锯齿波；（d）尖脉冲波

电路中出现非正弦电压、电流的原因主要有下面几种：

（1）发电机产生的电动势不可能完全符合正弦波形。由于结构和制造上的原因，气隙中的磁场不可能完全按正弦规律分布，感应产生的电动势自然也不可能是理想的正弦波形。

（2）有些电源的电压本身就是非正弦的，如方波发生器提供的是矩形波电压。

（3）电路中存在非线性元件。因此，即使电源提供的是正弦电压，电路中的电压和电流也不可能是正弦波。

（4）电路中有多个不同频率的电源同时作用，即使每个电源是正弦的，重叠后的波形也是非正弦的。

下面举三例说明。

【例7－1】　图7－2（a）所示的两电压源，已知

$$u_{s1}=U_{1m}\sin\omega t$$

$$u_{s3}=U_{3m}\sin 3\omega t,\quad 且\ U_{1m}=3U_{3m}$$

试求端电压 u 的波形。

解　画出 u_{s1} 和 u_{s3} 的波形如图7－2（b）中虚线所示，用曲线相加法求得 $u=u_{s1}+u_{s3}$ 的波形，它为一平顶波。

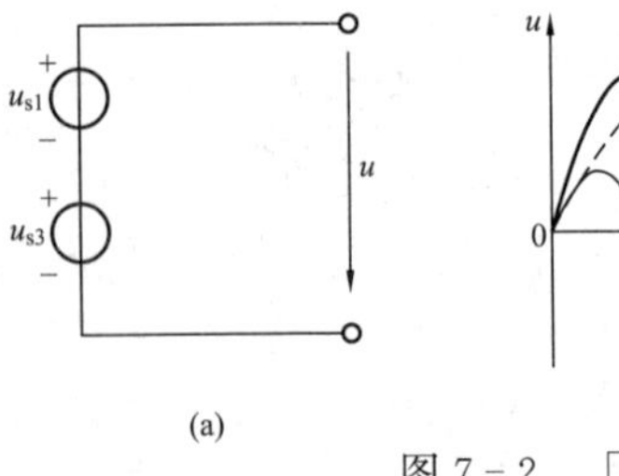

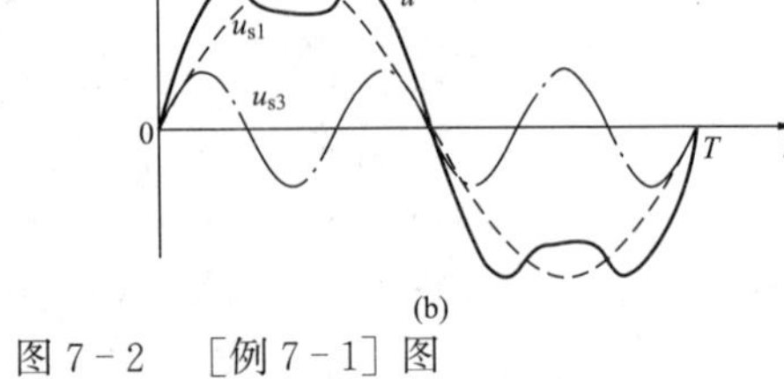

图7－2　［例7－1］图

（a）两个电压源组成的电路；（b）电压波形图

【例7－2】　若将［例7－1］中 u_{s3} 的初相改为180°，即 $u_{s3}=U_{3m}\sin(3\omega t+180°)$，试求端电压 u 的波形。

解　画出 u_{s1} 和 u_{s3} 的波形如图7－3所示，用曲线相加法求得 $u=u_{s1}+u_{s3}$ 的波形，它为一尖顶波。

【例7－3】　将［例7－1］中的 u_{s3} 的初相改为90°，即 $u_{s3}=U_{3m}\sin(3\omega t+90°)$，试求端

电压 u 的波形。

解　画出 u_{s1} 和 u_{s3} 的波形如图 7-4 中虚线所示，用曲线相加法求得 $u=u_{s1}+u_{s3}$ 的波形，它为一畸变尖顶波。

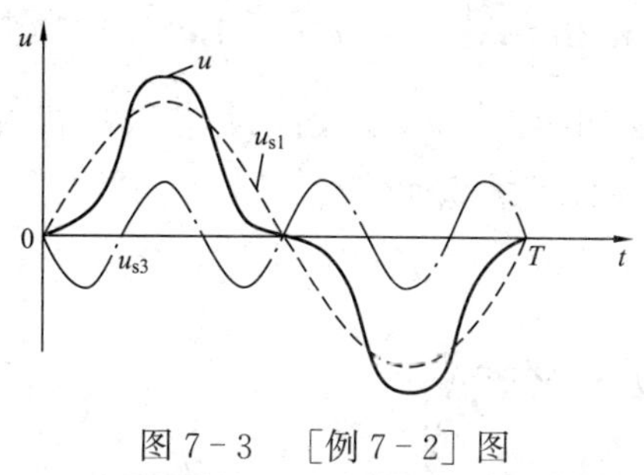

图 7-3　[例 7-2] 图

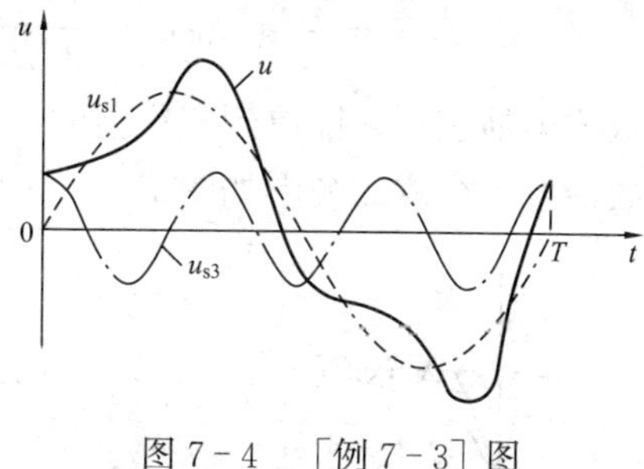

图 7-4　[例 7-3] 图

由以上三例可见，两个不同频率（ω 和 3ω）的正弦量之和为一非正弦量，且此非正弦量的波形随其中一个正弦量的初相不同而改变。

推广后可知：

多个不同频率的正弦量之和为一非正弦量。各正弦量的初相或幅值的改变都会影响合成的非正弦量的波形。

练习与思考题

将下列 i_1 和 i_2 相加，试问 $i=i_1+i_2$ 是正弦波，还是非正弦波？

(1) $i_1=3\sin\omega t$ A，$i_2=\sin(\omega t+30°)$ A；

(2) $i_1=3\sin\omega t$ A，$i_2=\sin 2\omega t$ A；

(3) $i_1=9\sin 314t$ A，$i_2=3\sin 924t$ A。

7-2　非正弦周期量的分解

由 7-1 节可知，若干个不同频率的正弦量之和为一非正弦量，那么反过来，这个非正弦量也可以分解为若干个不同频率的正弦分量。

由数学知识可知，满足一定条件的非正弦周期函数 $f(t)$，可以展开成傅里叶级数，即可以分解为一系列频率成整数倍的三角函数。$f(t)$ 分解为

$$\begin{aligned} f(t) &= A_0 + A_{1m}\sin(\omega t+\Psi_1) + A_{2m}\sin(2\omega t+\Psi_2) + \cdots \\ &= A_0 + \sum_{k=1}^{\infty} A_{km}\sin(k\omega t+\Psi_k) \end{aligned} \tag{7-1}$$

式中：$\omega=\frac{2\pi}{T}$，T 为 $f(t)$ 的周期，即 ω 与 $f(t)$ 的角频率相同；A_0 是常数项，称为 $f(t)$ 的恒定分量或直流分量；$A_{1m}\sin(\omega t+\Psi_1)$ 的频率与 $f(t)$ 的频率相同，称为 $f(t)$ 的基波分量或一次谐波；$A_{2m}\sin(2\omega t+\Psi_2)$ 的频率为 $f(t)$ 频率的两倍，称为二次谐波；依次类推，其余各项分别称为三次谐波、四次谐波等。通常将二次及二次以上的谐波称为高次谐波。

将一个非正弦周期函数分解为一系列不同频率的三角函数，称为谐波分析。由于工程上常见的非正弦周期函数的傅里叶级数是收敛的，即谐波的次数越高，其幅值越小。因此，在

工程计算中只需取前几项的谐波，就能近似地表示原来的非正弦周期函数，具体取多少项，要根据工程所需的精度而定。

例如，对于矩形波，设其幅值为 A，周期为 T，则它的傅里叶展开式为

$$f(t)=\frac{4A}{\pi}\left(\sin\omega t+\frac{1}{3}\sin 3\omega t+\frac{1}{5}\sin 5\omega t+\frac{1}{7}\sin 7\omega t+\cdots\right) \tag{7-2}$$

若取式中前三项，即取到五次谐波，得到的波形如图 7－5（a）所示。若取前四项，即取到七次谐波，合成的波形如图 7－5（b）所示，就较接近于矩形波。

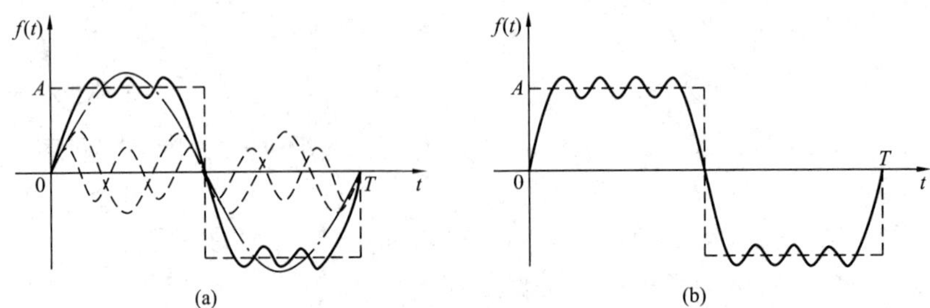

图 7－5 矩形波的合成

（a）只取前三项的合成波形；（b）只取前四项的合成波形

电工技术中常见的非正弦周期量的傅里叶级数展开式见表 7－1。

表 7－1 几种非正弦周期量的傅里叶级数展开式

名称	波形	傅里叶级数	有效值	平均值
矩形波		$f(t)=\frac{4A}{\pi}\left(\sin\omega t+\frac{1}{3}\sin 3\omega t+\frac{1}{5}\sin 5\omega t+\frac{1}{7}\sin 7\omega t+\cdots\right)$	A	A
三角波		$f(t)=\frac{8A}{\pi^2}\left(\sin\omega t-\frac{1}{9}\sin 3\omega t+\frac{1}{25}\sin 5\omega t-\frac{1}{49}\sin 7\omega t+\cdots\right)$	$\frac{A}{\sqrt{3}}$	$\frac{A}{2}$
锯齿波		$f(t)=\frac{A}{2}-\frac{A}{\pi}\left(\sin\omega t+\frac{1}{2}\sin 2\omega t+\frac{1}{3}\sin 3\omega t+\frac{1}{4}\sin 4\omega t+\cdots\right)$	$\frac{A}{\sqrt{3}}$	$\frac{A}{2}$
全波整流		$f(t)=\frac{4A_m}{\pi}\left(\frac{1}{2}-\frac{1}{3}\cos 2\omega t-\frac{1}{3\times 5}\cos 4\omega t-\frac{1}{5\times 7}\cos 6\omega t-\cdots\right)$	$\frac{A}{\sqrt{2}}$	$\frac{2}{\sqrt{\pi}}A$
半波整流		$f(t)=A_m=\left(\frac{1}{\pi}+\frac{1}{2}\sin\omega t-\frac{1}{\pi}\times\frac{1}{3}\cos 2\omega t-\frac{2}{\pi}\times\frac{1}{3\times 5}\cos 4\omega t-\cdots\right)$	$\frac{A}{2}$	$\frac{A}{\pi}$

练习与思考题

观察表 7－1 中波形，试判断哪些波形不含恒定分量。

7-3　非正弦周期量的有效值、平均值和电路的有功功率

一、有效值

非正弦电流的有效值计算式为

$$I=\sqrt{I_0^2+I_1^2+I_2^2+\cdots} \tag{7-3}$$

即：非正弦周期电流的有效值等于各次谐波电流有效值的平方和的平方根。

同理，非正弦周期电压的有效值也可写为

$$U=\sqrt{U_0^2+U_1^2+U_2^2+\cdots} \tag{7-4}$$

应当注意，非正弦周期量的最大值与有效值之间不再存在$\sqrt{2}$倍关系，但对各次谐波而言，最大值与有效值之间仍有$\sqrt{2}$倍关系，即

$$I_1=\frac{I_{1m}}{\sqrt{2}},\quad I_2=\frac{I_{2m}}{\sqrt{2}},\quad \cdots$$

【例 7-4】　一非正弦电流 $i=3+12\sqrt{2}\sin\omega t+4\sqrt{2}\sin3\omega t\,\text{A}$，试求其有效值。

解　根据式（7-3）

$$I=\sqrt{I_0^2+I_1^2+I_3^2}=\sqrt{3^2+12^2+4^2}=\sqrt{169}=13\ (\text{A})$$

【例 7-5】　一矩形波电压，幅值为 100V，试用傅里叶级数的前四项，求其有效值。

解　矩形波的傅里叶展开式为

$$u=\frac{4\times100}{\pi}\left(\sin\omega t+\frac{1}{3}\sin3\omega t+\frac{1}{5}\sin5\omega t+\frac{1}{7}\sin7\omega t+\cdots\right)$$

取前四项计算有效值

$$U=\sqrt{\left(\frac{4\times100}{\pi}\times\frac{1}{\sqrt{2}}\right)^2\left(1+\frac{1}{3^2}+\frac{1}{5^2}+\frac{1}{7^2}\right)}=\frac{400}{\pi}\times\sqrt{0.5858}=98\ (\text{V})$$

与实际有效值 100V 相比，误差为 2%。

二、平均值

在电工技术中，常把周期交变量的绝对值在一个周期内的平均值定义为平均值，因此也称均绝值，用下标 av 表示。

对于幅值为 A 的矩形波，其平均值仍为 A，而不是零。

对于幅值为 A 的正弦量，其平均值为$\frac{2}{\pi}A$。对于有效值为 220V 的正弦电压，其平均值

$$U_{av}=\frac{2}{\pi}U_m=\frac{2\sqrt{2}}{\pi}U=0.9U=0.9\times220=198\ (\text{V})$$

三、有功功率

设有一个无源二端网络在关联参考方向下的端电压和电流分别为

$$u=U_0+u_1+u_2+\cdots$$

$$i=I_0+i_1+i_2+\cdots$$

则网络吸收的有功功率为

$$P = U_0 I_0 + U_1 I_1 \cos\varphi_1 + U_2 I_2 \cos\varphi_2 + \cdots$$
$$= P_0 + P_1 + P_2 + \cdots \quad (7-5)$$

式中：$P_0 = U_0 I_0$ 为电压和电流的直流分量构成的功率；$P_1 = U_1 I_1 \cos\varphi_1$ 为电压和电流的基波分量构成的功率；$P_2 = U_2 I_2 \cos\varphi_2$ 为电压和电流的二次谐波分量构成的功率。

式（7－5）表明：

非正弦电路的有功功率等于直流分量和各次谐波的有功功率之和，只有同次谐波的电压和电流才构成有功功率，不同次谐波的电压和电流不构成有功功率。

【例 7－6】 已知一无源二端网络在关联参考方向下的端电压和电流分别为

$$u = [10 + 100\sqrt{2}\sin(314t + 30°) + 30\sqrt{2}\sin 942t]\ (\text{V})$$

$$i = [2 + 5\sqrt{2}(314t - 30°)]\ (\text{A})$$

求此网络吸收的平均功率（即有功功率）。

解 根据式（7－5）得

$$P = U_0 I_0 + U_1 U_1 \cos\varphi_1$$
$$= 10 \times 2 + 100 \times 5 \times \cos[30° - (-30°)] = 270\ (\text{W})$$

练习与思考题

幅值相同的半波整流波和全波整流波，前者的平均值和有效值是否为后者的一半？

7－4 非正弦周期电流电路的分析计算

非正弦电源作用于线性电路的计算方法，主要是应用叠加定理：先求直流电源和各次谐波电源分别单独作用时所产生的电流（或电压），再进行叠加。一般可按以下三个步骤进行：

（1）把给定的非正弦电源的电压（或电流）分解为直流分量和各次谐波分量，所取谐波次数要视所要求的准确度而定。

（2）分别计算电源的直流分量和各次谐波分量单独作用时各支路中的电流。其中直流分量作用时，电容相当于开路，电感相当于短路。各次谐波分量单独作用时，计算方法同第 5 章和第 6 章。但应注意，对不同频率的谐波，感抗和容抗的数值是不同的。电感 L 对基波（角频率为 ω）的感抗 $X_{L1} = \omega L$，而对 k 次谐波的感抗则为

$$X_{Lk} = k\omega L = kX_{L1} \quad (7-6)$$

电容 C 对基波的容抗 $X_{C1} = \dfrac{1}{\omega C}$，而对 k 次谐波的容抗则为

$$X_{Ck} = \frac{1}{k\omega C} = \frac{1}{k} X_{C1} \quad (7-7)$$

对于 RLC 串联电路，k 次谐波的阻抗和阻抗角为

$$|Z_k| = \sqrt{R^2 + \left(k\omega L - \frac{1}{k\omega C}\right)^2} \quad (7-8)$$

$$\varphi_k = \arctan \frac{k\omega L - \dfrac{1}{k\omega C}}{R} \quad (7-9)$$

(3) 根据叠加定理，将上面计算所得的结果进行叠加。叠加时，各分量应以瞬时值表示，而不能用相量形式，因为不同频率正弦量的相量进行叠加是没有意义的。

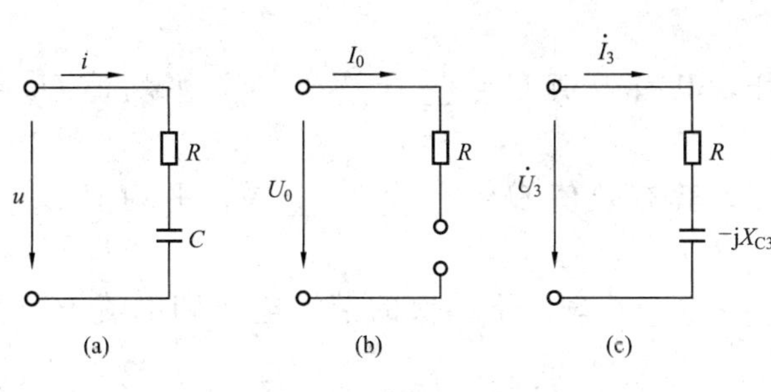

图 7-6　[例 7-7] 图

(a) 电路图；(b) U_0 单独作用；(c) U_3 单独作用

【例 7-7】 图 7-6 (a) 所示电路，$R=4\Omega$，$\frac{1}{\omega C}=9\Omega$，非正弦电源的电压 $u=5+10\sqrt{2}\sin 3\omega t\,\text{V}$，求电路中的电流 i。

解 电源电压的两个分量为：直流分量 $U_0=5\text{V}$，三次谐波分量 $u_3=10\sqrt{2}\sin 3\omega t\,\text{V}$。

应用叠加定理，求两电压分量分别单独作用时的电流。

(1) U_0 单独作用时，电容相当于开路，电路如图 7-6 (b) 所示，故 $I_0=0$。

(2) u_3 单独作用时，可用相量法进行计算，电路如图 7-6 (c) 所示，则

$$X_{C3}=\frac{1}{k\omega C}=\frac{9}{3}=3\ (\Omega)$$

电路的三次谐波复阻抗

$$Z_3=R-jX_C=4-j3=5\angle-36.9^\circ(\Omega)$$

三次谐波电流相量

$$\dot{I}_3=\frac{\dot{U}_3}{Z_3}=\frac{10}{5\angle-36.9^\circ}=2\angle 36.9^\circ\ (\text{A})$$

其瞬时值表示式

$$i_3=2\sqrt{2}\sin(3\omega t+36.9^\circ)\ (\text{A})$$

将两电流分量叠加，得电路电流

$$i=I_0+i_3=2\sqrt{2}\sin(3\omega t+36.9^\circ)\ (\text{A})$$

练习与思考题

1. RL 串联电路的基波复阻抗 $Z_1=4+j3\Omega$，求电路对三次谐波的复阻抗。
2. RC 串联电路的基波复阻抗 $Z_1=4-j3\Omega$，求电路对三次谐波的复阻抗。

自 检 题

1. 两个同频率的正弦量之和为一_________，两个不同频率的正弦量之和为一_________。

2. 已知 $u=(100\sin 314t+30\sin 628t+10\sin 924t)$ V，则 u 的频率 $f=$_________，基波的频率 $f_1=$_________，三次谐波的频率 $f_3=$_________。

3. 已知 $i_1=10\sin\omega t\,\text{A}$，$i_2=3\sin 3\omega t$，则 $i=i_1-i_2$ 是_________波。

4. 周期性非正弦波的正负面积相等时，其_________分量为零。

5. 已知 $i=3+8\sqrt{2}\sin\omega t+4\sin3\omega t$ A，则有效值 $I=$________。

6. 一幅值为100V的矩形电压，其有效值 $U=$________V，平均值（均绝值）$U_{av}=$________V。

7. 一幅值为100V的全波整流电压，其有效值 $U=$________V，平均值 $U_{av}=$________V。

8. 一幅值为100V的半波整流电压，其有效值 $U=$________V，平均值 $U_{av}=$________V。

9. 同次的谐波电压和电流产生________功率，不同次的谐波电压和电流不产生________功率。

10. 直流分量单独作用于电路时，电容相当于________，电感相当于________。

11. RL串联电路的基波阻抗 $Z_1=3+\mathrm{j}1\Omega$，其三次谐波阻抗 $Z_3=$________。

12. RC串联电路的基波阻抗 $Z_1=1-\mathrm{j}3\Omega$，其三次谐波阻抗 $Z_3=$________。

13. 一支路的基波和三次谐波电流相量分别为 $\dot{I}_1=4$A，$\dot{I}_3=3\angle90°$A，则此支路电流的有效值 $I=$________A，瞬时值表示式 $i=$________。

习　题

7-3节

7-1　求 $i=3+12\sqrt{2}\sin\omega t-4\sqrt{2}\sin3\omega t$ A 的有效值，

7-2　试求幅值为100V的全波整流电压的有效值和平均值。

7-4节

7-3　有一非正弦电压 $u=100\sqrt{2}\sin\omega t+30\sqrt{2}\sin3\omega t$ V，分别加在下列三种元件上：①$R=10\Omega$ 的电阻元件；②$\omega L=10\Omega$ 的电感元件；③$\dfrac{1}{\omega C}=10\Omega$ 的电容元件。试求三元件中的电流 i。

7-4　一无源二端网络的端电压和电流分别为

$$u=(50+80\sqrt{2}\sin\omega t-4\sqrt{2}\sin3\omega t)\mathrm{V}$$

$$i=[2+3\sqrt{2}\sin(\omega t-60°)+2\sin(3\omega t+45°)]\mathrm{A}$$

求二端网络吸收的平均功率。

谐　波　污　染

随着科学技术的进步，特别是工业中各种整流设备、直流开关电源和电气化铁道的不断涌现，各种电子产品和电子计算机的广泛使用，以及其他非线性负荷的存在，使得电网电压和电流的波形发生畸变，它们不再是正弦波形。电网中的畸变电压和电流会产生大量的高次谐波（电力谐波），从而使得电力系统的一些主要设备和广大用户受到不同程度的危害。

谐波的影响主要有下面几点：

(1) 使同步发电机产生强噪声，转子温度增高。

(2) 使异步电动机的附加损耗和发热增加，严重时发生电动机烧毁事故。湖北安陆铝厂的整流装置改造以前，安陆变电站 10kV 侧谐波电压较高，致使安陆棉纺厂 380V 侧异步电动机烧毁累计达数百台，特别是七、八月份高温季节，每月烧坏电动机 30～40 台次。现在铝厂新整流装置投运，由 12 脉冲变为 36 脉冲，谐波问题已经缓和。所以，对非线性用电设备谐波的监测和治理，是一个重要的问题。

(3) 对继电保护和自动装置产生信号干扰，引起误动。1990 年 4 月，葛洲坝换流站空载投入换流变压器时，因励磁涌流中二次和四次谐波的影响，曾经三次引起姚双线瑞典产的行波保护误动，造成华中电网解列事故。

(4) 由谐波电压或电流在电网上产生的谐振，引起系统过电压和过电流，危及电气设备的安全。

(5) 造成电能测量的误差。用户消耗的功率由基波功率和各高次谐波功率组成，即

$$P = U_1 I_1 \cos\varphi_1 + \sum_{n=2}^{\infty} U_n I_n \cos\varphi_n$$

感应式电能表是按工频纯正弦交流额定工况设计制造的，而各高次谐波功率比等量基波功率产生的转矩要小，这就使得非线性负荷的用户不仅构成对电网的谐波污染，还要少交电费，显然是不合理的。

(6) 在附近通信网络中引起杂声，使信号失真，造成信号干扰。

第8章 电路的过渡过程

8-1 换路定律

一、暂态过程产生的原因

自然界的物质运动从一种稳定状态转变到另一种稳定状态，中间要经历一个过渡过程，如火车从静止到正常行驶有个加速过程，从正常行驶到停止有个减速过程，加速或减速就是火车的过渡过程。电风扇接通电源后，转速由零增至一定值，启动电流也由零增至额定值，这也是过渡过程。

为什么会产生过渡过程呢？这是因为物质在一定的稳定状态下都具有一定的能量，当状态改变时，能量也随着改变，而能量的改变是需要一定时间的。例如火车的加速需要几分钟，电动机的加速需要几秒钟，它们都不可能在零秒内完成状态的改变，除非提供的功率为无穷大。因此，物质具有的能量只能渐变而不能跃变（突变），过渡过程的产生是由于能量不能跃变而造成的。

在电路中，由于开关的接通、断开，参数的突然变化，短路等都会产生过渡过程，这些电路工作状态的改变统称换路。电路的过渡过程在很多情况下经历的时间都很短暂，往往只有几毫秒甚至几微秒，因而又称暂态过程，简称暂态。暂态过程虽然为时短暂，但在实际工程中却是非常重要的。

二、换路定律

由于能量不能跃变，因而与能量有关的某些量也不能跃变。例如：

物体的动能$\left(\frac{1}{2}mv^2\right)$不能跃变，因而物体运动的速度 v 也不能跃变。

物体的势能（mgh）不能跃变，因而物体的高度 h 也不能跃变。

在电路中，电感元件 L 储有磁场能量 W_L，$W_L=\frac{1}{2}Li_L^2$，由于磁场能量不能跃变，因而电感元件中的电流 i_L 就不能跃变。

在电容元件 C 中，储有电场能量 W_C，$W_C=\frac{1}{2}Cu_C^2$，由于电场能量不能跃变，因而电容元件的电压 u_C 就不能跃变。

电路在换路时刻，电感电流和电容电压不能跃变，称为换路定律。

为了用数学形式表示换路定律，将换路的时刻作为计时起点，记为 $t=0$；以 $t=0_-$ 为换路前的一瞬间，以 $t=0_+$ 为换路后的一瞬间，则在 $t=0$ 的时刻，电感电流 i_L 和电容电压 u_C 不能跃变的规律可表示为

$$\left.\begin{aligned}i_L(0_+)&=i_L(0_-)\\u_C(0_+)&=u_C(0_-)\end{aligned}\right\}\tag{8-1}$$

0_- 和 0_+ 在数值上都等于零，但 0_- 是指 t 从负值趋近于 0，而 0_+ 是指 t 从正值趋近于 0。$t=0$ 时发生换路，$t=0_-$ 则尚未换路，而 $t=0_+$ 则已经换路。如春节联欢晚会上零点时敲响钟声，设为 $t=0$，则 $t=0_-$ 是指去年最后一瞬间，而 $t=0_+$ 是指今年最初一瞬间。

三、初始值的确定

电路中的电压、电流在换路后的初始瞬间 $t=0_+$ 的值，称为初始值。电感电流的初始值 $i_L(0_+)$ 和电容电压的初始值 $u_C(0_+)$ 可按换路定律来确定，通常先由 $t=0_-$ 的电路求出 $i_L(0_-)$ 和 $u_C(0_-)$，再来确定 $i_L(0_+)$ 和 $u_C(0_+)$。而其他电压、电流的初始值（如电感电压、电容电流、电阻电压和电阻电流的初始值）要由 $t=0_+$ 的电路，根据 KCL、KVL 和欧姆定律来确定。这也就是说，除电感电流和电容电压外，其他电压、电流是可以跃变的。

【例 8-1】 图 8-1（a）所示电路，$t=0$ 时开关 S 闭合，闭合前电路已处于稳态。试求换路后的初始值 $u_C(0_+)$、$i_1(0_+)$、$i_2(0_+)$ 和 $i_C(0_+)$。

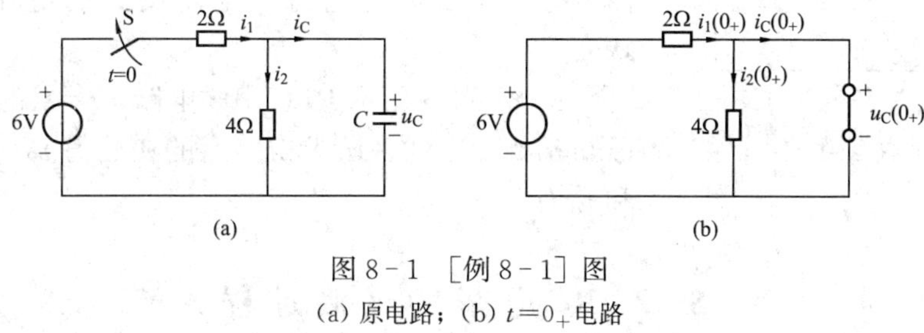

图 8-1 ［例 8-1］图

（a）原电路；（b）$t=0_+$ 电路

解 因开关合上前电容上无电压，$u_C(0_-)=0$，按换路定律

$$u_C(0_+)=u_C(0_-)=0$$

电容相当于短路，可用一短路线代替，如图 8-1（b）所示，再求其他初始值

$$i_1(0_+)=i_C(0_+)=\frac{6}{2}=3\ (\text{A})$$

$$i_2(0_+)=0\ (\text{A})$$

【例 8-2】 图 8-2（a）所示电路，其中 R_V 为电压表内阻。$t=0$ 时开关 S 打开，打开前电路已处于稳态，试求换路后的初始值 $i_L(0_+)$ 和 $u_V(0_+)$。

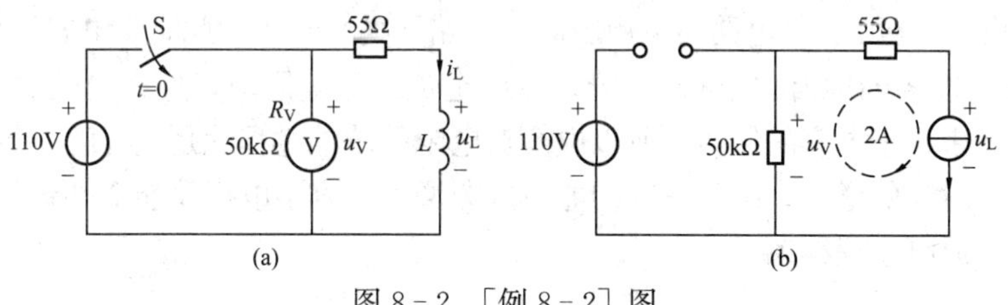

图 8-2 ［例 8-2］图

（a）原电路；（b）$t=0_+$ 时的等效电路

解 开关打开前电感电流已达稳态，故

$$i_L(0_-)=\frac{110}{55}=2\ (\text{A})$$

$t=0_+$ 时刻，按换路定律

$$i_L(0_+)=i_L(0_-)=2\ (\text{A})$$

电感元件 L 可用一 2A 电流源等效代替，如图 8-2（b）所示，2A 电流以右网孔为回路，故电压表两端的电压

$$u_V(0_+)=-50\times10^3\times2=-100\times10^3\ (\text{V})$$

$u_V(0_+)$ 为负值，表明电压表所受电压的极性为上负下正，电压表在反向高电压作用下将会损坏。因而在实际测量时，断开 S 前必须先取下电压表。此时电感的初始电流 2A 将以电源为回路，强行通过断开点，在开关 S 的断开点会出现火花（即电弧），以瞬间续流。

练习与思考题

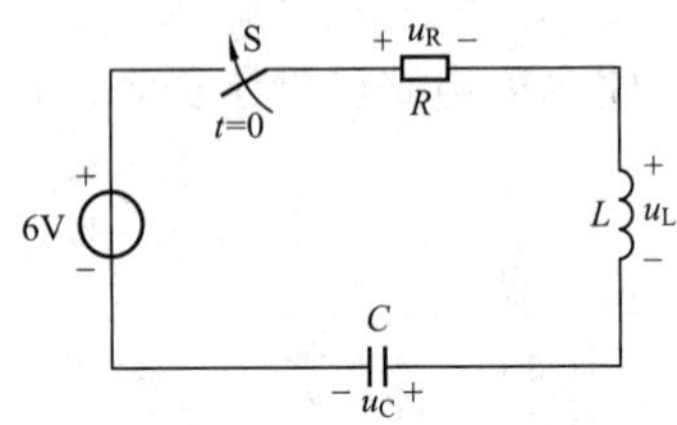

图 8-3　练习与思考题 4 图

1. 电路中暂态过程产生的原因是什么？

2. 电阻电路在换路时会不会产生暂态过程？

3. 换路时为什么电感电流和电容电压不发生跃变，而电感电压、电容电流和电阻支路的电压、电流可以跃变？

4. 图 8-3 所示 RLC 串联电路，$t=0$ 时开关 S 闭合，已知 $u_C(0_-)=0$，试求换路后的初始值 $u_R(0_+)$、$u_L(0_+)$ 和 $u_C(0_+)$。

8-2　RC 电路的过渡过程

在电路分析中，常将电源施加给电路的电压和电流称为激励，或称输入。由激励在电路各部分产生的电压和电流称为响应，又称输出。

一、RC 电路的放电过程（零输入响应）

所谓零输入，就是没有电源激励，也就是没有电源给电路施加电压和电流。在这种情况下，仅依靠储能元件（电容元件和电感元件）的初始储能在电路中产生的电压和电流，称为零输入响应。分析 RC 电路的零输入响应，实际上就是分析电容对电阻的放电。

1. 电容对电阻放电的物理过程

图 8-4 所示的 RC 电路，开关 S 原来在 1 的位置，电容已充有电，其上电压为 U_0。$t=0$ 时，将开关由 1 合至 2，使电路与电源脱离，电路不再有输入。此时，电容开始向电阻放电，产生放电电流，电容电压也随之逐渐下降。放电电流经过电阻时，要在电阻中产生能量损耗，这部分能量损耗来自于电容的储能，所以电容对电阻的放电过程就是电容的电场储能转变为热能的过程。随着时间的增加，电阻消耗的能量逐渐增多，直至电容储能全部释放为止，电容电压最终降为零，放电过程结束。

2. 电容放电时电容电压 u_C 的数学表达式

将开水桶的龙头打开时，水面高度 h 随时间 t 下降的过程如图 8-5 所示，几乎每隔一

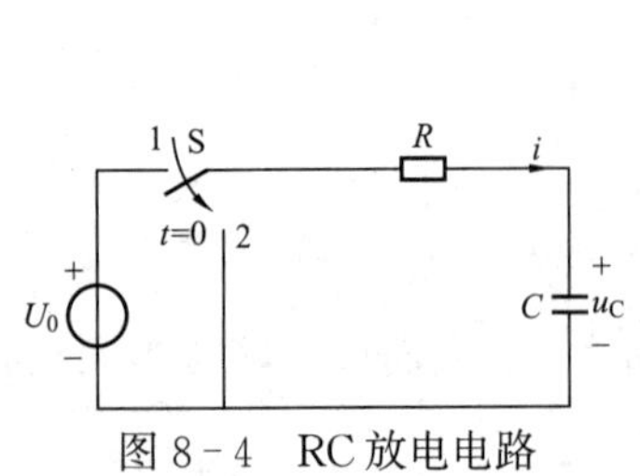

图 8-4　RC 放电电路

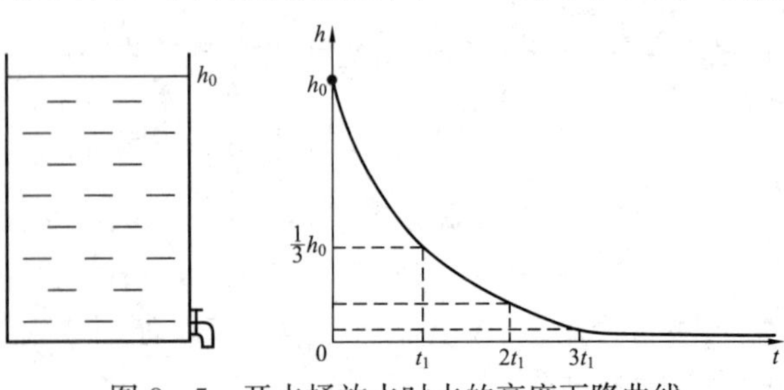

图 8-5　开水桶放水时水的高度下降曲线

段时间 t_1 降为原来的1/3，下降是先快后慢的。充电的电容对电阻放电时，其端电压 u_C 衰减的过程与水的下降过程相似。经精密测定和数学推导，u_C 随时间 t 的变化曲线是一条指数衰减曲线，如图8-6（a）所示，其数学表达式是

$$u_C = U_0 e^{-\frac{t}{RC}} \tag{8-2}$$

此式便是RC电路的零输入响应。

u_C 随时间变化的曲线如图8-6（a）所示，它的初始值为 U_0，然后按指数曲线的形状变化到零。初始变化率大，衰减快，后来变化率小，衰减慢。理论上，要经无限长时间才衰减为零。

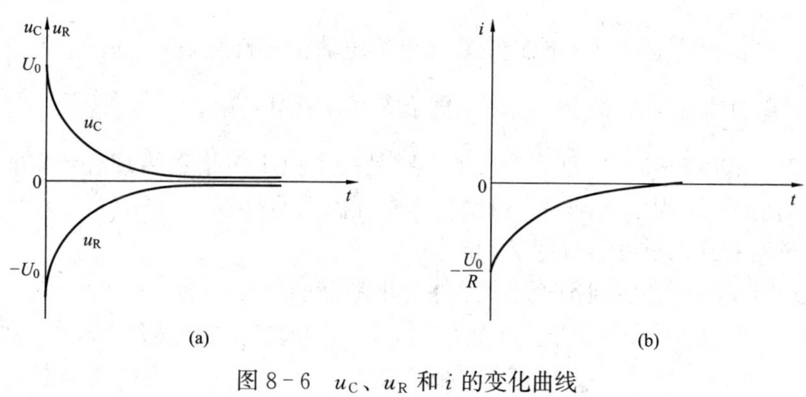

图8-6　u_C、u_R 和 i 的变化曲线

（a）u_C、u_R 的曲线；（b）i 的曲线

3. 时间常数

电容电压 u_C 衰减的快慢决定于指数上的常数 RC，此常数具有时间的单位

$$[RC] = \Omega \cdot \mathrm{F} = \Omega \cdot \frac{\mathrm{C}}{\mathrm{V}} = \Omega \frac{\mathrm{A} \cdot \mathrm{s}}{\mathrm{V}} = \mathrm{s}$$

所以称 RC 为时间常数，用小写希腊字母 τ 表示，即

$$\tau = RC$$

于是，式（8-2）可写成

$$u_C = U_0 e^{-\frac{t}{\tau}} \tag{8-3}$$

时间常数的意义如下所述。当 $t=\tau$ 时

$$u_C(\tau) = U_0 e^{-\frac{\tau}{\tau}} = U_0 e^{-1} = \frac{U_0}{2.718} = 0.368 U_0 \approx \frac{1}{3} U_0$$

所以，时间常数 τ 等于电压 u_C 衰减到初始值 U_0 的36.8%所需的时间。

当 $t=5\tau$ 时，$u_C(5\tau)=0.7\% U_0$，不到初始值的1%。从工程角度看，$t=(3\sim5)\tau$ 时，可认为过渡过程已结束。

【例8-3】 一RC串联电路，$R=10\text{k}\Omega$，$C=100\mu\text{F}$，求电路的时间常数。

解　$\tau = RC = 10 \times 10^3 \times 100 \times 10^{-6} = 1\ (\mathrm{s})$

4. 放电电流i和电阻电压 u_R 的表达式

由图8-4可见，$t=0$ 开始，电容电压全部加在 R 上，放电电流

$$i=-\frac{u_C}{R}=-\frac{U_0}{R}e^{-\frac{t}{\tau}} \qquad (8-4)$$

也是一个按指数规律衰减的量，式中负号表示电流的实际方向与参考方向相反，i 的曲线示于图 8-6（b）。

电阻电压为

$$u_R=R_i=-U_0e^{-\frac{t}{\tau}} \qquad (8-5)$$

因 $u_R+u_C=0$，$u_R=-u_C$，所以 u_R 曲线与 u_C 曲线对 t 轴互成镜像，如图 8-6（a）所示。

换路时（$t=0$），电容电压不能跃变，而电容电流由零跃变到$-\frac{U_0}{R}$，电阻电压由零跃变到$-U_0$，之后它们的绝对值都相应减小，直至零值，放电结束。

式（8-3）～式（8-5）中都含有 $e^{-\frac{t}{\tau}}$，它是一个由 1 按指数律衰减到零的量，是暂态量中必然要出现的一个因子，是一个过渡过程中标志性的符号。

二、RC 电路的充电过程（零状态响应）

所谓零状态响应，是指换路前储能元件处于零储能状态，即 $u_C(0_-)=0$，或 $i_L(0_-)=0$。在此状态下，RC 电路对外施激励产生的响应，称为 RC 电路的零状态响应。下面来讨论 RC 电路在直流激励下的零状态响应。

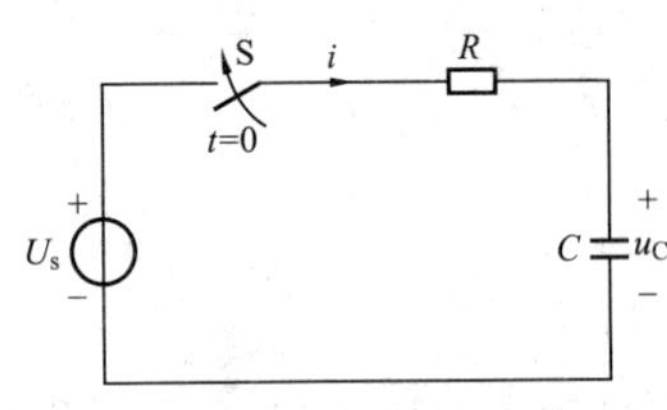

图 8-7 RC 充电电路

图 8-7 所示的 RC 电路，开关 S 闭合前电容无储能，电容电压为零。在 $t=0$ 时，将开关 S 闭合，电源开始向电容充电，电容电压逐渐增加，直至稳定值。

1. 充电的物理过程

充电开始（$t=0$）时，电容电压保持充电前的零值，电容相当于短路，电源电压全部加在电阻 R 的两端，根据欧姆定律，这时的电流 $i(0_+)=\frac{U_s}{R}$，它也就是充电电流的初始值。充电开始后，电容极板上的电荷要增加，电压 u_C 要上升，充电电流 $i=\frac{U_s-u_C}{R}$将随着 u_C 的上升而减小，充电速度减慢。最后，电容积聚的电荷达最大值，电容电压等于电源电压，充电过程结束，因而 RC 电路的零状态响应实际上就是电源经过电阻给电容充电的过程。

2. 电容充电时电容电压的数学表达式

要得知电容电压 u_C 和充电电流 i 随时间变化的规律，必须通过数学的方法，结果如下：

电容充电电压

$$u_C=U_s-U_se^{-\frac{t}{RC}}=U_s(1-e^{-\frac{t}{RC}}) \qquad (8-6)$$

式中：$1-e^{-\frac{t}{RC}}$表示由零按指数规律上升到 1 的因子，是零状态响应中经常出现的符号；$U_s(1-e^{-\frac{t}{RC}})$ 表示 u_C 按指数律由零上升到稳态值 U_s。

3. 充电电流 i 和 u_R 的表达式

根据 KVL，u_R 为

$$u_R=U_s-u_C=U_s-U_s(1-e^{-\frac{t}{\tau}})=U_se^{-\frac{t}{\tau}} \tag{8-7}$$

根据欧姆定律

$$i=\frac{u_R}{R}=\frac{U_s}{R}e^{-\frac{t}{\tau}}=I_0e^{-\frac{t}{\tau}} \tag{8-8}$$

式中：$I_0=\frac{U_s}{R}$为初始充电电流。电容的充电电流从零跃变为 I_0，然后按指数规律衰减到零。

u_C、u_R 和 i 的曲线如图 8－8 所示，它们都是 RC 电路的零状态响应，时间常数 $\tau=RC$ 决定了充电的快慢，当 $t=\tau$ 时，$u_C(\tau)=U_s(1-e^{-\frac{t}{\tau}})=U_s(1-e^{-1})=0.632U_s\approx\frac{2}{3}U_s$；$t=4.6\tau$ 时，$u_C(4.6\tau)=U_s(1-e^{-4.6})=0.99U_s=99\%U_s\approx U_s$，电容电压接近于稳态值，充电过程结束。

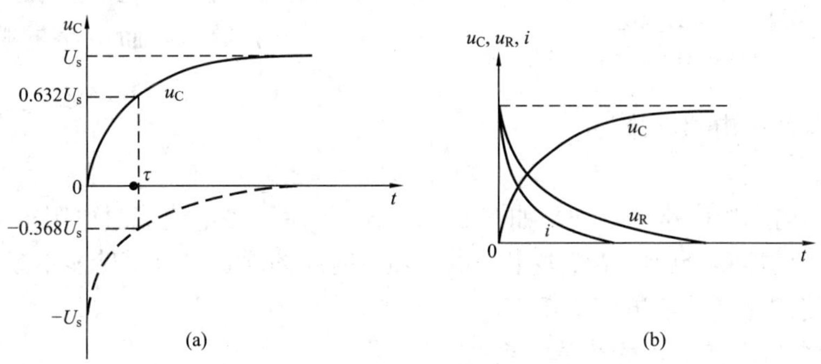

图 8－8　电容充电的曲线

(a) u_C 的曲线；(b) i 和 u_R 的曲线

【例 8－4】 图 8－7 所示充电电路，已知 $R=2k\Omega$，$C=1000\mu F$，$U_s=200V$，$t=0$ 时，开关 S 闭合，换路前电容未充电。试求：(1) 电路的时间常数 τ；(2) 电容电压 $u_C(t)$；(3) 电容电压上升到 160V 所需的时间。

解　(1) $\tau=RC=2\times10^3\times1000\times10^{-6}=2$ (s)

(2) $u_C(t)=U_s(1-e^{-\frac{t}{\tau}})=200(1-e^{-\frac{t}{2}})$ (V)

(3) u_C 达 160V 时，有

$$160=200(1-e^{\frac{t}{\tau}})$$

移项

$$e^{-\frac{t}{\tau}}=1-\frac{160}{200}=\frac{1}{5}$$

得

$$t=2\ln5=2\times1.61=3.22\ \text{(s)}$$

练习与思考题

1. 试分析图 8－8 (a) 中上下两条虚线各代表什么意义。

2. 一电容 C 对阻值为 10Ω 的电阻 R 放电，电容的初始电压为 100V，$t=1s$ 时 u_C 降为 36.8V，问电容 C 的容量为多少？

8-3 RL电路的过渡过程

一、RL电路的放电过程（零输入响应）

1. 电感对电阻放电的物理过程

图8-9（a）所示的RL电路，开关S原来在1的位置，电感中的电流已经稳定，其值为 $I_0=\dfrac{U_s}{R}$，电感中储有磁场能量 $W_L=\dfrac{1}{2}LI_0^2$。

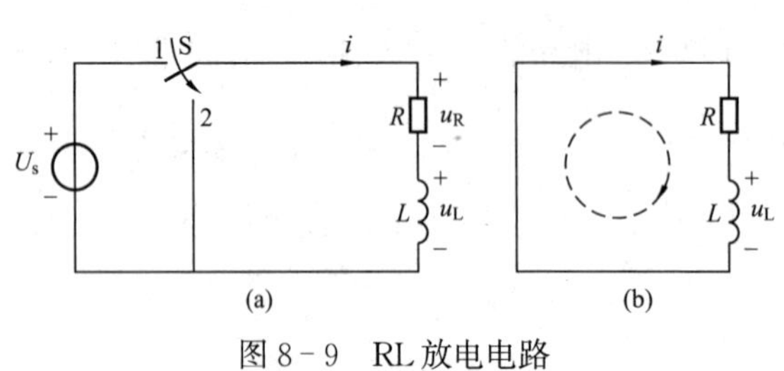

图8-9 RL放电电路

(a) 原电路；(b) $t=0_+$ 电路

$t=0$ 时，开关S由1合至2，RL电路在与电源断开的同时被短接放电，电感将储存的磁能释放掉，从而产生过渡过程。由于换路后电路与电源脱离，没有电源输入能量，因而电路的响应为零输入响应。

在换路的瞬间，电感电流为

$$i(0_+)=i(0_-)=I_0$$

此电流在R、L构成的回路中流动，如图8-9（b）所示。当电流流过电阻R时，电阻要发热而消耗能量，此能量全由电感储能来提供，随着时间的增长，电感储能不断减少，电流也不断减小，最终储能耗尽，电流降至零。

2. 电感放电时电感电流的数学表达式

与RC电路的零输入响应类似，电感放电时电感电流的数学表达式也是随时间按指数规律衰减的

$$i=I_0\mathrm{e}^{-\frac{t}{\tau}} \tag{8-9}$$

式中：$\tau=\dfrac{L}{R}$ 为RL电路的时间常数。其单位

$$\left[\frac{L}{R}\right]=\frac{\mathrm{H}}{\Omega}=\frac{\Omega\cdot\mathrm{s}}{\Omega}=\mathrm{s}$$

式（8-9）也可以写为

$$i=I_0\mathrm{e}^{-\frac{R}{L}t} \tag{8-10}$$

式（8-9）与式（8-10）表明：电感对电阻放电时，电感电流由 I_0 按指数规律衰减到零。

电阻电压为

$$u_R=Ri=RI_0\mathrm{e}^{-\frac{t}{\tau}} \tag{8-11}$$

电感电压为

$$u_L=-Ri=-RI_0\mathrm{e}^{-\frac{t}{\tau}} \tag{8-12}$$

式（8-12）中的负号表示电感电压的实际方向与参考方向相反。从物理概念上讲，当线圈中的电流减小时，要在线圈中产生自感电动势，其方向与电流方向一致，即在图中线圈的下端产生高电位，上端产生低电位，故 u_L 为负值。

i、u_R 和 u_L 都是RL电路的零输入响应，它们的曲线示于图8-10。

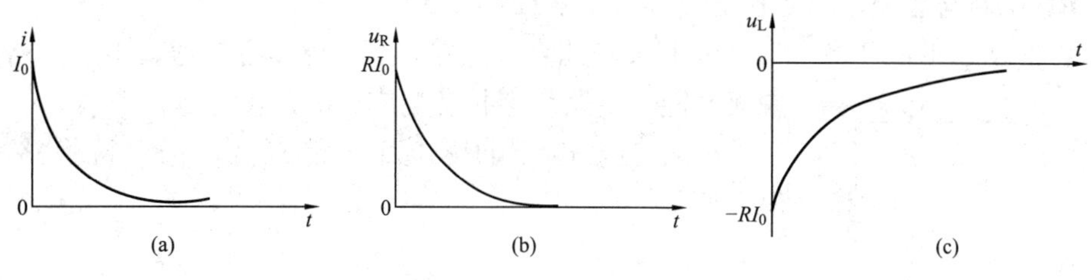

图8-10 RL电路的零输入响应

(a) 电感电流 i；(b) 电阻电压 u_R；(c) 电感电压 u_L

i、u_R 和 u_L 是同一电路中的电流、电压，所以它们具有相同的时间常数 τ，当 $t=\tau$ 时

$$i(\tau)=I_0e^{-1}=0.368I_0$$

$u_R(\tau)$、$u_L(\tau)$ 也都衰减到各自初始值的36.8%，所以RL电路的时间常数与RC电路的时间常数有着相同的意义。

RL电路的时间常数 $\tau=\dfrac{L}{R}$，表明 L 愈大，在一定的电流下，储存的磁场能量就愈多，释放能量的时间就愈长；而电阻 R 愈大，在一定的电流下，消耗的能量就越多，过渡过程就越短。所以RL电路的时间常数 τ 与 L 成正比，而与 R 成反比。

【例8-5】 图8-11（a）所示电路，原已达稳态，$t=0$ 时开关S打开，求电流 $i(t)$ 和 $u_L(t)$。

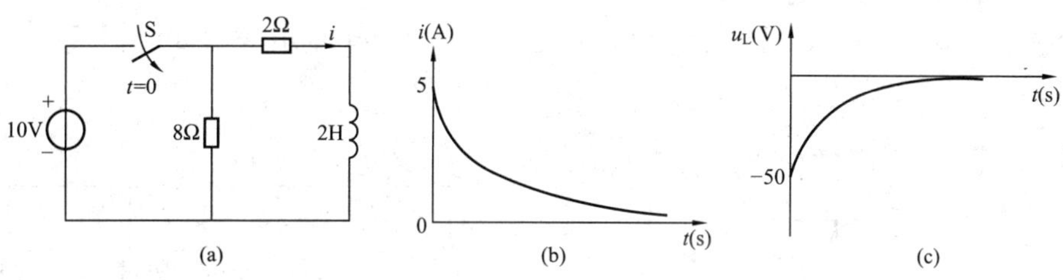

图8-11 ［例8-5］电路

(a) 原电路；(b) i 的曲线；(c) u_L 的曲线

解 (1) 先求初始放电电流 I_0。

换路前电路已稳定，$i(0_-)=\dfrac{10}{2}=5$ (A)，根据换路定律，I_0 不能跃变，故

$$I_0=i(0_+)=i(0_-)=5\ (A)$$

(2) 再求电路时间常数 τ。

$t\geqslant0$ 时，电感对 (8+2) Ω电阻放电，故电路的时间常数

$$\tau=\frac{L}{R}=\frac{2}{8+2}=0.1\ (s)$$

(3) 代入式 (8-9)，得

$$i(t)=I_0e^{-\frac{t}{\tau}}=5e^{-\frac{t}{0.1}}=5e^{-10t}\ (A)$$

(4) 代入式 (8-12)，得

$$u_L(t)=-RI_0e^{-\frac{t}{\tau}}=-(8+2)\times5e^{-\frac{t}{0.1}}=-50e^{-10t}\ (V)$$

二、RL 电路与直流电压源接通（零状态响应）

图 8 - 12 所示 RL 电路，$t=0$ 时开关 S 闭合，电路与直流电压源接通，由于换路前电感中无储能，电路为零状态响应。

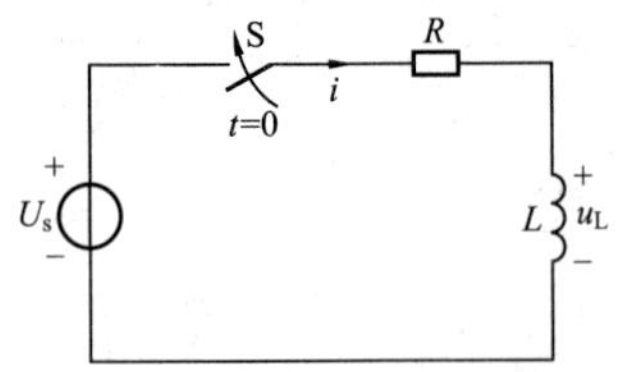

图 8 - 12　RL 电路接通直流电压源

$t=0$ 时，由于电感电流不能跃变，仍保持换路前的零值，即

$$i(0_+)=i(0_-)=0$$

以后，电路中的电流逐渐增大，$t=\infty$ 时，电流达稳定值，为

$$i(\infty)=\frac{U_s}{R}=I$$

i 从零上升到稳态值 I 是按指数规律上升的，与 RC 电路 u_C 从零上升到 U_s 的形式类似

$$i=\frac{U_s}{R}(1-e^{-\frac{t}{\tau}})=I(1-e^{-\frac{t}{\tau}}) \tag{8-13}$$

由于与 RL 零输入电路结构相同，所以式中的时间常数不变，仍为 $\tau=\frac{L}{R}$。

电阻电压和电感电压分别为

$$U_R=R_i=RI(1-e^{-\frac{t}{\tau}})=U_s(1-e^{-\frac{t}{\tau}}) \tag{8-14}$$

$$U_L=U_s-U_R=U_s-U_s(1-e^{-\frac{t}{\tau}})=U_se^{-\frac{t}{\tau}} \tag{8-15}$$

i、u_L 和 u_R 的曲线如图 8 - 13 所示。

【例 8 - 6】 图 8 - 14（a）所示电路，原已达稳态，$t=0$ 时开关 S 闭合，试求 $t\geqslant0$ 时的 $i(t)$。

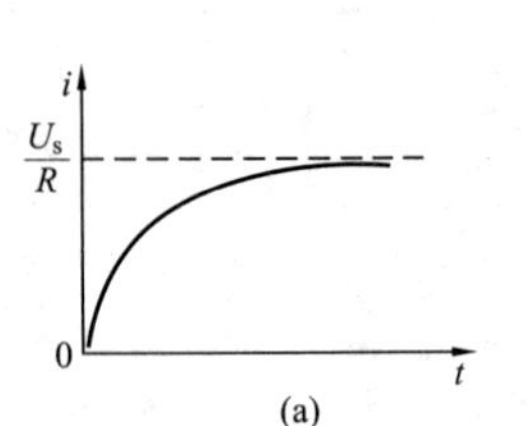

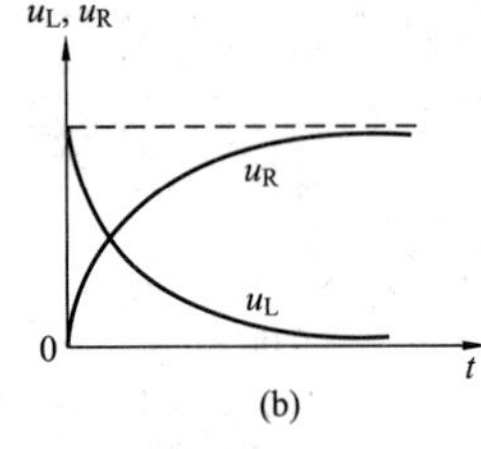

图 8 - 13　RL 电路的零状态响应

（a）i 的曲线；（b）u_L、u_R 的曲线

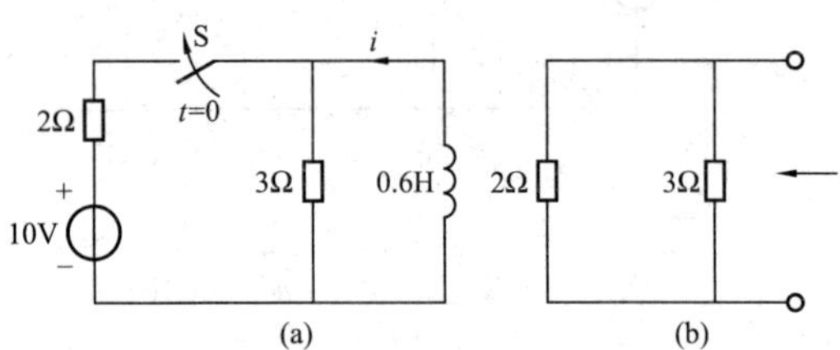

图 8 - 14　［例 8 - 6］图

（a）原电路；（b）求等效电阻的图

解　（1）先求电感电流的稳态值。此时电感相当于短路，故

$$i(\infty)=I=\frac{10}{2}=5\ (\text{A})$$

（2）再求电路的时间常数。本例电路有两个电阻，可将电压源除去，以短路线代替，然后从电感两端看进去，如图 8 - 14（b）所示，电路的等效电阻 R 应为

$$R=2/\!/3=1.2\ (\Omega)$$

故

$$\tau=\frac{L}{R}=\frac{0.6}{1.2}=0.5\ (\text{s})$$

代入式（8 - 13）得

$$i(t)=I(1-e^{-\frac{t}{\tau}})=5(1-e^{-2t})\ (\text{A})$$

练习与思考题

为什么 RL 电路的时间常数 τ 与 L 成正比，而与 R 成反比？

8-4　三　要　素　法

前面讨论了 RC 电路初始电压为零的充电过程，现在来讨论初始电压不为零，即 $u_C(0_+)\neq 0$ 的充电过程。

电路如图 8-15（a）所示，换路前（$t=0_-$）电容已充有电压 U_0，即 $u_C(0_-)=U_0$，开关 S 闭合后，u_C 从 U_0 逐渐上升到 U_s（设 $U_0<U_s$），上升过程也是按指数规律进行，如图 8-15（b）所示。曲线 u_C 可以人为地分成两个分量，即 u'_C和 u''_C，如图 8-15（b）中虚线所示。其中$u'_C=U_s$，为电容电压的稳态分量，即最终的稳定值；$u''_C=-(U_s-U_0)e^{-\frac{t}{\tau}}$，它以$-(U_s-U_0)$为幅值按指数律衰减到零，称为电容电压的暂态分量。$u'_C$和 u''_C叠加就是 u_C，故 u_C 为

$$u_C=u'_C+u''_C=U_s+\left[-(U_s-U_0)e^{-\frac{t}{\tau}}\right]$$

$$=U_s+(U_0-U_s)e^{-\frac{t}{\tau}} \qquad (8-16)$$

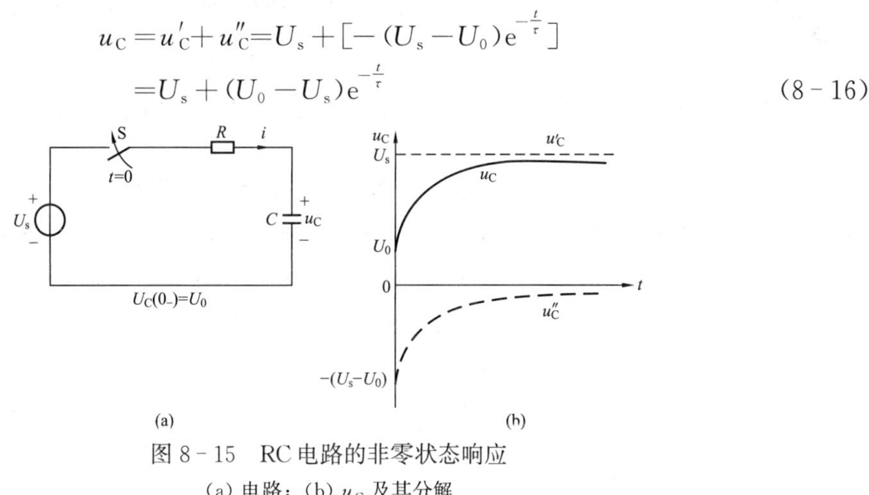

图 8-15　RC 电路的非零状态响应

（a）电路；（b）u_C 及其分解

这就是 $u_C(0_+)=u_C(0_-)\neq 0$ 时电容电压的表达式，也称电容电压的非零状态响应或全响应。

再来分析式（8-16），等号右边第一项为U_s，是电容电压的稳态值，可以记为 $u_C(\infty)$，是恒定不变的。第二项中的（U_0-U_s）是暂态分量的初始值，它与稳态分量在 $t=0_+$ 时叠加，保证了电容电压 u_C 不会跃变，即 $u_C(0_+)=U_s+(U_0-U_s)=U_0$。

【例 8-7】 图 8-15（a）的电路中，已知 $R=2\text{k}\Omega$，$C=20\mu\text{F}$，$t=0$ 时开关 S 闭合，电源电压 $U_s=100\text{V}$，换路前电容充有电压 $u_C(0_-)=20\text{V}$。求 $t\geqslant 0$ 时的电容电压 u_C 和电容电流 i_C。

解　电路的时间常数

$$\tau=RC=2\times 10^3\times 20\times 10^{-6}=0.04\ (\text{s})$$

电容电压的稳态分量

$$u'_C=100\text{V}$$

电容电压的暂态分量

$$u''_C=(U_0-U_s)e^{-\frac{t}{\tau}}=(20-100)e^{-\frac{t}{0.04}}=-80e^{-25t}\ (\text{V})$$

电容电压

$$u_C = u'_C + u''_C = 100 + (-80e^{-25t}) = 100 - 80e^{-25t} \text{ (V)}$$

电容电流

$$i_C = \frac{U_R}{R} = \frac{U_s - u_C}{R} = \frac{100 - (100 - 80e^{\frac{t}{\tau}})}{2000} = 0.04e^{-25t} \text{ (A)}$$

为了更清楚地表达式（8-16）各项的意义，其中第一项 U_s 可用 $u_C(\infty)$ 表示，第二项的系数用 $[u_C(0_+)-u_C(\infty)]$，即［初始值－稳态值］表示，这样，u_C 可以表示为

$$u_C = u_C(\infty) + [u_C(0_+) - u_C(\infty)]e^{-\frac{t}{\tau}} \tag{8-17}$$

对于充电电流 i_C 和电阻电压 u_R 也可以用类似的表达形式，即

$$i_C = i_C(\infty) + [i_C(0_+) - i_C(\infty)]e^{-\frac{t}{\tau}} \tag{8-18}$$

$$u_R = u_R(\infty) + [u_R(0_+) - u_R(\infty)]e^{-\frac{t}{\tau}} \tag{8-19}$$

由上可见，只要求出稳态值、初始值和时间常数三个量，就可以直接按式（8-17）～式（8-19）写出 RC 电路过渡过程中的电压或电流。

推广至 RL 电路，对于换路后电感电流 i_L，电感电压 u_L 和电阻电压 u_R 的过渡过程，也可以用类似的公式，于是可以把 RC 和 RL 电路各种情况的过渡过程概括为下列公式

$$f(t) = f(\infty) + [f(0_+) - f(\infty)]e^{-\frac{t}{\tau}} \tag{8-20}$$

式中：$f(\infty)$为过渡过程中电压或电流的稳态值；$f(0_+)$为过渡过程中电压或电流的初始值；τ 为电路的时间常数。

只要先求得 $f(\infty)$、$f(0_+)$ 和 τ 三个要素，就可以直接代入式（8-20），得到过渡过程中的各电压和电流的结果，这种方法称为三要素法，是一种实用而快捷的计算方法。

【例 8-8】 图 8-16（a）所示电路，已知 $R_1=3\Omega$，$R_2=2\Omega$，$L=100\text{mH}$，$U_s=8\text{V}$。求换路后的 $i(t)$。

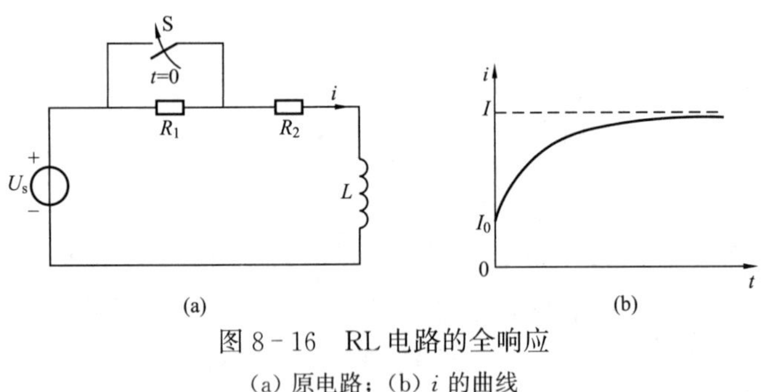

图 8-16　RL 电路的全响应

（a）原电路；（b）i 的曲线

解　（1）电流的初始值

$$i(0_+) = i(0_-) = I_0 = \frac{U_s}{R_1 + R_2} = \frac{8}{3+2} = 1.6 \text{ (A)}$$

（2）电流的稳态值

$$i(\infty) = I = \frac{U_s}{R_2} = \frac{8}{2} = 4 \text{ (A)}$$

（3）时间常数

$$\tau = \frac{L}{R_2} = \frac{100 \times 10^{-3}}{2} = \frac{1}{20} \text{ (s)}$$

（4）将三要素代入式（8－20）

$$i(t)=I+(I_0-I)e^{-\frac{t}{\tau}}$$
$$=4+(1.6-4)e^{-20t}=4-2.4e^{-20t}\ (\mathrm{A})$$

自　检　题

1. 电路中开关的打开、闭合和参数的突然变化统称__________。

2. 过渡过程的产生是由于物质所具有的__________不能跃变而造成。

3. 换路定律的内容是电感__________和电容__________均不能跃变。

4. 在 $t=0_+$ 的电路中，$u_C(0_+)=6\mathrm{V}$ 的电容元件，可用 6V __________代替；$i_L(0_+)=2\mathrm{A}$ 的电感元件，可用 2A __________代替。

5. RC 电路的时间常数 $\tau=$__________，R 和 C 愈大，过渡过程持续时间愈__________。

6. $t=\tau$ 时，零输入响应衰减到初始值的__________。

7. 一 RC 零输入电路，初始电压 $U_0=100\mathrm{V}$，则换路后经过 τ 时，$u_C=$__________ V；经过 3τ 时，$u_C=$__________ V。

8. 一 RC 零状态电路，稳态电压为 100V，则换路后经过 τ 时，$u_C=$__________ V；经过 3τ 时，$u_C=$__________ V。

9. 一 RC 全响应电路，初始电压为 20V，稳态电压为 100V，时间常数为 0.5s，则换路（$t=0$）后，$u_C=$__________ V。

10. 一 RC 全响应电路，初始电压为 100V，稳态电压为 20V，时间常数为 2s，则换路（$t=0$）后，$u_C=$__________ V。

11. 一 RC 电路的初始电压等于稳态电压时，电路的__________为零。

12. RC 或 RL 电路的三要素是指______、______和______，三要素法的公式是 $f(t)=$______。

13. 一 RL 电路短接放电时，初始电流 $I_0=20\mathrm{A}$，经过 τ 时，电流衰减到__________ A。

习　　题

8－1节

8－1　图 8－17 所示电路，电容 C 原未充电，$t=0$ 时开关 S 闭合。试求：（1）初始值：$u_C(0_+)$、$i_1(0_+)$、$i_2(0_+)$ 和 $i_C(0_+)$；（2）稳态值：$u_C(\infty)$、$i_1(\infty)$、$i_2(\infty)$ 和 $i_C(\infty)$。

注：u_C（∞）是指换路后经过∞时间，即电容电压稳定后的值。

8－2　图 8－18 所示电路，原已达稳态，$t=0$ 时开关 S 打开。试求：（1）初始值：$i_L(0_+)$、$i_1(0_+)$、$i_2(0_+)$ 和 $u_L(0_+)$；（2）稳态值：$i_L(\infty)$、$i_1(\infty)$、$i_2(\infty)$ 和 $u_L(\infty)$。

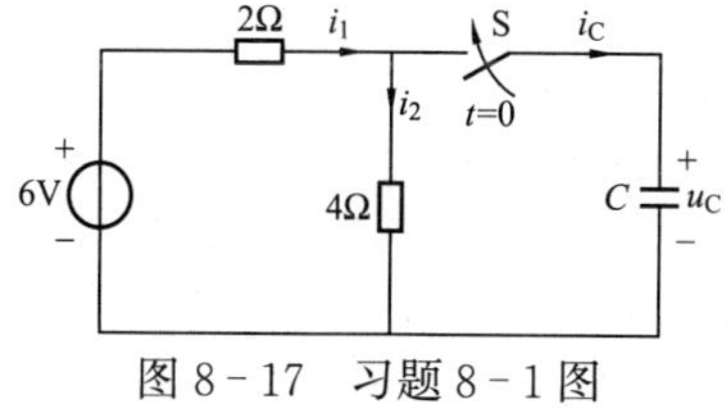

图 8－17　习题 8－1 图

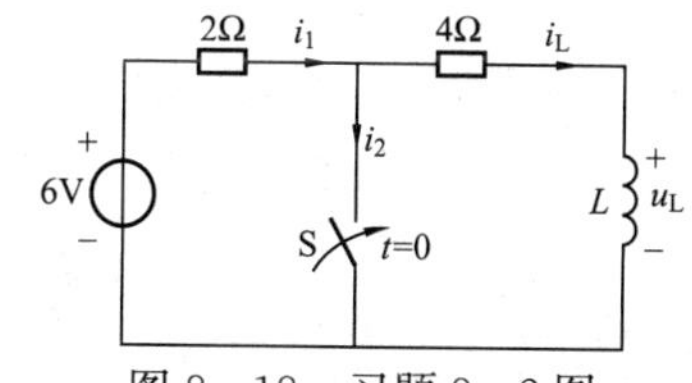

图 8－18　习题 8－2 图

8-2节

8-3　图8-19所示电路，原已达稳态，$t=0$时开关S闭合，试求换路后的$u_C(t)$和$i(t)$。

8-4　图8-20所示电路，原已达稳态，$t=0$时开关S闭合，试求$t\geqslant 0$时的$u_C(t)$。

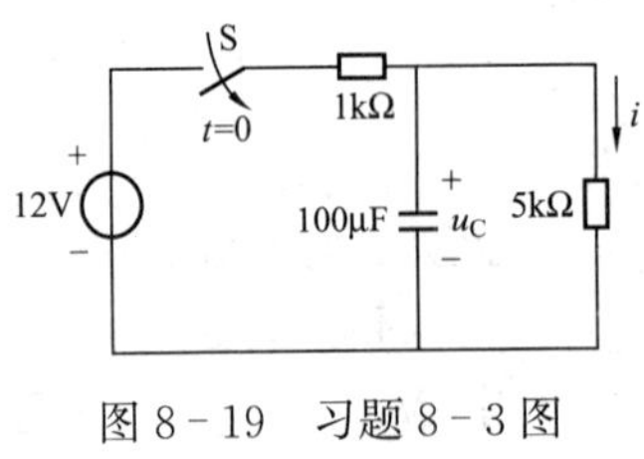

图8-19　习题8-3图

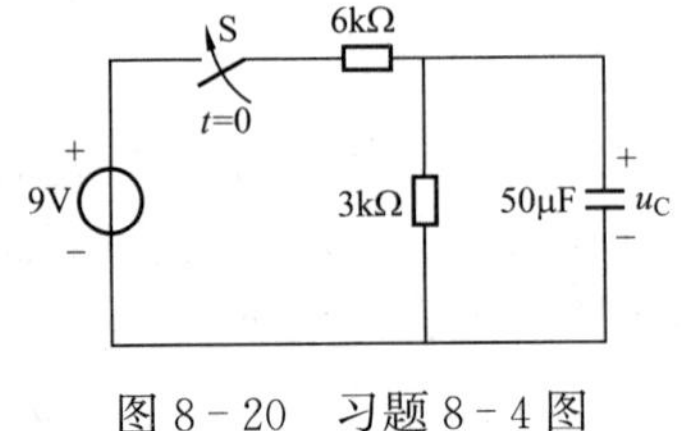

图8-20　习题8-4图

8-3节

8-5　图8-21所示电路，原已达稳态，$t=0$时开关S打开，试求$t\geqslant 0$时的$i(t)$和$u_L(t)$。

8-6　图8-22所示电路，原已达稳态，$t=0$时开关S闭合，试求$t\geqslant 0$时的$i(t)$和$u_L(t)$。

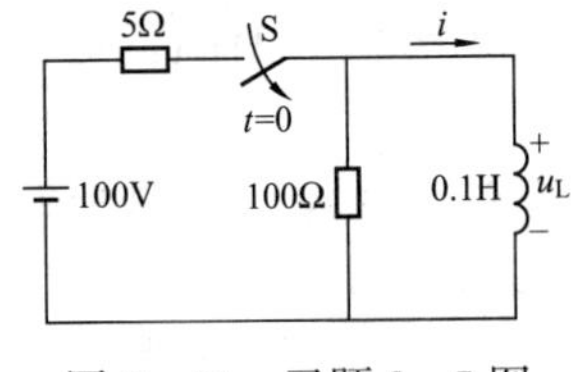

图8-21　习题8-5图

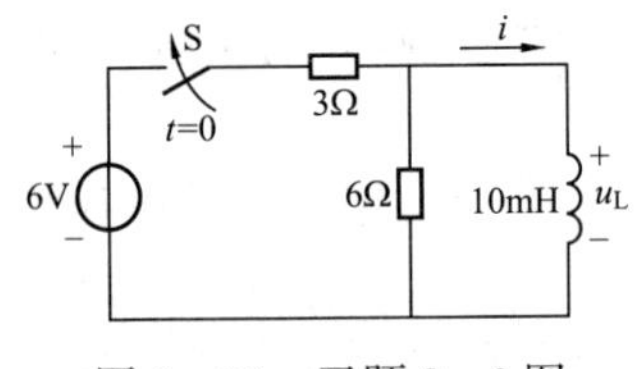

图8-22　习题8-6图

8-4节

8-7　图8-23电路，原已达稳态，$t=0$时开关S闭合，试用三要素法求$u_C(t)$和$i_2(t)$。

8-8　图8-24电路，原已达稳态，$t=0$时开关S闭合，试用三要素法求$i_L(t)$和u_L。

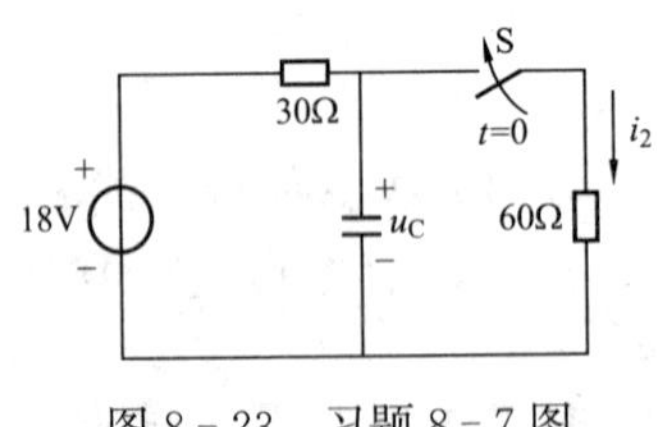

图8-23　习题8-7图

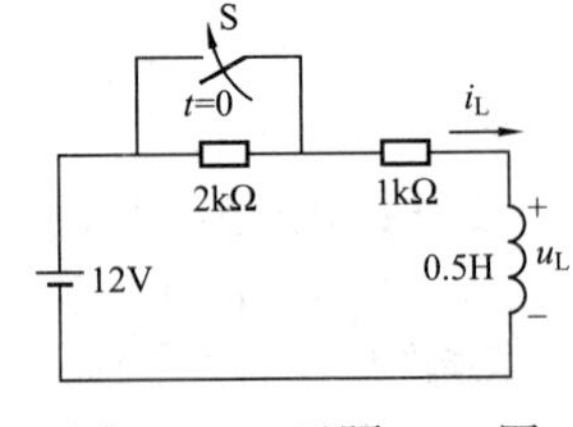

图8-24　习题8-8图

第9章　磁路和铁芯线圈

9-1　铁磁物质的磁化

物质按磁性能的不同，可分为铁磁物质和非铁磁物质两大类。铁磁物质包括铁、镍、钴以及它们的合金。这类物质的特点是磁导率特别大（$\mu \gg \mu_0$），可比真空时的大几千甚至几万倍，且同一种物质的磁导率 μ 随磁场的强弱而变化。非铁磁物质包括空气、铜、铅等，它们的磁导率 $\mu \approx \mu_0$，在磁路计算中都用 μ_0 来代表。

铁磁物质因具有优异的导磁性能而广泛使用于电工设备中，并对电工设备的结构和工作情况产生巨大影响，如在具有铁芯的线圈中通入不大的电流，便可产生较大的磁感应强度和磁通，从而降低线圈用铜量。采用优质铁芯物质，可以使同容量的电机和变压器降低铁芯用铁量，并使体积大大缩小，质量大大减轻。

为什么铁磁物质具有高导磁性呢？我们知道电流会产生磁场，而围绕原子核旋转的电子形成的环绕电流，也会产生磁场。由于原子之间的相互作用，又使一个小区域内的各原子磁场取向一致，形成磁性很强的小永磁体，这种小永磁体称为磁畴。磁畴的体积很小，但磁性很强，铁磁物质就是由许许多多磁畴组成的。在没有外磁场作用的情况下，磁畴排列杂乱，磁性相互抵消，铁磁物质对外不显磁性，如图 9-1（a）所示。如将铁磁物质置于磁场中，则各磁畴将顺外磁场方向转动而趋向一致，对外显示磁性，形成附加磁场，从而使总磁场加强，如图 9-1（b）所示。

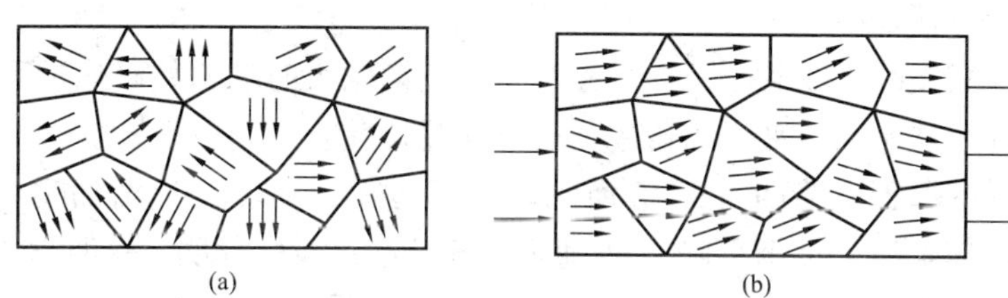

图 9-1　铁磁物质的磁化

（a）磁畴排列杂乱，对外不显磁性；（b）磁畴排列趋向一致，对外显示磁性

铁磁物质在外磁场作用下，磁畴顺磁场转向，产生很强的附加（磁化）磁场，这种现象称为磁化。

不同种类的铁磁物质磁化性能各不相同，工程上常用磁化曲线来表示各种铁磁物质的磁化特性。磁化曲线是铁磁物质的磁感应强度 B 与外磁场强度 H 之间的关系曲线，这种曲线的数据可以通过图 9-2 所示的实验电路测得，在铁磁物质制成的环形闭合圆环上，均匀地绕有线圈，双掷开关合在 1-1′端钮，调节 R，逐步增大线圈电流 I，则铁芯中磁场强度 H 随电流正比增加$\left(H=\dfrac{NI}{2\pi R_{av}}\right)$，铁芯中磁感应强度 B 也

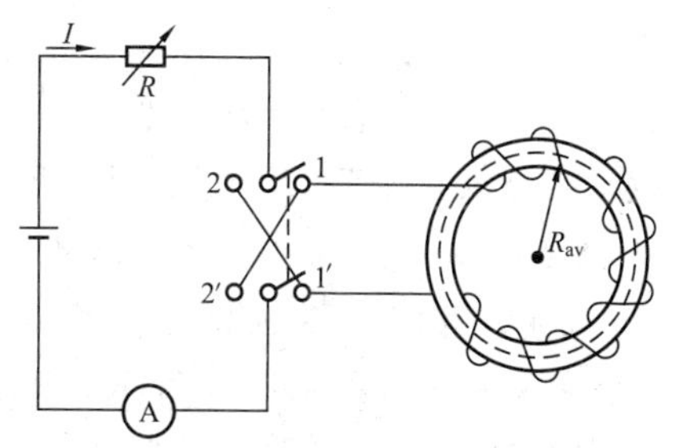

图 9-2　测定磁化曲线的原理电路

随之变化，测出不同电流下的 B，算出对应的 H，就可作出 $B-H$ 曲线。

1. 起始磁化曲线

铁芯原来没有磁性，B 和 H 均从零开始增大所得到的磁化曲线称为起始磁化曲线，如图 9－3 所示。曲线大体分为三段：

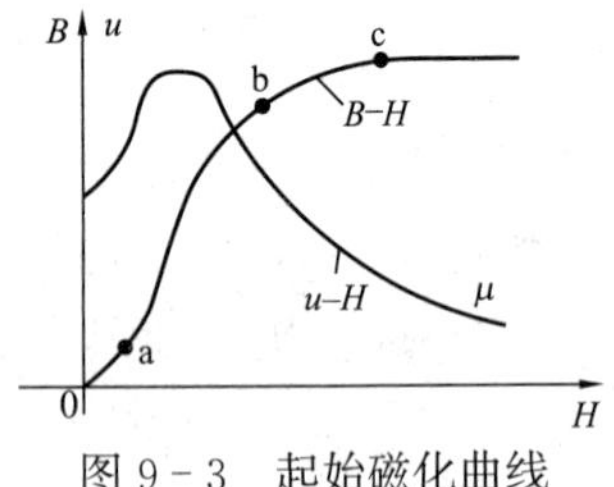

图 9－3　起始磁化曲线

（1）oa 段，磁畴偏转段。在此段，外加磁场强度 H 较小，各磁畴顺着外磁场方向略有偏转，对外略显磁性，B 值随着 H 值的增大较慢。

（2）ab 段，磁畴翻转段。当 H 增大至某值时，某些方向与外磁场基本相反的磁畴开始翻转，变得与外磁场同向。随着 H 值的持续增大，磁畴翻转的个数迅速增加，B 值迅速增大。

（3）bc 段，磁化饱和段。到 b 点，所有磁畴差不多均已偏转或翻转至与外磁场同向，附加磁场不再增大。H 值再增大，B 值只能极慢地增大。通常称 b 点为膝点，b 点以后的曲线称为饱和段。

常设计电机中的铁芯工作在 b 点附近，这样可以用较小的电流获得较强磁场，使铁芯充分合理地发挥作用。

铁磁物质的起始磁化曲线表明它的 B 和 H 为非线性关系，说明 $\mu\left(\mu=\dfrac{B}{H}\right)$ 不是常数，图 9－3画出了铁磁物质 μ 随 H 变化的曲线，在 ab 段某点 μ 达最大值，此后迅速下降，在 b 点后迅速趋近于真空的磁导率 μ_0。可见，依靠铁芯增大磁场是有限的，铁芯接近饱和时，导磁能力大大减弱，所以电机和变压器铁芯不应工作在饱和区，而磁放大器、速饱和变流器、铁磁稳压器等却正是利用铁芯饱和这一非线性特点而工作。

2. 磁滞回线

起始磁化曲线只反映了铁磁物质在外磁场由零逐渐增大时的原始磁化过程，但实际上外磁场的大小和方向可能不断改变，铁磁物质受到交变磁化。

测定磁化曲线的原理电路如图 9－2 所示，设当起始磁化时，H 增加到某一最大值 H_m 后，调节电阻 R，使电流 I 逐渐下降，H 随之逐渐减小。实验证明，这时 B 也会逐渐减小，但减小的幅度小，且并不沿原来的起始磁化曲线减小，而是沿 ab 线减小，如图 9－4 所示。当 H 变为零时，B 并不为零，而有一个值 B_r，称为剩余磁感应强度，简称剩磁。它反映了材料保留磁性能力的大小。当 H 为零时，将双掷开关改投到 2－2′端钮，并调节 R，使电流方向与原方向相反并逐渐增大，当 $H=-H_c$ 时，$B=0$，这时的 H_c 称为矫顽力，它是使材料完全退磁所需的反向磁场强度，也反映了材料保存剩磁的能力。继续增大 I，H 随之增大，B 也随之反方向增大。当 $H=-H_m$ 时，B 在 a′点不再增大，调节 R，使电流逐渐减小，B 随之沿 a′b′减小，当 $I=0$ 时，$H=0$，$B=-B_r$。这时又将开关改投到 1－1′端钮，并使 I 逐渐增大，H 随之增大到 H_m，B 则沿 b′a 增大至 a 点而完成一个循环，反复磁化数次，将得到一条稳定的对称于原点的闭合回线，由于它反映了整个过程中，B 归时不走来时路，其变化始终滞后于 H 的变化，这

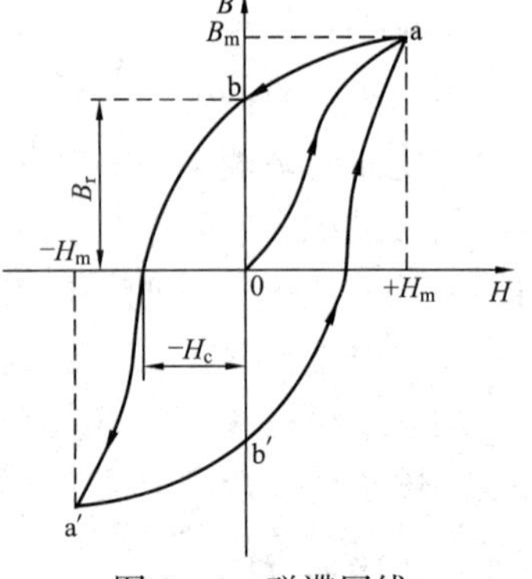

图 9－4　磁滞回线

种曲线称为磁滞回线。

铁磁物质之所以产生剩磁和磁滞现象，是因为磁畴的翻转过程不可逆。磁化后同向排列的磁畴，在外磁场减小或撤除后，由于相互之间的摩擦力，已翻转的磁畴不会再回到原位，必须加一矫顽力才能使其回复原位。

在交变磁化过程中，由于磁畴反复转向、相互摩擦使铁芯发热，造成磁化过程中铁芯中的能量损耗，称为磁滞损耗，损耗的能量由产生外磁场的线圈电流提供。

高温情况下，铁磁物质分子热运动加剧，会破坏磁畴的有规则排列，故磁场强度一定时，温度升高，磁导率减小。每种铁磁物质都有一个温度值，当温度升高到该值时，磁导率下降到 μ_0，这个温度称为铁磁物质的居里点。当温度高于居里点时，铁磁材料将失磁。

敲击和振动也会破坏磁畴的有规则排列，也会使铁磁物质失磁。

3. 基本磁化曲线

对于同一种材料的铁芯，磁滞回线的大小和形状与最大磁场强度 H_m 有关。图 9-5 所示的虚线就是不同 H_m 值之下的一系列磁滞回线，连接各条磁滞回线的正顶点所得到的曲线，称为基本磁化曲线，如图中实线所示。基本磁化曲线略低于起始磁化曲线，但相差甚小。工程资料或手册上给出的铁磁材料的 $B-H$ 曲线都是基本磁化曲线。$B-H$ 曲线有时也以表格形式给出，称为磁化数据表。

按照磁滞回线的形状和材料在工程上的用途，铁磁物质可分为软磁材料、硬磁材料和矩磁材料三种类型。

(1) 软磁材料。这类材料特点是：磁滞回线狭长［见图 9-6 (a) 中 1 的磁滞回线］，矫顽力和剩磁都很小，磁滞现象不明显，导磁系数较大，没有外磁场时磁性基本消失。

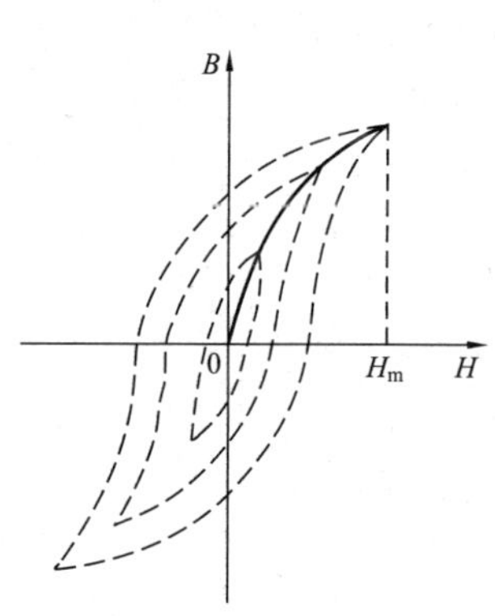

图 9-5 基本磁化曲线

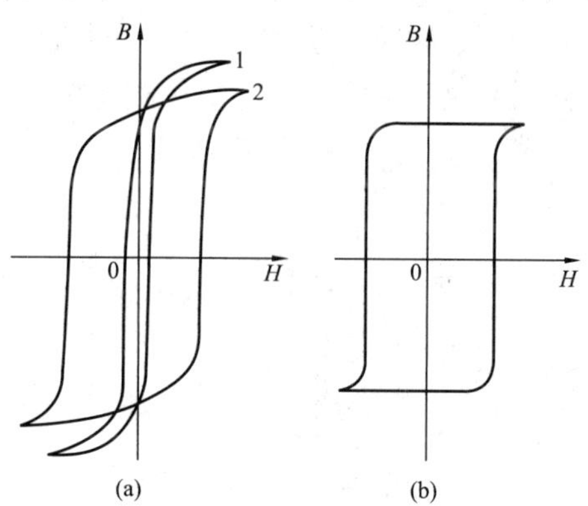

图 9-6 三种类型的磁滞回线
(a) 软磁材料和硬磁材料的磁滞回线；
(b) 矩磁材料的磁滞回线

由于铁磁物质的磁滞损耗与磁滞回线的面积成正比，所以软磁材料在交变磁化过程中的磁滞损耗很小，适合于制作在交变磁场下工作的电机和电器的铁芯。

软磁材料包括电工纯铁、硅钢片、导磁合金和铁氧体等。

电工纯铁一般轧制成小于或等于 4mm 厚的板材，主要用于直流或脉动成分不大的铁芯线圈中，作为导磁铁芯。

硅钢片是电力和电信工业的重要基础材料，用量占铁磁材料的90%以上。

导磁合金包括铁镍合金（坡莫合金）和铁铝合金，其特点是磁导率大，但饱和磁感应强度不如硅钢片，耐腐蚀性好。其常用于高频电器、中频电感、微电机、磁放大器和仪表中。

铁氧体是一种用陶瓷工艺制成的铁磁材料，特点是电阻率高，适用于制作高频磁场下工作的铁芯，如半导体收音机的天线磁棒、计算机的磁心和磁鼓及录音机的磁头和磁带等。

(2) 硬磁材料。这类材料的特点是：磁滞回线宽且短，矫顽力和剩磁均很大［见图9-6 (a) 中2的磁滞回线］，一经磁化，则磁性强且稳定不变，适宜作永磁体。磁电系仪表、收音机扬声器、永磁发电机等设备中都要用到硬磁材料。

(3) 矩磁材料。磁滞回线近似于矩形，如图9-6 (b) 所示，其特点是：剩磁较大，接近于饱和磁感应强度，矫顽力则较小，易于翻转。在计算机和控制系统中用作记忆元件、开关元件和逻辑元件等。常用的有镁锰铁氧体及某些铁镍合金等。

练习与思考题

1. 软磁材料和硬磁材料的剩磁和矫顽力各有什么不同？
2. 一块暂时不用的永磁铁，应如何保管它才正确？
3. 铁磁物质的磁滞损耗与什么成正比？变压器铁芯为什么要用硅钢片来制造？

9-2 磁路及其基本定律

一、磁路

在电磁设备中，为了获得强磁场，把线圈绕在铁芯上，当线圈通过电流时，铁芯中便产生很强的磁场，且磁通几乎全都集中在铁芯中。图9-7为变压器和电机的铁芯及磁力线示意图。这种由铁磁材料构成的，能使磁通集中通过的路径称为磁路。

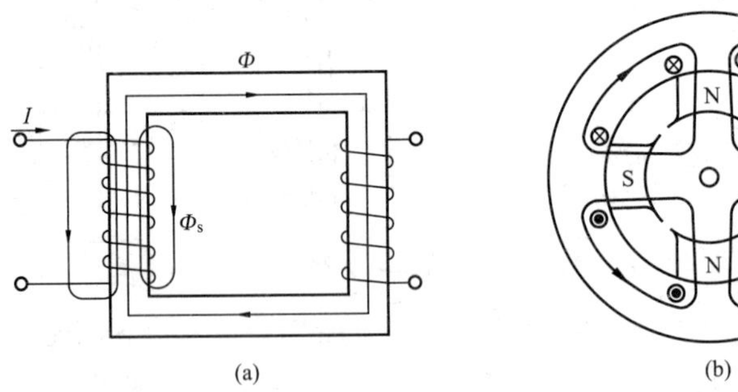

图9-7 变压器和电机的磁路

(a) 变压器；(b) 电机

磁路的磁通是电流产生的，产生磁通的电流称为励磁电流，励磁电流通过的线圈称为励磁线圈。由于磁路主要由铁芯构成，所以励磁线圈不必均匀地绕在整个磁路上，而只要集中绕在一段磁路上即可。

磁通可分为主磁通和漏磁通两部分，沿铁芯所规定的路径闭合的磁通称为主磁通或工作磁通，是电磁能量传递的媒介。穿出铁芯沿空气或其他非铁磁物质而闭合的磁通称为漏磁通。一般情况下，漏磁通很小，如变压器的漏磁通只占主磁通的0.1%～0.2%，因此在磁路的分析计算中，可以忽略不计，而只考虑主磁通的作用，这样做误差不大，在工程上是允许的。

在计算磁路时，通常用磁路的中心线代表磁路的长度，电路的支路、节点、回路等概念也适用于磁路。

二、磁路的基尔霍夫定律

磁路的基尔霍夫定律是根据磁场的基本规律推导出来的，是分析计算磁路的基础。

1. 磁路的基尔霍夫第一定律

在磁路的分支处（也叫做磁路的节点），作一封闭面S包围它，如图9－8所示。由于磁力线是不间断的，所以穿入封闭面的磁通，必等于穿出封闭面的磁通，即

$$\phi_1+\phi_2=\phi_3$$

或

$$-\phi_1-\phi_2+\phi_3=0$$

写成一般形式为

$$\sum\phi=0 \tag{9-1}$$

式（9－1）就是磁路的基尔霍夫第一定律的表达式。它表明：磁路的任一分支处，各支路磁通的代数和等于零。

式（9－1）中，一般对参考方向指向分支点的磁通取负号，对参考方向背离分支点的磁通取正号。

2. 磁路的基尔霍夫第二定律

磁路可按材料、截面积不同分为若干段。例如，图9－9所示磁路可分为三段（其中一段为气隙），它们的平均长度分别为 l_1、l_2 和 l_0。因每一段截面积相等，通过的磁通相同，所以中心线上各点的磁感应强度 B 相等；又因材料相同，中心线上各点的磁场强度 H 也相等，且磁场方向与中心线重合。当选择中心线的方向与磁场方向相同时，每一段磁路的磁场强度与长度的乘积称磁压 U_m，即 $U_m=Hl$。

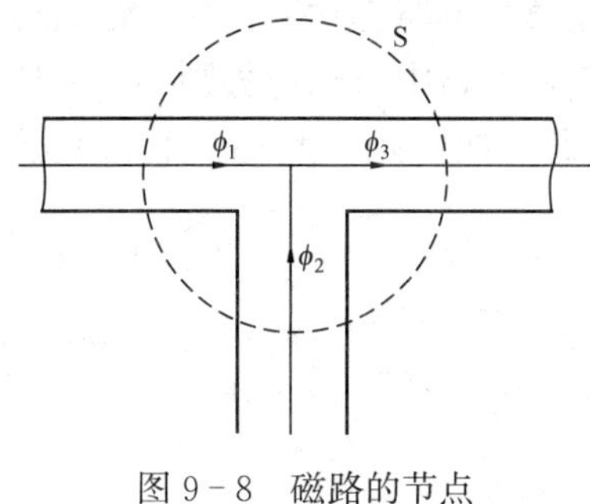

图9－8　磁路的节点

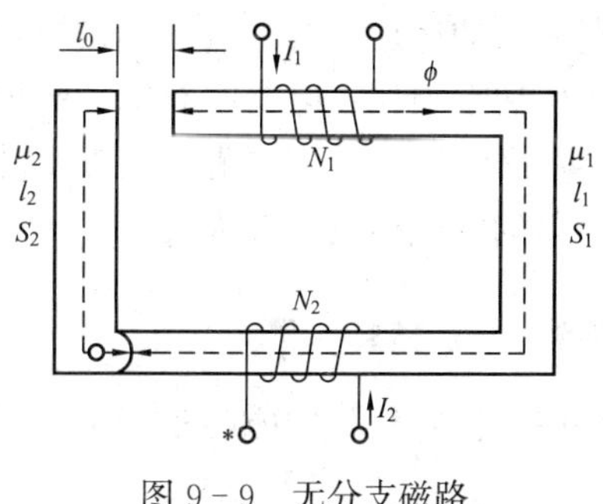

图9－9　无分支磁路

应用安培环路定律于此磁路的中心线回线上，并选择顺时针方向为回线方向，可得各段磁压的代数和为

$$H_1l_1+H_2l_2+H_0l_0=N_1I_1-N_2I_2$$

写成一般式为

$$\sum(Hl)=\sum(NI) \tag{9-2}$$

由于线圈及励磁电流是产生磁通的来源，所以将

$$F=NI$$

称为磁通势，A（安）。于是式（9－2）又可写成

$$\sum U_{\mathrm{m}}=\sum F \tag{9-3}$$

这就是磁路的基尔霍夫第二定律的表达式。它表明，在磁路的任一闭合回路中，各段磁压的代数和等于各磁通势的代数和。

应用式（9-3）时，要选一绕行方向，磁通的参考方向与绕行方向一致时，该段磁压取正号，反之取负号；励磁电流的参考方向与绕行方向之间符合右手螺旋关系时，该磁通势取正号，反之取负号。

三、磁阻、磁路的欧姆定律

对于一段截面为 S，长度为 l，磁导率为 μ 的磁路，如图 9-10 所示，设其磁通（幅值）为 Φ_{m}，则该段磁路的磁压为

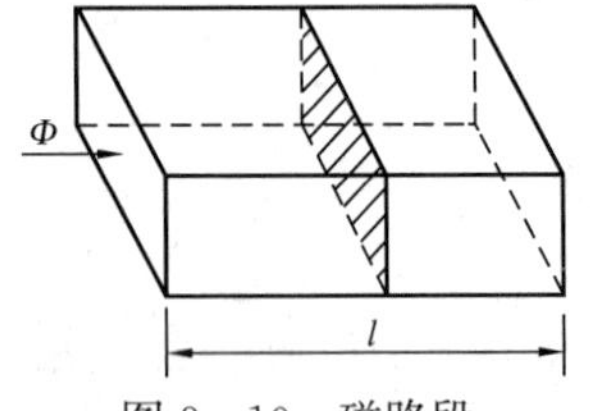

图 9-10 磁路段

$$U_{\mathrm{m}}=Hl=\frac{B}{\mu}l=\frac{l}{\mu S}\Phi_{\mathrm{m}} \tag{9-4}$$

令式（9-4）中

$$R_{\mathrm{m}}=\frac{l}{\mu S} \tag{9-5}$$

称为该段磁路的磁阻。它的单位是 H^{-1}（每亨）。

这样，式（9-4）也可写为

$$U_{\mathrm{m}}=R_{\mathrm{m}}\Phi_{\mathrm{m}} \tag{9-6}$$

式（9-6）与电路的欧姆定律相似，故称为磁路的欧姆定律。

由于铁磁物质的磁导率 μ 不是常数，它随励磁电流大小而变化，所以铁磁物质的磁阻是非线性的。因此，磁路的欧姆定律一般不能用来进行计算，但在对磁路进行定性分析时，可利用磁阻的概念。

四、磁路与电路的对比

磁路与电路的物理量及基本定律在形式上有相似之处，但实质上是不同的。电路中的电流是带电质点的运动，而磁通并不是质点的运动。电流通过电路有功率损耗，恒定磁通通过磁路不产生功率损耗。电路中有电动势但不一定有电流，磁路中有磁通势则必有磁通。电路中无电动势必无电流，但磁路中无磁通势仍可能有磁通，如剩磁。此外，电路的漏电流极小，而磁路的漏磁通相对较大。

练习与思考题

磁路中一段空气隙的磁阻是否为常数？

9-3 交流铁芯线圈

为了增大电感，常在线圈中放入铁芯，如日光灯的镇流器、电磁铁等。这种含有铁芯的线圈称为铁芯线圈。铁芯线圈接于直流电压 U 时，电流 I 决定于线圈电阻 R，即 $I=U/R$，它完全取决于电路，而与磁路无关。铁芯线圈接于正弦交流电源时，磁通也是交变的，会在线圈中产生感应电动势。这样，磁路的情况（铁芯的磁导率、磁滞和涡流等因素）就会对电路产生影响。所以交流铁芯线圈要比直流铁芯线圈复杂得多。本节讨论交流铁芯线圈的电压、电流和磁通关系。

一、电压与磁通的关系

图 9-11 所示的铁芯线圈接于正弦电压 u 上，若忽略线圈电阻和漏磁通，并按习惯选取线圈电压 u、电流 i、磁通 ϕ 及感应电动势 e 的参考方向，如图所示（即 u、i、ϕ 三者参考方向一致，e 与 ϕ 的参考方向符合右螺旋关系），则有

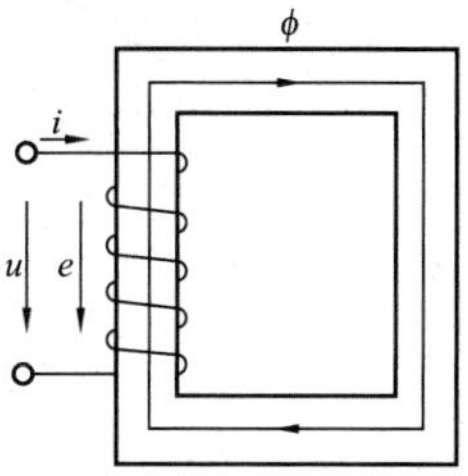

$$u=-e=N\frac{\mathrm{d}\phi}{\mathrm{d}t}$$

图 9-11　交流铁芯线圈

由数学可知，u 为正弦量时，ϕ 也为正弦量，且 u 超前 $\phi 90^\circ$。若设

$$\phi=\Phi_{\mathrm{m}}\sin\omega t$$

则

$$u=U_{\mathrm{m}}\sin(\omega t+90^\circ)=\omega N\Phi_{\mathrm{m}}\sin(\omega t+90^\circ)$$

这里，$U_{\mathrm{m}}=\omega N\Phi_{\mathrm{m}}$。因而电压有效值 U 与磁通幅值 Φ_{m} 的关系为

$$U=\frac{\omega N\Phi_{\mathrm{m}}}{\sqrt{2}}=\frac{2\pi fN\Phi_{\mathrm{m}}}{\sqrt{2}}=4.44fN\Phi_{\mathrm{m}} \tag{9-7}$$

式（9-7）是常用的重要公式。它表明，当电源频率 f 和线圈匝数 N 一定时，交流铁芯线圈的磁通幅值 Φ_{m} 与电压有效值 U 成正比。

这也就是说，当 f、N 一定时，磁通幅值 Φ_{m} 完全由外加电压来决定。电压高，磁通大；电压低，磁通小。磁通的大小与磁路的情况（铁芯材料、几何尺寸，甚至有无铁芯）毫无关系。一定大小的外加电压必须由一定大小的磁通所产生的感应电动势来平衡。这是交流铁芯线圈不同于直流铁芯线圈的特点。

【例 9-1】 一铁芯线圈接于工频 220V 正弦电源上，已知铁芯的磁通幅值 $\Phi_{\mathrm{m}}=1\times10^{-3}\mathrm{Wb}$，试求线圈的匝数。

解　根据式（9-7），得

$$N=\frac{U}{4.44f\Phi_{\mathrm{m}}}=\frac{220}{4.44\times50\times1\times10^{-3}}=991\text{（匝）}$$

二、磁饱和对线圈电流和磁通波形的影响

交流铁芯线圈中的电流与磁通的关系受铁芯的磁饱和、磁滞和涡流等因素的影响。如果略去磁滞和涡流的影响，铁芯材料的 $B-H$ 关系便可以用基本磁化曲线来表示。设图 9-11 所示铁芯线圈的铁芯截面 S 处处相等，为一均匀磁路，则 $\phi=BS$，$i=Hl/N$，所以由 $B-H$ 曲线可以得到 $\phi-i$ 曲线，如图 9-12（a）所示，它与 $B-H$ 曲线是相似的。有了这条曲线，就可以讨论磁饱和对波形造成的影响。

1. 正弦电压作用下电流的波形

电压为正弦波时，磁通也是正弦波，如令 $\phi=\Phi_{\mathrm{m}}\sin\omega t$，可由 $\phi-i$ 曲线通过逐点描迹的方法得到 $i(t)$ 的曲线，如图 9-12（b）所示。

由于以上讨论是在忽略所有功率损耗的前提下进行的，因此这时的励磁电流仅用来产生磁通，所以称为磁化电流，用符号 i_{M} 表示。由图可见：

磁通为正弦波时，由于磁饱和的影响，磁化电流却是尖顶的非正弦波。

电压越高，磁通的幅值越大，磁饱和程度越深，磁化电流的波形就越尖。因此，交流铁芯线圈的电压不能高于额定电压太多，否则励磁电流可能比额定值大得多，会造成线圈过热。

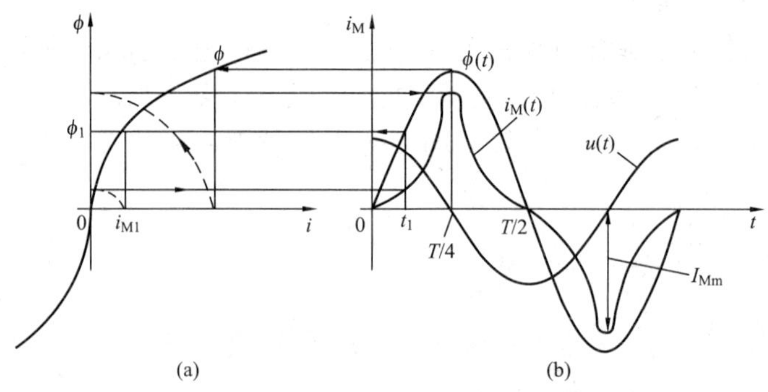

图 9-12　磁饱和对电流波形的影响

(a) $\phi-i$ 曲线；(b) $i(t)$ 曲线

电流为尖顶波，可以分解为基波和奇数次高次谐波，尤其是考虑三次谐波带来的影响。

欲使磁化电流接近正弦波形，可以增大铁芯截面，减小 B 值，让铁芯工作在非饱和区，但这样会增加铁芯的尺寸和质量，所以一般让铁芯工作在接近饱和的区域。

2. 正弦电流作用下的磁通波形

当铁芯线圈通过正弦电流

$$i=I_{\mathrm{m}}\sin\omega t$$

时，根据 $\phi-i$ 曲线可求得 $\phi(t)$ 的波形，如图 9-13 所示。

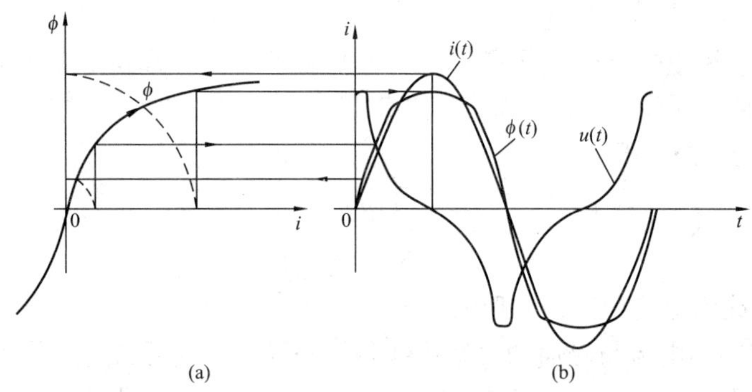

图 9-13　正弦电流作用下磁通的波形

(a) $\phi-i$ 曲线；(b) $i(t)$ 曲线

再根据

$$u=N\frac{\mathrm{d}\phi}{\mathrm{d}t}$$

在 $\phi(t)$ 曲线上求出各时刻磁通的变化率$\frac{\mathrm{d}\phi}{\mathrm{d}t}$，从而得到 $u(t)$ 的波形，图 9-13（b）中$\phi(t)$ 曲线经过零值时，u 出现峰值，由图可见：

铁芯线圈的电流为正弦波时，由于磁饱和的影响，磁通为平顶波，电压为尖顶波。

在铁芯线圈中，虽有励磁电流为正弦波的情况（如电流互感器），但大多数情况都是正弦电压加在铁芯线圈上。

三、铁芯损耗

铁芯线圈通过直流时，磁通是恒定的，铁芯内没有损耗。铁芯线圈接到交流电源上时，在交变磁化下，铁芯会产生功率损耗。铁磁材料因磁滞现象会产生磁滞损耗，因涡流会产生涡流损耗。这两种损耗的总和叫做铁芯损耗，简称铁损。

1. 磁滞损耗 P_h

铁芯材料在交变磁化下，内部的磁畴反复转向、翻转，不断地相互摩擦，引起铁芯发热而造成能量损耗，这种损耗称为磁滞损耗。可以证明，磁滞损耗与电源频率和磁滞回线的面积成正比。实际交流铁芯都采用软磁材料，磁滞损耗较小，精确计算这类损耗很困难。

2. 涡流损耗 P_e

铁芯在交变磁通作用下，内部产生的涡流使铁芯发热，由此造成的能量损耗称为涡流损耗。为了减少涡流损耗，常采用两种方法：一是在铁芯材料中加入硅，以增大材料的电阻率，减小涡流，低硅钢含硅量为1%～3%，高硅钢含硅量为3%～5%；二是用硅钢片叠成铁芯，硅钢片上涂有绝缘漆，使片间绝缘，如图9－14（b）所示，这样可使涡流路径拉长，以限制涡流。

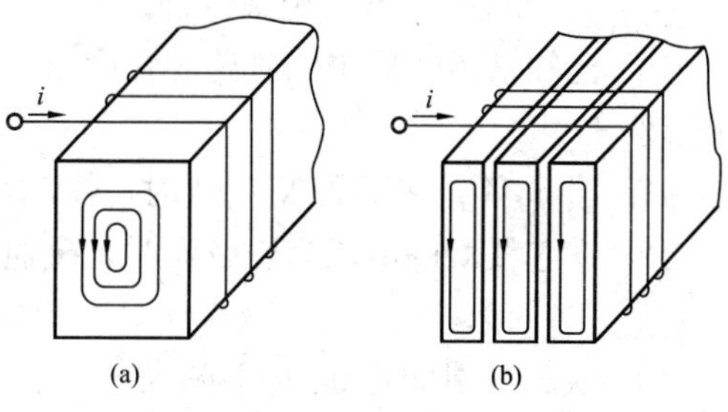

图9－14 涡流

（a）整块铁芯；（b）硅钢片叠成的铁芯

在铁损的计算中，一般没有必要分别求出 P_{h} 和 P_{e}，而是根据 $f=50\mathrm{Hz}$ 时铁磁材料的单位重量的铁耗 P_{Fe0} 来进行计算。P_{Fe0} 称为比磁损耗或比损失，由生产厂家提供的比磁损耗表格或曲线查得。铁耗也可由实验测定。

练习与思考题

选择题

1. 接于正弦电压的铁芯线圈，忽略线圈电阻和漏磁通的影响，在下列情况下，磁通如何变化？

（1）线圈匝数减少一半，其他条件不变，则磁通__________。

①增大一倍；②减少一半；③不变。

（2）电压有效值减少一半，其他条件不变，则磁通__________。

①增大一倍；②减少一半；③不变。

（3）电压有效值和频率都减少一半，其他条件不变，则磁通__________。

①增大一倍；②减少一半；③不变。

2. 接于正弦电压的铁芯线圈，额定电压时磁通已接近饱和点，在下列情况下，励磁电流的波形将如何变化？

电压高于额定值，其他条件不变，则电流波形__________。

①畸变得更厉害；②变得接近正弦波；③不变化。

自 检 题

1. 铁磁物质在外磁场作用下，磁畴__________，产生很强的__________，这种现象称为磁化。

2. 铁磁物质的 B 和 H 为__________关系，说明它的磁导率 μ 不是__________。

3. 铁磁物质在交变磁化时的磁化曲线称为__________，H 为零时的 B 值称为__________，使 B 为零的 H 值称为__________。

4. 大小不同的磁滞回线顶点的连线称为__________，它表明了铁磁物质的__________和__________的关系。

5. 软磁材料的__________和__________都很小，适合于制作__________。

6. 硬磁材料的__________和__________都很大，适合于制作__________。

7. 磁路的基尔霍夫第一定律的一般形式是：__________。

8. 磁路的基尔霍夫第二定律的表达式是：__________。

9. 一段磁路的磁阻 $R_m=$__________，由于磁阻是__________的，因此磁路的__________定律一般不能用来进行计算。

10. 已知铁磁物质中的磁感应强度 B，可以通过查磁化曲线或__________表，来求得磁场强度 H。

11. 当频率 f 和匝数 N 一定时，铁芯线圈的磁通幅值 Φ_m 与__________成正比。

12. 铁芯线圈的电压为正弦波时，磁通为__________波，由于磁饱和的影响，磁化电流是__________波。

13. 铁芯线圈的电流为正弦波时，由于磁饱和影响，磁通为__________波，电压为__________波。

14. 交流线圈的铁芯采用软磁材料，目的是降低__________损耗。

15. 交流线圈的铁芯中加入硅是为了增大__________，采用硅钢片叠成是使__________路径拉长，这两种方法都是为了减少__________损耗。

习　题

9-2节

9-1　图 9-15 所示均匀磁路由铁芯和气隙两段组成，铁芯平均长度为 l_1，气隙长度为 l_0，试列出它的磁路基尔霍夫第二定律方程式。

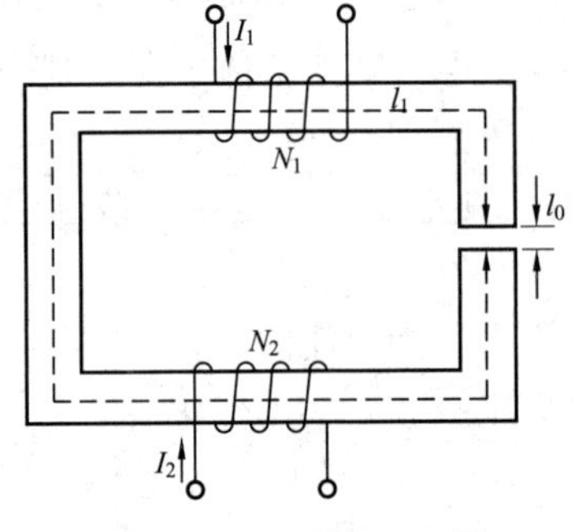

图 9-15　习题 9-1 图

非晶合金铁芯

电力变压器的铁芯一般采用硅钢片材料制作，硅钢片从热轧硅钢片发展到今天的冷轧硅钢片已有近百年历史。20世纪80年代初，美国通用电气公司、美国电力研究所和帝国电力研究公司联合研制成一种新的铁芯材料——非晶合金，用来制造非晶合金变压器（AMT），其铁芯损耗非常低，仅为冷轧硅钢片的20%。

“非晶合金”是相对于“晶态合金”而言。从微观结构上说，晶态是指原子周期性有序排列，而非晶态合金其原子则杂乱密堆排列、任意分布。变压器铁芯材料的非晶态合金是将铁、硼、硅等主要材料熔化后，以极快的速度冷却，由于高速骤冷，使材料中原子的排列变成杂乱无章的密堆排列，犹如玻璃等非晶材料的原子排列结构，这就是“非晶”的来由。由于这种材料仍是合金材料，所以总称为“非晶合金”。它具有高磁导率、低矫顽力，高导电率、低铁损等特点。

非晶合金带很薄，约为普通硅钢片的1/10，且很脆、很硬。采用常规的铁芯叠片工艺不仅费工费时，而且切割困难，并使铁芯损耗增大。美国通用电气公司用非晶合金带代替硅钢片制作铁芯，采用卷铁芯结构，使变压器空载损耗大幅度降低。

非晶合金变压器的运行性能非常稳定，至今尚无因铁芯问题而返修的。我国电机工业也正在加强研究非晶合金，以制造出节能效果优良的铁芯。

习 题 答 案

第1章

1-1 （1）3V；（2）−3V；（3）−3V；（4）3V。

1-2 4V，−2V。

1-3 5Ω。

1-4 0.02V。

1-5 17.9V，17.72Ω。

1-6 0.5A。

1-7 （1）0.136A；（2）0.0682A；（3）0.682A。

1-8 吸收8W，发出8W，吸收8W，发出8W。

1-9 吸收8W，发出8W，吸收8W，发出8W。

1-10 9.09A，180kW·h。

1-11 0.1A，50V。

1-12 （1）3227Ω；（2）807Ω；（3）1210Ω；（4）302.5Ω。

1-13 −3A，−1A。

1-14 14V，10V。

1-15 −1V，−1V，2V。

1-17 3V，0，−2V，2V，7V，−2V。

1-18 8V，10V。

第2章

2-1 50Ω，10Ω，5Ω，14Ω。

2-2 2Ω，0。

2-3 （a）3A，2Ω；（b）−2A，4Ω；（c）5A，1Ω；（d）5A，2Ω；（e）无解。

2-4 （a）10V，2Ω；（b）−10V，2Ω；（c）−12V，3Ω；（d）12V，2Ω；（e）无解。

2-5 −2A。

2-6 4V。

2-7 1A，3A，2A。

2-8 2A。

2-9 0.2A。

2-10 −2V，2Ω。

第3章

3-1 0.7T。

3-2 2×10^{-4}Wb。

3-3 8cm^2。

3-4 4N，1021N。

3-5 40mV。

3-6 2V。

3-7 3V。

3-8 127mV。

3-9 800V。

3-10 1mV。

3-11 1×10^6J。

第4章

4-1 20mC。

4-2 10μF。

4-3 2.2pF，1.55pF。

4-4 $0<t<2$s $i=0.2$A；2s$<t<4$s $i=-0.2$A。

4-5 1.2μF。

4-6 150V，200V。

4-7 375V。

4-8 1.21J，3.63J，2000J，500J。

第5章

5-1 （1）$10\angle23.1°$A，（2）$10\angle96.9°$A。

5-2 （1）22A，$22\sqrt{2}$A；（2）$22\sqrt{2}\sin(\omega t+30°)$A；（3）$220\angle30°$V，$22\angle30°$A。

5-3 （1）$100\angle-30°$V；（2）$P=1000$W。

5-4 （1）5.5A；（2）$5.5\sqrt{2}\sin(\omega t-90°)$A，$5.5\angle-90°$A；（3）1210var。

5-5 （1）200V；（2）$200\sqrt{2}\sin(\omega t+60°)$V；（3）400var。

5-6 （1）1.25A；（2）$1.25\sqrt{2}\sin(\omega t+90°)$A；（3）125var。

5-7 （1）200V；（2）$200\sqrt{2}\sin(\omega t-120°)$V，$200\angle-120°$V；（3）400var。

5-8 （1）1.6A，120V，192V，32V，160V。

5-9 （1）$200\sqrt{2}$V，200V，50V，250V，−200V。

5-10 16Ω，12Ω，20Ω，36.9°。

5-11 10Ω，0.055H。

第6章

6-1 220V，2.2A。

6-2 3.8A，6.6A。

6-3 20A，10A，10A，10A。

6-4 10A，2.0A，20A，10A。

6-5　10A，10A，10A，27.3A。

第7章

7-1　13V。

7-2　70.7V，63.7V。

7-3　(1) $10\sqrt{2}\sin\omega t+3\sqrt{2}\sin3\omega t$A；

(2) $10\sqrt{2}\sin(\omega t-90^\circ)+\sqrt{2}\sin(3\omega t-90^\circ)$A；

(3) $10\sqrt{2}\sin(\omega t+90^\circ)+9\sqrt{2}\sin(3\omega t+90^\circ)$A。

7-4　260W。

第8章

8-1　(1) 0，3A，0，3A；(2) 4V，1A，1A，0，0。

8-2　(1) 0，0，0，6V；(2) 1A，1A，0，0。

8-3　$10e^{-2t}$V，$2e^{-2t}$mA。

8-4　$3(1-e^{-t})$ V。

8-5　$20e^{-1000t}$A，$2000e^{-1000t}$V。

8-6　$2(1-e^{-200t})$ A，$4e^{-200t}$V。

8-7　$12+6e^{-1000t}$V。

8-8　$1.2-0.8e^{-100t}$A。

第9章

9-1　$H_1l_1+H_0l_0=N_1I_1-N_2I_2$。

参 考 文 献

[1] 李瀚荪. 电路及磁路. 北京：中央广播电视大学出版社，1994.
[2] 秦曾煌. 电工学（上册）. 6 版. 北京：高等教育出版社，2004.
[3] 张洪让. 电工原理. 北京：中国电力出版社，1999.